[丛书阅读指南]

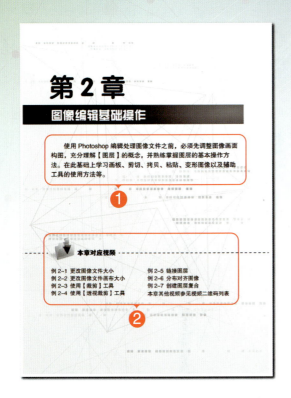

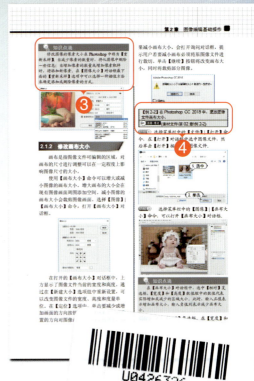

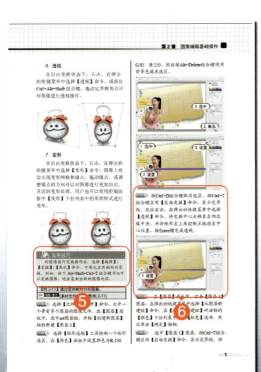

① 章首导读

　　以言简意赅的语言表述本章介绍的主要内容。

② 教学视频

　　列出本章有同步教学视频的操作案例，让读者随时扫码学习。

③ 知识点滴

　　在文中加入大量的知识信息，或是本节知识的重点解析以及难点提示。

④ 实例概述

　　简要描述实例内容，同时让读者明确该实例是否附带教学视频或源文件。

⑤ 实用技巧

　　讲述软件操作在实际应用中的技巧，让读者少走弯路、事半功倍。

⑥ 操作步骤

　　图文并茂，详略得当，让读者对实例操作过程轻松上手。

[配套资源使用说明]

▶▶ 电脑端资源使用方法

本套丛书配套的素材文件、电子课件、扩展教学视频以及云视频教学平台等资源，可通过在电脑端的浏览器中下载后使用。读者可以登录本丛书的信息支持网站（http://www.tupwk.com.cn/teaching）下载图书对应的相关资源。

读者下载配套资源压缩包后，可在电脑中对该文件解压缩，然后双击名为 Play 的可执行文件进行播放。

▶▶ 扩展教学视频&素材文件

▶▶ 云视频教学平台

[HTML5+CSS3网页设计案例教程]

▶ 标记语法应用

▶ 标签选择器

▶ 定义斑马线表格

▶ 定义多色阴影

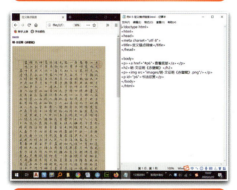
▶ 定义锚点链接

▶ 定义圆角边框

▶ 滚动显示

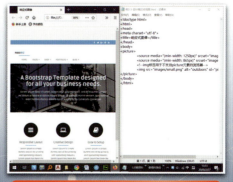
▶ 设计响应式视图

[HTML5+CSS3网页设计案例教程]

▶ 设计优惠券

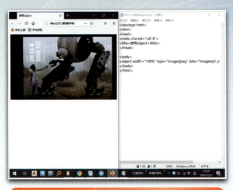

▶ 使用object

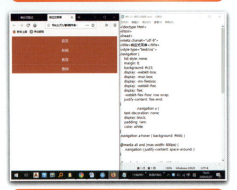

▶ 响应式菜单

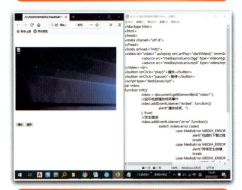

▶ 演示使用媒体事件

▶ 折角效果

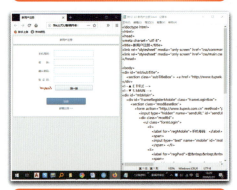

▶ 制作新用户注册

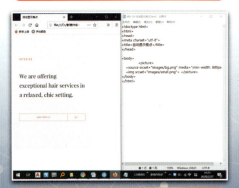

▶ 自动显示焦点

▶ 自适应布局

计算机应用案例教程系列

HTML5+CSS3 网页设计案例教程

辛明远　石　云◎编著

清华大学出版社
北京

内 容 简 介

本书以通俗易懂的语言、翔实生动的案例全面介绍应用HTML5+CSS3设计网页的方法与技巧。全书共分13章，内容包括HTML5概述、设计网页文本、设计网页图像、设计超链接、CSS3概述、CSS3文本样式、CSS3图像样式、CSS3盒子模型、CSS3移动布局、CSS3变形和动画、设计表格、设计表单和设计多媒体。

本书提供配套的素材文件、与内容相关的扩展教学视频以及云视频教学平台等资源的PC端下载地址，以方便读者扩展学习。本书具有很强的实用性和可操作性，是一本适合于高等院校及各类社会培训学校的优秀教材，也是广大初中级计算机用户的首选参考书。

本书对应的电子课件及其他配套资源可以到 http://www.tupwk.com.cn/teaching 网站下载，也可以扫描前言中的二维码推送配套资源到邮箱。

本书封面贴有清华大学出版社防伪标签，无标签者不得销售。
版权所有，侵权必究。侵权举报电话：010-62782989　13701121933

图书在版编目(CIP)数据

HTML5+CSS3网页设计案例教程 / 辛明远，石云 编著. —北京：清华大学出版社，2020.6
计算机应用案例教程系列
ISBN 978-7-302-55433-2

Ⅰ. ①H… Ⅱ. ①辛… ②石… Ⅲ. ①超文本标记语言—程序设计—教材 ②网页制作工具—教材 Ⅳ. ①TP312.8 ②TP393.092.2

中国版本图书馆 CIP 数据核字(2020)第 082010 号

责任编辑：胡辰浩
装帧设计：孔祥峰
责任校对：成凤进
责任印制：宋　林

出版发行：清华大学出版社
网　　址：http://www.tup.com.cn, http://www.wqbook.com
地　　址：北京清华大学学研大厦A座　　邮　编：100084
社 总 机：010-62770175　　邮　购：010-62786544
投稿与读者服务：010-62776969, c-service@tup.tsinghua.edu.cn
质 量 反 馈：010-62772015, zhiliang@tup.tsinghua.edu.cn

印 订 者：北京鑫海金澳胶印有限公司
经　　销：全国新华书店
开　　本：185mm×260mm　　印　张：18.75　　彩　插：2　　字　数：480千字
版　　次：2020年6月第1版　　印　次：2020年6月第1次印刷
定　　价：69.00元

―――

产品编号：076398-01

熟练使用计算机已经成为当今社会不同年龄层次的人群必须掌握的一门技能。为了使读者在短时间内轻松掌握计算机各方面应用的基本知识，并快速解决生活和工作中遇到的各种问题，清华大学出版社组织了一批教学精英和业内专家特别为计算机学习用户量身定制了这套"计算机应用案例教程系列"丛书。

丛书和配套资源

▷ **选题新颖，结构合理，内容精炼实用，为计算机教学量身打造**

本套丛书注重理论知识与实践操作的紧密结合，同时贯彻"理论+实例+实战"3阶段教学模式，在内容选择、结构安排方面更加符合读者的认知习惯，从而达到老师易教、学生易学的目的。丛书采用双栏紧排的格式，合理安排图与文字的占用空间，在有限的篇幅内为读者提供更多的计算机知识和实战案例。丛书完全以高等院校及各类社会培训学校的教学需要为出发点，紧密结合学科的教学特点，由浅入深地安排章节内容，循序渐进地完成各种复杂知识的讲解，使学生能够一学就会、即学即用。

▷ **配套资源丰富，全方位扩展知识能力**

本套丛书配套的素材文件、与本书内容相关的扩展教学视频以及云视频教学平台等资源，可通过在PC端的浏览器中下载后使用。用户也可以扫描下方的二维码推送配套资源到邮箱。

(1) 本书配套素材和扩展教学视频文件的下载地址如下。

http://www.tupwk.com.cn/teaching

(2) 本书配套资源的二维码如下。

扫码推送配套资源到邮箱

▷ **在线服务，疑难解答，贴心周到，方便老师定制教学课件**

便捷的教材专用通道(QQ：22800898)为老师量身定制实用的教学课件。老师也可以登录本丛书的信息支持网站(http://www.tupwk.com.cn/teaching)下载图书对应的电子课件。

本书内容介绍

《HTML5+CSS3网页设计案例教程》是这套丛书中的一本，该书从读者的学习兴趣和实际需求出发，合理安排知识结构，由浅入深、循序渐进，通过图文并茂的方式讲解应用

HTM5+CSS3 设计网页的基本知识和常用技巧。全书共分 13 章，主要内容如下。

第 1 章介绍 HTML5 的发展历程、文档结构、编写方法等基础知识。

第 2 章介绍在网页中设计标题、文字、段落、列表、水平线等文本元素的方法。

第 3 章介绍如何使用 HTML5 为网页插入图像。

第 4 章介绍在网页中设计页间链接、锚记链接、下载链接以及图像热点的方法。

第 5 章介绍 CSS3 的基础知识与基本用法。

第 6 章介绍应用 CSS3 设计网页文本样式的方法。

第 7 章介绍使用 CSS3 控制图像大小、边框样式以及阴影等特殊效果的方法。

第 8 章对 CSS3 新增的盒模型属性和功能进行详细介绍。

第 9 章通过具体的实例，重点介绍多列流动布局和弹性盒布局这两种布局排版模式。

第 10 章详细介绍 transform、transition 和 animation 等功能，并通过实例详细讲解在网页中应用变形和动画的方法。

第 11 章通过实例介绍设计 HTML5 表格，并使用 CSS3 定义表格样式(如制作斑马线表格、圆角表格、单线表格等)的方法。

第 12 章结合 HTML5 与 CSS3 介绍在网页中设计表单及表单元素的方法。

第 13 章介绍在网页中设计多媒体元素的方法。

读者定位和售后服务

本套丛书为所有从事计算机教学的老师和自学人员而编写，是一套适合于高等院校及各类社会培训学校的优秀教材，也可作为广大初中级计算机用户的首选参考书。

如果您在阅读图书或使用计算机的过程中有疑惑或需要帮助，可以登录本丛书的信息支持网站(http://www.tupwk.com.cn/teaching)，本丛书的作者或技术人员会提供相应的技术支持。

本书分为 13 章，黑河学院的辛明远编写了第 1、2、5、7、10～13 章，石云编写了第 3、4、6、8、9 章。

由于作者水平所限，书中难免有不足之处，欢迎广大读者批评指正。我们的邮箱是 huchenhao@263.net，电话是 010-62796045。

"计算机应用案例教程系列"丛书编委会
2020 年 6 月

目录

第 1 章　HTML5 概述 ·· 1
  1.1　什么是 HTML5 ··· 2
  1.2　HTML5 发展历程 ······································ 2
  1.3　HTML5 文档结构 ······································ 5
      1.3.1　文档类型声明 ································ 6
      1.3.2　主标签 ······································ 6
      1.3.3　头部信息 ···································· 6
      1.3.4　主体内容 ·································· 10
  1.4　HTML5 文件的编写方法 ······························· 11
      1.4.1　手动编写 HTML5 文件 ························ 11
      1.4.2　使用 HTML 编辑器 ·························· 12
  1.5　案例演练 ·· 12

第 2 章　设计网页文本 ·· 17
  2.1　定义标题 ·· 18
  2.2　定义段落 ·· 19
      2.2.1　使用段落标签 ································ 19
      2.2.2　使用换行标签 ································ 19
  2.3　定义文字格式 ··· 20
      2.3.1　字体 ·· 20
      2.3.2　字号 ·· 21
      2.3.3　颜色 ·· 22
      2.3.4　强调 ·· 23
      2.3.5　注解 ·· 23
      2.3.6　备选 ·· 24
      2.3.7　上下标 ······································ 24
      2.3.8　术语 ·· 25
      2.3.9　代码 ·· 26
      2.3.10　预定义格式 ································· 26
      2.3.11　缩写词 ····································· 27
      2.3.12　编辑提示 ··································· 27
      2.3.13　引用 ······································· 28
      2.3.14　引述 ······································· 29
      2.3.15　换行显示 ··································· 29
  2.4　定义文字效果 ··· 30
      2.4.1　高亮 ·· 30
      2.4.2　进度 ·· 31
      2.4.3　刻度 ·· 31
      2.4.4　时间 ·· 32
      2.4.5　联系信息 ···································· 33
      2.4.6　显示方向 ···································· 34
      2.4.7　换行断点 ···································· 34
      2.4.8　旁注 ·· 35
  2.5　案例演练 ·· 35

第 3 章　设计网页图像 ·· 37
  3.1　网页图像概述 ··· 38
      3.1.1　网页支持的图片格式 ·························· 38
      3.1.2　网页图像的路径 ······························ 39
  3.2　定义图像 ·· 40
  3.3　定义流 ·· 41
  3.4　定义图标 ·· 42
  3.5　定义响应式图像 ······································· 43
  3.6　案例演练 ·· 47

第 4 章　设计超链接 ·· 49
  4.1　超链接概述 ·· 50
      4.1.1　超链接的类型 ································ 50
      4.1.2　超链接的路径 ································ 50
  4.2　页间链接 ·· 51
  4.3　块链接 ·· 52
  4.4　锚记链接 ·· 53
  4.5　目标链接 ·· 53
  4.6　邮件链接 ·· 54
  4.7　下载链接 ·· 54
  4.8　图像热点链接 ··· 55
  4.9　框架链接 ·· 55
  4.10　案例演练 ··· 56

第 5 章　CSS3 概述 ··· 61
  5.1　什么是 CSS3 ·· 62
      5.1.1　CSS 历史 ···································· 62
      5.1.2　CSS3 模块 ··································· 62
      5.1.3　CSS3 特性 ··································· 64
  5.2　CSS3 基本用法 ·· 65
      5.2.1　CSS3 样式概述 ······························· 65
      5.2.2　应用 CSS3 样式 ······························ 66

5.2.3	CSS3 样式表	67
5.2.4	CSS3 代码注释	68
5.2.5	CSS3 代码格式化	68
5.2.6	CSS3 继承性	69
5.2.7	CSS3 层叠性	70

5.3 CSS3 选择器 …………………………70
- 5.3.1 标签选择器 …………………71
- 5.3.2 类选择器 ……………………71
- 5.3.3 ID 选择器 …………………71
- 5.3.4 包含选择器 …………………72
- 5.3.5 子选择器 ……………………73
- 5.3.6 相邻选择器 …………………73
- 5.3.7 兄弟选择器 …………………74
- 5.3.8 属性选择器 …………………74
- 5.3.9 结构伪类选择器 ……………77
- 5.3.10 否定伪类选择器 ……………79
- 5.3.11 状态伪类选择器 ……………79
- 5.3.12 目标伪类选择器 ……………81
- 5.3.13 动态伪类选择器 ……………81
- 5.3.14 伪对象选择器 ………………82

5.4 案例演练 ………………………………83

第 6 章 CSS3 文本样式 87

6.1 CSS3 文本模块概述 …………………88
6.2 字体样式 ………………………………92
- 6.2.1 字体 …………………………92
- 6.2.2 大小 …………………………92
- 6.2.3 颜色 …………………………93
- 6.2.4 粗细 …………………………93
- 6.2.5 斜体 …………………………94
- 6.2.6 修饰线 ………………………94
- 6.2.7 变体 …………………………95
- 6.2.8 大小写 ………………………95

6.3 文本格式 ………………………………95
- 6.3.1 对齐 …………………………95
- 6.3.2 间距 …………………………97
- 6.3.3 行高 …………………………97
- 6.3.4 缩进 …………………………98
- 6.3.5 换行 …………………………98

6.4 书写模式 ……………………………100

6.5 特殊值 ………………………………102
6.6 文本效果 ……………………………105
- 6.6.1 文本阴影 …………………105
- 6.6.2 文本特效 …………………107

6.7 颜色模式 ……………………………110
6.8 动态内容 ……………………………115
6.9 自定义字体 …………………………118
6.10 案例演练 ……………………………120

第 7 章 CSS3 图像样式 123

7.1 设计图像 ……………………………124
- 7.1.1 图像大小 …………………124
- 7.1.2 图像边框 …………………125
- 7.1.3 半透明图像 ………………126
- 7.1.4 圆形图像 …………………126
- 7.1.5 阴影图像 …………………127

7.2 图像背景 ……………………………128
- 7.2.1 定义背景图像 ……………128
- 7.2.2 背景原点/位置/裁剪 ……129
- 7.2.3 控制大小 …………………131
- 7.2.4 固定显示 …………………132

7.3 渐变背景 ……………………………132
- 7.3.1 线性渐变与重复线性渐变 …133
- 7.3.2 径向渐变与重复径向渐变 …135

7.4 案例演练 ……………………………137

第 8 章 CSS3 盒子模型 149

8.1 显示方式 ……………………………150
8.2 可控大小 ……………………………151
8.3 内容溢出 ……………………………152
8.4 轮廓线 ………………………………153
8.5 圆角边框 ……………………………155
8.6 图像边框 ……………………………156
8.7 盒子阴影 ……………………………158
8.8 布局方式 ……………………………166
- 8.8.1 流动布局 …………………166
- 8.8.2 浮动布局 …………………167
- 8.8.3 定位布局 …………………168

8.9 案例演练 ……………………………170

第9章 CSS3 移动布局 ················· 173
9.1 多列布局 ················· 174
9.1.1 定义列宽 ················· 174
9.1.2 定义列数 ················· 175
9.1.3 定义列间距 ················· 175
9.1.4 定义列边框 ················· 176
9.1.5 定义跨列显示 ················· 177
9.1.6 定义列的高度 ················· 178
9.2 盒布局模型 ················· 178
9.2.1 定义宽度 ················· 179
9.2.2 定义顺序 ················· 180
9.2.3 定义方向 ················· 181
9.2.4 自适应大小 ················· 182
9.2.5 消除空白 ················· 183
9.2.6 定义对齐方式 ················· 185
9.3 弹性盒布局 ················· 186
9.3.1 定义弹性盒 ················· 186
9.3.2 定义伸缩方向 ················· 187
9.3.3 定义行数 ················· 188
9.3.4 定义对齐方式 ················· 189
9.3.5 定义伸缩项目 ················· 190
9.4 媒体查询 ················· 191
9.5 案例演练 ················· 193

第10章 CSS3 变形和动画 ················· 197
10.1 CSS3 变形 ················· 198
10.1.1 2D 旋转 ················· 198
10.1.2 2D 缩放 ················· 199
10.1.3 2D 移动 ················· 200
10.1.4 2D 倾斜 ················· 201
10.1.5 2D 矩阵 ················· 202
10.1.6 变形原点 ················· 204
10.1.7 3D 变形 ················· 205
10.1.8 3D 位移 ················· 207
10.1.9 3D 缩放 ················· 208
10.1.10 3D 旋转 ················· 209
10.2 过渡样式 ················· 211
10.2.1 定义过渡 ················· 211
10.2.2 定义过渡时间 ················· 212
10.2.3 定义延迟 ················· 212
10.2.4 定义动画效果 ················· 213
10.2.5 定义触发时机 ················· 213
10.3 关键帧动画 ················· 215
10.3.1 定义关键帧 ················· 216
10.3.2 定义关键帧动画 ················· 216
10.4 案例演练 ················· 218

第11章 设计表格 ················· 221
11.1 定义表格 ················· 222
11.1.1 简单表格 ················· 222
11.1.2 列标题 ················· 222
11.1.3 表格的标题 ················· 222
11.1.4 行分组 ················· 223
11.1.5 列分组 ················· 223
11.2 设置表格 ················· 224
11.2.1 内/外框线 ················· 224
11.2.2 单元格间距 ················· 225
11.2.3 细线边框 ················· 225
11.2.4 内容摘要 ················· 226
11.3 设置单元格 ················· 226
11.3.1 跨单元格显示 ················· 226
11.3.2 表头单元格 ················· 226
11.3.3 绑定表头 ················· 227
11.3.4 信息缩写 ················· 227
11.3.5 单元格分类 ················· 228
11.4 设置表格样式 ················· 228
11.5 案例演练 ················· 232

第12章 设计表单 ················· 239
12.1 定义表单 ················· 240
12.1.1 设计表单结构 ················· 240
12.1.2 组织表单结构 ················· 240
12.1.3 添加提示文本 ················· 241
12.2 定义表单控件 ················· 242
12.2.1 文本框 ················· 242
12.2.2 密码框 ················· 245
12.2.3 文本区域 ················· 246
12.2.4 单选按钮和复选框 ················· 247
12.2.5 选择框 ················· 249
12.2.6 文件域和隐藏域 ················· 250
12.2.7 按钮 ················· 250

HTML5+CSS3 网页设计案例教程

　　12.2.8　数据列表……………………251
　　12.2.9　密钥生成器…………………252
　　12.2.10　输出结果…………………252
12.3　设置表单属性………………………253
　　12.3.1　名称和值……………………253
　　12.3.2　布尔型属性…………………253
　　12.3.3　必填属性……………………255
　　12.3.4　禁止验证……………………256
　　12.3.5　多选属性……………………257
　　12.3.6　自动完成……………………257
　　12.3.7　自动获取焦点………………258
　　12.3.8　所属表单……………………259
　　12.3.9　表单重写……………………259
　　12.3.10　高度和宽度…………………260
　　12.3.11　最小值/最大值/步长………260
　　12.3.12　匹配模式……………………261

　　12.3.13　替换文本……………………261
12.4　设计表单样式………………………262
12.5　定制表单……………………………267
12.6　案例演练……………………………270

第 13 章　设计多媒体…………………275
13.1　使用 audio 元素……………………276
13.2　使用 video 元素……………………277
13.3　设置媒体属性………………………278
13.4　使用媒体方法………………………282
13.5　使用媒体事件………………………283
13.6　使用<embed>标签…………………286
13.7　使用<object>标签…………………286
13.8　案例演练……………………………287

第 1 章

HTML5 概述

　　HTML5 是超文本标记语言 HTML 的第 5 次修订版,是近年来 Web 标准的巨大飞跃。HTML5 相比之前版本的不同之处在于，HTML5 并非仅仅用于表示 Web 内容，它还为 Web 使用者带来了一个无缝的网络，人们无论是通过各种计算机、平板电脑，还是智能手机，都能够方便地浏览基于 HTML5 的各类网站。

　　本章作为全书的开端，将通过介绍 HTML5 的基础知识，帮助刚刚接触网页设计的新手用户快速入门。

1.1 什么是 HTML5

HTML 是用来描述网页的一种语言,是一种标记语言(包含一套标签,HTML 使用标签来描述网页)而不是编程语言。HTML 是制作网页的基础语言,主要用于描述超文本中内容的显示方式。

HTML5 是用于取代于 1999 年制定的 HTML 4.01 和 XHTML 1.0 标准的 HTML 标准版本。HTML5 当前对多媒体的支持更强,新增了以下功能:

- 语义化标签,使文档结构明确。
- 文档对象模型(DOM)。
- 实现了 2D 绘图的 Canvas 对象。
- 可控媒体播放。
- 离线存储。
- 文档编辑。
- 拖放。
- 跨文档消息。
- 浏览器历史管理。
- MIME 类型和协议注册。

HTML5 最大的优势是语法结构非常简单,它具有以下几个特点。

编写简单

HTML5 编写简单,即便是没有任何编程经验的用户,也可以轻易地使用 HTML5 来设计网页,只需要为文本加上一些标签即可。

标签数目有限

在 W3C 建议使用的 HTML5 规范中,所有控制标签都是固定且数目有限的。固定指的是控制标签的名称固定不变,且每个控制标签都已被定义过,提供的功能与相关属性的设置都是固定的。由于 HTML 中只能引用 Strict DTD、Transitional DTD 或 Frameset DTD 中的控制标签,且 HTML 并不允许网页设计者自行创建控制标签,因此控制标签的数目是有限的,设计者在充分了解每个控制标签的功能后,就可以开始设计网页了。

语法较弱

在 W3C 指定的 HTML5 规范中,对于 HTML5 在语法结构上的规格限制是比较松散的,如<HTML>、<Html>或<html>在浏览器中具有同样的功能,是不区分大小写的。另外,也没有严格要求每个控制标签都要有对应的结束标记,如<tr>就不一定需要结束标记</tr>。

> **知识点滴**
>
> HTML5 最基本的语法是<标记符></标记符>。标记符通常成对使用,有一个起始标记和一个结束标记。结束标记只是在起始标记的前面加上一个斜杠/。当浏览器收到 HTML 文件后,就会解释里面的标记符,然后把标记符对应的功能表达出来。

1.2 HTML5 发展历程

从 2010 年开始,HTML5 和 CSS3 就一直是互联网技术中最受关注的两个话题。在 2010 年的 MIX 10 大会上,微软工程师在介绍 IE 9 浏览器时,从 Web 技术的角度把互联网的发展分为以下三个阶段。

- 阶段一:以内容为主的 Web 1.0 网络时代,Web 主流技术是 HTML 和 CSS。
- 阶段二:以 Web 2.0 为主的 Ajax 应用,热门技术是 JavaScript、DOM 和异步数据请求。
- 阶段三:以 HTML5+CSS3 为主的网络时代,两者相辅相成,使互联网进入一个崭新的发展阶段。

1. HTML 历史

HTML 最早是从 2.0 版开始的，没有 1.0 版官方规范。HTML Tag 文档可以算作 HTML 的第一个版本，但不是正式版本。第一个正式版本 HTML 2.0 也不是出自 W3C，而是由 IETF(Internet Engineering Task Force,互联网工程任务组)制定的。从第三个版本开始，W3C 开始接手并负责后续版本的制定工作。

在 20 世纪 90 年代，HTML 有过几次快速发展。从 1997 年到 1999 年，HTML 的版本从 3.2 更新到 4.0，再发展到 4.01。在 HTML 4.01 之后，W3C 提出了 XHTML 1.0 概念。虽然听起来完全不同，但 XHTML 1.0 与 HTML 4.01 其实是一样的。唯一不同的就是 XHTML 1.0 要求使用 XML 语法。例如，所有属性都必须使用小写字母，所有元素也必须使用小写字母，所有属性值都必须加引号，所有标签都必须有结束标记(对于 img 和 br 等单独使用的标签，需要使用自结束标记)。

到了 2000 年，Web 标准项目(Web Standards Project)的开展如火如荼，开发人员对浏览器里包含的各种专有特性已经忍无可忍。当时 CSS 有了长足的发展，而且与 XHTML 1.0 的结合也很紧密，CSS+XHTML 1.0 基本上算是最佳实践了。

虽然 HTML 4.01 与 XHTML 1.0 没有本质上的不同，但是大部分开发人员接受了 CSS+XHTML 1.0 这个组合。专业的开发人员能做到元素全部小写，属性全部小写，属性值也全部加引号。此时，由于专业人员起到带头作用，越来越多的人也都开始支持并使用这种语法。

XHTML 1.0 之后出现了 XHTML 1.1，XHTML 1.1 与 XHTML 1.0 相比，本身并没有什么新东西，元素也都基本相同(属性也相同)，唯一的变化就是必须把文档标记为 XML 文档。但是，这样做带来了一些问题，例如：

▶ 将文档标记为 XML 文档后，当时低版本 IE 浏览器不能处理(当时,IE9 以下版本无法处理接收到的 XML 文档)。

▶ XHTML 1.1 规范要求以 XML 类型来发送文档，这对于大部分用户而言非常不方便。

XHTML 1.1 之后的版本是 XHTML2，但 XHTML2 并没有完成，从理论角度讲，XHTML2 实际上是一个非常好的规范。如果所有人都同意使用，也一定会是一种非常好的格式。只不过 XHTML2 有些不切实际，不可能实现，例如：

▶ XHTML2 仍然使用 XML 错误处理模型，用户必须保证以 XML 类型发送文档。

▶ XHTML2 有意不再向后兼容已有的 HTML 各个版本。XHTML2 甚至曾经讨论过废除 img 元素,这对于每天都在做 Web 开发的人来说难以接受(虽然从理论上看，使用 object 元素可能更好)。

因此，无论 XHTML2 在理论上是多么完美的一种格式,但却从未有机会付诸实践。之所以难以付诸实践，主要的原因是开发人员不支持使用。同时，由于 HTML2 不向后兼容，浏览器厂商也不会支持。

> **知识点滴**
>
> 为什么 XHTML 1.1 没有像 XML 语法那样得到真正广泛的应用？为什么 XHTML2 从未落到实处？因为它们违反了一条设计原则，那就是著名的伯斯塔尔法则："发送时要保守，接收时要开放。" XHTML 1.1 和 XHTML2 都使用 XML 错误处理模型，XML 错误处理模型过于苛刻，不符合接收时要开放的原则，遇到错误就停止解析。

2. HTML5 的诞生

20 世纪末，W3C 考虑改良 HTML 语言。2004 年，在 W3C 成员内部的一次研讨会上，当时 Opera 公司的代表伊恩·希克森(Ian Hickson)提出了扩展和改进 HTML 的建议，他建议新的任务组可以跟 XHTML2 并行，但是在已有 HTML 的基础上开展工作，目标是对 HTML 进行扩展。

但是 W3C 投票表示反对，理由是他们认为 HTML 已经落伍，XHTML2 才是未来的发展方向。随后，Opera、Apple 等浏览器厂商以及一些其他成员陆续脱离了 W3C，并联合成立了 WHATWG(Web Hypertext Applications Technology Working Group，Web 超文本应用技术工作组)，这就为 HTML5 未来的命运埋下了伏笔。

WHATWG 决定完全脱离 W3C，在 HTML 的基础上开展工作，向其中添加一些新内容。这个工作组的成员有浏览器厂商，因此可以保证实现各种新奇、实用的想法。结果工作组中的成员不断提出一些好点子，并逐一做到了浏览器中。

WHATWG 的工作效率很高，不久就初见成效。而此时反观 W3C，在此期间 XHTML2 却没有实质性的进展。这深深触动了 W3C。2006 年，蒂姆·伯纳斯·李(Tim Berners-Lee)写了一篇博客来反思 HTML 的发展历史，承认"企图让 Web 一夜之间跨入 XML 时代"的想法不切实际，应该重新组建 HTML5 工作组。

万维网之父蒂姆·伯纳斯·李

随后，越来越多的 W3C 成员开始反思，并最终达成一致。2007 年，W3C 组建了 HTML5 工作组。这个工作组面临两个问题。第一个问题就是，"我们是从头开始做起呢？还是在 2004 年成立的那个名为 WHATWG 的工作组的既有成果基础上开始工作呢？"答案是显而易见的，W3C 当然希望从已经取得的成果着手，以之为基础展开工作。于是，W3C 又组织了一次投票，同意在 WHATWG 工作成果的基础上继续开展工作。

第二个问题就是如何理顺两个工作组之间的关系。HTML5 规范的编辑应该由谁担任？是不是还让 WHATWG 的编辑伊恩·希克森(Ian Hickson)兼任？于是，W3C 又一次组织投票，投票的结果是赞成让伊恩·希克森担任 HTML5 规范的编辑，同时兼任 WHATWG 的编辑。

多年来，两个小组在同一编辑的领导下共同工作。2011 年，两个小组得出新结论，他们有不同的目标：W3C 希望为 HTML5 推荐的功能划清界限，而 WHATWG 希望继续致力于 HTML 标准，不断维护规范和添加新功能。2012 年，W3C 组建了一支新的编辑团队，负责创建 HTML5 推荐标准，并开始为下一个 HTML 版本准备工作草案。

3. HTML5 的发展

随着计算机技术和移动网络的不断发展，可以看到 HTML5 在未来几年的发展将会呈现井喷式增长。具体表现形式如下。

向移动端方向发展

HTML5 技术未来的主要发展市场还是移动端互联网领域，现阶段移动浏览器有应用体验不佳、网页标准不统一的劣势，这两方面是移动端网页发展的障碍，而 HTML5 技术能够解决这两个问题，并且将劣势转变为优势，整体推动整个移动端网页方面的发展。

Web 内核标准提升

目前，移动端网页内核大多采用 Web 内核，相信在未来几年内随着智能端逐渐普及，HTML5 在 Web 内核方面的应用将会凸显。

提升 Web 操作体验

随着硬件性能的提升、WebGL 标准化的普及以及手机游戏的逐渐成熟，手机游戏向 3D 化发展是大势所趋。

网络营销游戏化发展

通过一些游戏化、场景化以及跨屏互动等环节，不仅能够提升用户游戏体验，还能够满足广告主大部分的营销需求，在推销产品的过程中，让用户体验游戏的乐趣。

移动视频、在线直播

HTML5 将会改变视频数据的传输方式，让视频播放更加流畅，与此同时，视频还能够与网页相结合，让用户看视频就像看图片一样轻松。

1.3 HTML5 文档结构

一个完整的 HTML5 文件包括标题、段落、列表、表格、绘制的图形以及各种嵌入对象，这些对象统称为 HTML 元素。

HTML5 文件的基本结构如下。

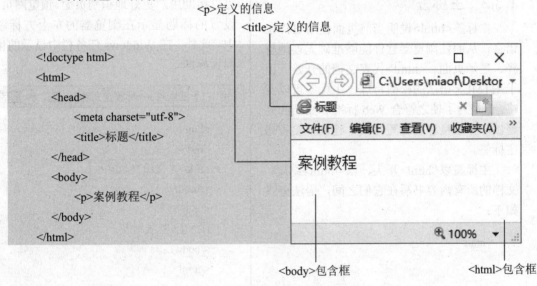

以上代码中所用标签的说明如下表所示。

HTML5 文件的基本结构中各标签的说明

标 签	说 明	标 签	说 明
<!doctype html>	文档类型声明	<title>	网页标题标签
<html>	主标签	<body>	主体内容标签
<head>	头部信息	<p>	段落标签
<meta>	元信息标签		

从上面的代码可以看出,在 HTML 文件中,几乎所有的标签都是成对使用的,起始标记为< >,结束标记为</>,在这两个标记中可以添加内容。

1.3.1 文档类型声明

<!doctype>类型声明必须位于 HTML5 文档的第一行,也就是位于<html>标签之前。该标记用于告知浏览器文档使用的 HTML 规范。<!doctype>类型声明不属于 HTML 标记;它是一条指令,用于告诉浏览器编写页面时所用标记的版本。

HTML5 对文档类型声明进行了简化,简单到 15 个字符就可以了,具体代码如下:

<!doctype html>

1.3.2 主标签

主标签<html>说明当前页面使用 HTML 语言,从而使浏览器软件能够准确无误地解释、显示页面。<html>代表文档的开始。由于 HTML5 语法的松散特性,主标签可以省略,但是为了使之符合 Web 标准和文档的完整性,养成良好的编写习惯,建议不要省略主标签。

主标签以<html>开头、以</html>结尾,文档的所有内容书写在它们之间,语法格式如下:

<html>
…
</html>

1.3.3 头部信息

头部标签<head>用于说明文档头部的相关信息,一般包括标题信息、元信息、CSS 样式和脚本代码等。HTML 的头部信息以<head>开始、以</head>结束,语法格式如下:

<head>
…
</head>

<head>标签的作用范围是整篇文档,定义在 HTML 语言头部的内容往往不会在网页上直接显示。

1. 网页标题

HTML 页面的标题一般用来说明页面的用途,显示在浏览器的标题栏中。在 HTML 文档中,标题信息设置在<head>与</head>之间。标题标签以<title>开始、以</title>结束,语法格式如下:

<title>
…
</title>

标题的内容写在<title>和</title>之间,可以帮助用户更好地识别页面。预览网页时,设置的标题显示在浏览器的左上方标题栏中。此外,在 Windows 任务栏中显示的也是网页标题。

【例 1-1】使用<title>标签定义网页标题。

<html>
<head>
► <title>定义标签</title>
</head>
<body>
HTML5 标签列表
</body>
</html>

浏览器会将头部信息放在窗口的标题栏或状态栏中显示,如下图所示。

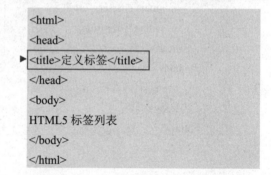

当用户为文档加入用户的链接列表、收藏夹或书签列表时，标题将作为文档链接的默认名称。

> **知识点滴**
> <title>标签是必需的，其不能包含任何格式、HTML、图像或指向其他页面的链接。一般网页编辑器会预先为页面标题填写默认文字(例如，"网页标题")。

2. 网页元信息

元信息标签<meta>可以提供有关页面的元信息(meta-information)，比如针对搜索引擎和更新频度的描述及关键词。

<meta>标签位于文档的头部，不包含任何内容。<meta>标签的属性定义了与文档相关联的名称/值，<meta>标签提供的属性及取值说明如下表所示。

<meta>标签提供的属性及取值说明

属性	值	描述
charset	character encoding	定义文档的字符编码方式
content	some_text	定义与http-equiv或name属性相关的元信息
scheme	some_text	定义用于翻译content属性值的格式
http-equiv	content-type expires refresh set-cookie	把content属性关联到HTTP头部
name	author description keywords generator revised others	把content属性关联到名称

下面将介绍常用元信息的设置代码。

定义网页编码信息

通过使http-equiv等于content-type，可以设置网页的编码。

▶ 下面的代码告诉浏览器，网页使用utf-8编码显示：

```
<meta http-equiv="content-type"
content="text/html; charset=utf-8" />
```

> **知识点滴**
> HTML5简化了字符编码设置方式，简化后的<meta charset="utf-8">与以上代码的作用是相同的。

▶ 以下代码告诉浏览器，网页使用gb2312编码显示：

```
<meta http-equiv="content-type"
content="text/html; charset=gb2312" />
```

> **知识点滴**
> 每个HTML文档都需要设置字符编码类型，否则可能会出现乱码，其中utf-8是国家通用编码，独立于任何语言。

定义搜索引擎的关键字

早期，meta keywords关键字标签不仅对搜索引擎的排名算法起到一定的作用，而且也是许多人进行网页优化的基础。关键字在浏览时是看不到的，其使用格式如下：

```
<meta name="keywords" content="关键字,keyword" />
```

此处应注意的是：

➢ 不同的关键字之间，应使用半角逗号隔开(英文输入状态下)，不要使用空格或|进行间隔。

➢ 是 keywords 而不是 keyword。

➢ 关键字标签中的内容应该是一个个的短语而不是一段话。

> **知识点滴**
>
> 关键字标签曾经是搜索引擎排名中很重要的因素，但现在已经被很多搜索引擎完全忽略。虽然加上关键字标签对网页的综合表现没有坏处，但是，如果使用不恰当，对网页非但没有好处，还有欺诈的嫌疑。

定义网页描述信息

meta description 元标签(描述元标签)是一种 HTML 元标签，用来简略描述网页的主要内容，通常被搜索引擎用在搜索结果页上，给最终用户展示一段文字。网页描述信息在网页中是显示不出来的，其使用格式如下：

`<meta name="description" content="网页介绍文字" />`

定义网页语言代码

使用 content-language 属性值可以定义网页语言代码。例如，设置中文版本语言的代码如下：

`<meta http-equiv="content-language" content="zh-CN" />`

定义页面定时跳转

使用<meta>标签可以使网页在经过一定时间后自动刷新，这可通过将 http-equiv 属性值设置为 refresh 来实现。content 属性值可以设置为更新时间。

你在浏览网页时经常会看到一些显示了欢迎信息的页面，经过一段时间后，这些页面会自动转到其他页面，这就是网页的跳转。定义页面定时跳转的语法格式如下：

`<meta http-equiv="Refresh" content="秒;[url=网址]" />`

上面的"[url=网址]"部分是可选项，如果有这部分，页面定时刷新并跳转；如果省略这部分，页面只定时刷新，不进行跳转。例如，要实现每 5 秒刷新一次页面，将下面的代码放入 head 标记部分即可：

`<meta http-equiv="Refresh" content="5" />`

例如，10 秒后跳转到百度首页：

`<meta http-equiv="refresh" content="10; url=https//www.baidu.com" />`

定义网页缓存时间

使用 expires 属性值可以设置网页缓存时间，例如：

`<meta http-equiv="expires" content="Sunday 20 October 2022 03:00 GMT" />`

也可以使用以下方式设置页面不缓存：

`<meta http-equiv="pragma" content="no-cache" />`

> **知识点滴**
>
> 元信息的设置还包括设置网页作者、设置网页创建时间、设置禁止搜索引擎检索、设置网页版权信息等，用户可以参考 HTML 手册。

3. 文档视口

在移动 Web 开发中，经常需要定义 viewport(视口)——浏览器显示页面内容的屏幕区域。一般浏览器都默认设置了<meta name="viewport">标签，从而定义虚拟的布局视口，用于解决早期页面在手机上显示的问题。

由于 iOS 和 Android 等系统基本都将视口分辨率设置为 980px，因此桌面网页基本能够在手机上呈现，只不过显示得很小，用户可以通过手动缩放网页进行阅读。但这种方式的用户体验很差，建议使用<meta name="viewport">标签设置视口大小。

设置<meta name="viewport">标签的具体代码如下：

<meta id="viewport" name="viewport" content="width=device-width; initial-scale=1.0; maximum-scale=1; user-scalable=no; ">

其中，各属性说明如下表所示。

<meta name="viewport">标签的属性设置说明

属　　性	值	描　　述
width	正整数或 device-width	定义视口的宽度，单位为像素
height	正整数或 device-height	定义视口的高度，单位为像素(一般不用)
initial-scale	[0.0~10.0]	定义初始缩放值
minimum-scale	[0.0~10.0]	定义缩小的最小比例，必须小于或等于 maximum-scale 设置
maximum-scale	[0.0~10.0]	定义放大的最大比例，必须大于或等于 minimum-scale 设置
user-scalable	yes/no	定义是否允许用户手动缩放页面(默认值为 yes)

例如，以下代码可在网页中输入标题和文本。

```
<!doctype html>
<html>
<head>
<meta charset="utf-8">
<title>定义网页文档视口</title>
<meta name="viewport" content="width=device-width, initial-scale=1">
</head>
<body>
<h1>HTML 历史</h1>
<p>HTML 最早是从 2.0 版开始的，没有 1.0 版官方规范。HTML Tag 文档可以算作 HTML 的第一个版本，但不是正式版本。第一个正式版本 HTML 2.0 也不是出自 W3C，而是由 IETF(Internet Engineering Task Force，互联网工程任务组)制定的。从第三个版本开始，W3C 开始接手并负责后续版本的制定工作。</p>
<p>在 20 世纪 90 年代，HTML 有过几次快速发展。从 1997 年到 1999 年，HTML 的版本从 3.2 更新到 4.0，再发展到 4.01。在 HTML 4.01 之后，W3C 提出了 XHTML 1.0 的概念。虽然听起来完全不同，但 XHTML 1.0 与 HTML 4.01 其实是一样的。唯一不同的就是 XHTML 1.0 要求使用 XML 语法。例如，所有属性都必须使用小写字母，所有元素也必须使用小写字母，所有属性值都必须加引号，所有标签都必须有结束标记(对于 img 和 br 等单独使用的标签，需要使用自结束标记)。</p>
</body>
</html>
```

如果没有设置文档视口，那么在移动设置中呈现的效果如下页左图所示；而设置了文档视口之后，呈现的效果将如下页右图所示。

默认情况下缩小的页面视图　　　　　　正常显示的页面视图

1.3.4 主体内容

网页上要显示的内容都放在网页的主体标签内,它是 HTML 文件的重点所在。主体标签以<body>开始、以</body>结束,语法格式如下:

```
<body>
...
</body>
```

HTML5 包含一百多个标签,大部分继承自 HTML4(HTML5 中增加了 30 个标签),这些标签基本上都被放置在主体标签中(本书将在后面的章节中详细介绍)。

正确选用 HTML5 标签可以避免代码冗余。在设计网页时不仅需要使用<div>标签来构建网页通用结构,还需要使用下面几类标签完善网页结构。

- <h1><h2><h3><h4><h5><h6>:定义文档标题,其中 h1 表示一级标题,h6 表示 6 级标题,网页中常用的标题包括一级、二级和三级标题。
- <p>:定义段落文本。
- <ul><ol><li>等:定义信息列表、导航列表、榜单结构等。
- <table><tr><td>等:定义表格结构。
- <form><input><textarea>等:定义表

单结构。
- <span>:定义行内包含框。

【例 1-2】使用 HTML 标签创建一个简单的网页,演示主体内容是如何在浏览器中显示的。 素材

```
<!doctype html>
<html>
<head>
<meta charset="utf-8">
<title>主体内容在浏览器中的显示</title>
</head>
<body>
<h1>HTML5 文档结构</h1>
<p>一个完整的 HTML5 文件包括标题、段落、列表、表格、绘制的图形及各种嵌入对象,这些对象统称为 HTML 元素。</p>
<ul>
    <li>文档类型声明</li>
    <li>主标签</li>
    <li>头部信息</li>
    <li>主体内容</li>
</ul>
</body>
</html>
```

将以上 HTML5 文件使用浏览器打开后,可以看到如下图所示的效果。

第 1 章　HTML5 概述

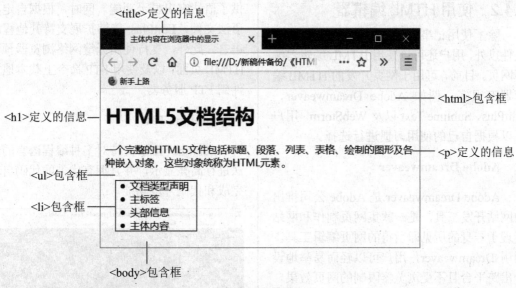

网页显示效果

为了更好地使用标签，用户可以参考 w3cschool 网站：

http://www.w3school.com.cn/tags/index.asp

1.4　HTML5 文件的编写方法

HTML5 文件的编写方法有以下两种。

1.4.1　手动编写 HTML5 文件

由于 HTML5 是一种标记语言，主要以文本形式存在，因此所有记事本工具都可以作为开发环境。HTML 文件的扩展名为 .html 或 .htm，将 HTML 源代码输入记事本、Sublime Text、WebStorm 等编辑器并保存之后，就可以在浏览器中打开文档以查看其效果。

【例 1-3】使用记事本工具编写一个简单的 HTML5 文件。素材

step① 使用 Windows 系统自带的记事本工具新建一个文本文件，保存为 index.html（注意，扩展名为 .html 而不是 .txt）。

step② 输入以下多行字符：

```
<html>
    <title>一个简单的网页</title>
```

```
<body>
    <h1>HTML5 简介</h1>
    <h3>HTML5 的新增功能</h3>
    <h3>HTML5 的语法特点</h3>
    <h2>HTML5 文件的基本结构</h2>
    <h2>HTML5 文件的编写方法</h2>
</body>
</html>
```

step③ 双击保存的网页文件，即可在浏览器中预览效果。

1.4.2 使用 HTML 编辑器

除了使用记事本工具手动编写 HTML5 文件以外，用户还可以使用 HTML 编辑器编写网页。目前，可用于网页开发的 HTML 编辑器有很多，例如 Adobe Dreamweaver、EditPlus、Sublime Text 以及 WebStorm。用户可以根据自己的使用习惯进行选择。

Adobe Dreamweaver

Adobe Dreamweaver 是 Adobe 公司推出的网站开发工具，是一款集网页制作和网站管理于一身的所见即所得的网页编辑工具。利用 Dreamweaver，用户可以轻而易举地设计出跨平台且不受浏览器限制的网页效果。

EditPlus

EditPlus 是 Windows 系统中的文本、HTML、PHP 及 Java 编辑器。EditPlus 不但是"记事本"工具的很好的替代工具，同时也为网页制作者和程序设计者提供了许多强大的功能。

EditPlus 为 HTML、PHP、Java、C/C++、CSS、ASP、Perl、JavaScript 和 VBScript 提供了语法突出显示功能。同时，根据自定义语法文件，EditPlus 能够扩展支持其他程序语言。此外，支持使用无缝网络浏览器预览 HTML 页面，以及使用 FTP 命令上载本地文件到 FTP 服务器。

Sublime Text

Sublime Text 支持对多种编程语言的语法进行高亮显示，并且拥有优秀的代码自动完成和代码片段功能。

用户可以使用 Sublime Text 将常用的代码片段保存起来，在需要使用时随时调用。Sublime Text 支持 VIM 模式、支持宏。使用该工具编写网页代码，可以大大提高编码的速度和效率。

WebStorm

WebStorm 是 JetBrains 公司旗下的一款 JavaScript 开发工具。该工具被广大中国 JavaScript 开发者誉为 Web 开发神器、最强大的 HTML5 编辑器、最智能的 JavaScript IDE。该工具与 IntelliJ IDEA 同源，集成了 IntelliJ IDEA 强大的 JavaScript 部分的功能。

1.5 案例演练

本章简单介绍了 HTML5 的发展历史、文档结构、编写方法等知识。实际上，HTML5 的基础知识远不止这些。下面的案例演练部分将通过实例，帮助用户进一步掌握 HTML5 页面的特征。

【例 1-4】在网页中使用 div 元素。 素材

在网页中<div>标签可以把页面划分为独立的、不同的部分。div 元素可以用作严格的组织工具、通用容器，且不使用任何格

式与之关联。例如：

```
<!doctype html>
<html><head>
<meta charset="utf-8">
</head><body>
<div>
    <article>
        <h1>文章标题</h1>
        <p>文章内容</p>
        <footer>
            <p>注释信息</p>
            <address><a href="#">HTML5_CSS3</a></address>
        </footer>
    </article>
</div>
</body></html>
```

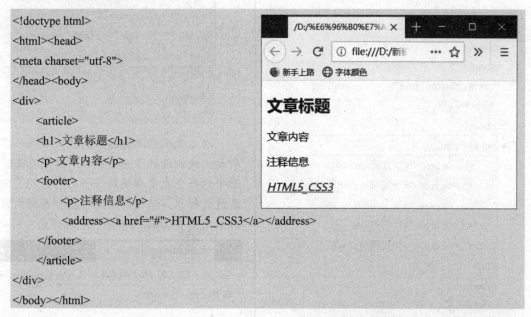

以上代码在浏览器中的预览效果如右上图所示。在页面中，我们用一个 div 元素包裹着所有的内容，语义没有发生改变，但有了一个可以用 CSS 添加样式的通用容器(div 元素是一种完全没有任何语义含义的容器，网页设计者可以为之添加样式或 JavaScript 效果)。

【例 1-5】在网页代码中使用 span 元素对段落文本中的部分信息进行分隔显示，以便应用不同的样式。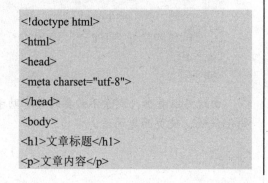

在 HTML 中，【例1-4】中介绍的 div 并不是唯一没有语义价值的元素。span 是与 div 对应的另一个元素(div 是块级别内容的无语义容器，而 span 则是短语内容的无语义容器)。span 元素可以放在段落元素 p 内，例如：

```
<!doctype html>
<html>
<head>
<meta charset="utf-8">
</head>
<body>
<h1>文章标题</h1>
<p>文章内容</p>
```

```
<p>发布于<span class="date">2022 年 12 月</span>，由<span class="author">王小燕</span>最后编辑</p>
</body>
</html>
```

以上代码在浏览器中的预览效果如下图所示。

【例 1-6】构建一个简单的列表结构，为其分配一个 id，并自定义导航模块。

HTML 是一种简单的文本标识语言而不是界面语言。HTML 文档结构大部分使用 <div> 标签来完成，为了能够识别不同的结构，一般通过定义 id 或 class 来为它们赋予额外的语义，给 CSS 提供有效的"钩子"。

例如：

```
<!doctype html>
<html>
<head>
<meta charset="utf-8">
</head>
<body>
<ul id="nav">
    <li><a href="#">首页</a></li>
    <li><a href="#">视频</a></li>
    <li><a href="#">发现</a></li>
    <li><a href="#">游戏</a></li>
    <li><a href="#">设置</a></li>
</ul>
</body>
</html>
```

在使用 id 标识页面上的元素时，id 名必须是唯一的。id 可以用来标识持久的结构性元素(例如主导航或内容区域)，或者用来标识一次性元素(如某个链接或表单元素)。此外，在整个网站中，id 名应该应用于语义相似的元素以避免混淆(例如，如果商品表单和商品详细信息显示在不同的页面上，那么可以给它们分配同样的 id 名 contact；但是，如果在外部样式表中为它们定义样式，就会遇到问题，因此建议使用不同的 id 名，如 contact_form 和 contact_details)。

【例 1-7】在网页中为单个元素应用 class 标识。
素材

与【例 1-6】中介绍的 id 不同，class 标识可以应用于页面上任意数量的元素，因此 class 非常适合标识样式相同的对象。例如：

```
<!doctype html>
<html>
<head>
<meta charset="utf-8">
</head>
<body>
```

```
<h1 class="newsHead">新闻标题</h1>
<p class="newsText">第一条新闻</p>
<p class="newsText"><a href="news.php" class="newsLink">相关新闻</a></p>
</div>
</body>
</html>
```

以上代码在浏览器中的预览效果如下图所示。我们设计了一个简单的新闻页面，页面中的每个元素都使用一个与新闻相关的类名进行标识。这使得新闻标题和新闻内容可以采用与页面其他部分不同的样式。

在实际设计中，如果新闻条目较多，往往不需要使用这么多类来区分每个元素。设计人员也可以将新闻条目放在一个包含框中，并加上类名 news，从而标识整个新闻条目，然后使用包含框选择器识别新闻标题或文本：

```
<div class="news">
    <h1>新闻标题</h1>
    <p>第一条新闻</p>
    <p><a href="news.php">相关新闻</a>
    </p>
</div>
```

由此可以看出，删除不必要的类有助于简化代码，使页面更简洁。

【例 1-8】为网页中的任意元素(例如链接)添加 title 属性。🎧素材

在设计网页时，可以使用 title 属性为文档中的任何部分加上提示标签。例如：

```
<ul title="列表提示">
    <li><a href="#" title="链接提示">列表项目</a></li>
</ul>
```

以上代码在网页中的预览效果如下图所示。当光标指向添加了说明的标签元素时，就会显示 title 信息。

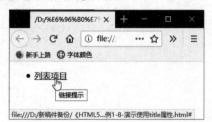

【例 1-9】演示在网页的文档结构中应用 role 属性。🎧素材

下面的代码使用 role 属性告诉屏幕阅读器，此处有一个复选框，并且已经被选中：

```
<div role="checkbox" aria-checked="checked">
<input type="checkbox" checked></div>
```

role 是 HTML5 新增属性，作用是告诉屏幕阅读器当前元素所扮演的角色。使用 role 属性可以增强网页文本的可读性和语义化。

常用的 role 角色值如下表所示。

常用的 role 角色值

角色值	说 明
role="banner"(横幅)	面向全站内容，通常包含网站标志、网站赞助者标志、全站搜索工具等。横幅通常显示在页面的顶端，而且通常横跨整个页面 **使用方法**：应将其添加到页面级的 header 元素，每个页面只用一次
role="navigation"(导航)	文档内不同部分或相关文档的导航性元素(通常为链接)的集合 **使用方法**：与 nav 元素是对应关系，应将其添加到每个 nav 元素，或添加到其他包含导航性链接的容器。这个角色可在每个页面上使用多次，但是同 nav 一样，不应过度使用
role="main"(主体)	文档的主要内容 **使用方法**：与 main 元素是对应关系，最好将其添加到<main>标签中，也可以添加到其他表示主题内容的元素(可能是 div 元素)中。每个页面只用一次
role="complementary" (补充性内容)	文档中作为主体内容补充的支撑部分，对区分主题内容是有意义的 **使用方法**：与 aside 元素是对应关系，应将其添加到 aside 或 div 元素中(前提是它们仅包含补充性内容)。可以在一个页面上包含多个 complementary 角色，但不要过度使用
role="contentinfo" (内容信息)	包含关于文档信息的大块可感知区域，这类信息的例子包括版权说明、指向隐私权声明的链接等 **使用方法**：应将其添加至整个页面的页脚(通常为 footer 元素)，每个页面只用一次

HTML5+CSS3 网页设计案例教程

下面的代码演示了在网页文档结构中如何应用 role 属性。

```
<!--开始页面容器-->
<div class="container">
    <header role="banner">
    <nav role="navigation">[包含多个链接的列表]</nav>
    </header>
    <!--应用 CSS 后的第一栏-->
        <main role="main">
            <article></article>
            <article></article>
            [其他区块]
        </main>
    <!--结束第一栏-->
    <!--应用 CSS 后的第二栏-->
     <div class="sidebar">
        <aside role="complementary"></aside>
        <aside role="complementary"></aside>
        [其他区块]
     </div>
    <!--结束第二栏-->
    <footer role="contentinfo"></footer>
</div>
<!--结束页面容器-->
```

```
    <footer role="contentinfo"></footer>
</div>
<!--结束页面容器-->
```

在主要区块的开头和结尾添加注释是一种常见的做法，代码中的注释信息在页面中无法看到。这样当多人合作开发网页时，每个参与编辑网页的人员都能理解其他人所写代码的意义，便于对代码进行修改。

在将网页发布到网站之前，使用浏览器预览一下添加了注释的页面，能够避免由于弄错注释格式而导致注释内容直接暴露给网页浏览者的情况发生。

【例 1-10】在 HTML 文档中添加注释。素材

通过在 HTML 文档中添加注释，可以标明区块的开始和结束位置，提示某段代码的意图，或者阻止内容的显示。例如：

```
<!--开始页面容器-->
<div class="container">
    <header role="banner"></header>
    <!--应用 CSS 后的第一栏-->
        <main role="main"></main>
    <!--结束第一栏-->
    <!--应用 CSS 后的第二栏-->
        <div class="sidebar"></div>
    <!--结束第二栏-->
```

第 2 章

设计网页文本

在设计网页时,网页文本是网页中最主要也是最常用的元素。网页文本的内容包括标题、文字、段落、列表、水平线等。本章将详细介绍使用 HTML5 设计网页文本的方法。

2.1 定义标题

在 HTML 文档中，文本除了以行和段落的形式出现以外，还经常作为标题存在。通常情况下，一个文档最基本的结构就是由若干不同级别的标题和正文组成的。

HTML 文档中包含各种级别的标题，各种级别的标题由<h1>~<h6>标题标签定义，<h1>~<h6>标题标签中的字母 h 是英文 headline(标题行)的缩写。其中<h1>代表 1 级标题，级别最高，文字也最大，其他标题元素依次递减，<h6>级别最低。

> **知识点滴**
>
> 通常，浏览器会从<h1>到<h6>逐级减小标题字号。默认状态下，页面中所有的标题文本都以粗体显示，<h1>字号比<h2>大，<h2>字号又比<h3>大，以此类推。页面中每个标题之间的间隔也是由浏览器默认的 CSS 定制的，它们并不代表 HTML 文档中有空行。

【例 2-1】使用标题标签。

step① 在记事本中输入以下代码：

```
<!doctype html>
<html>
<head>
<title>标题文字</title>
</head>
<body>
<h1>这是 1 级标题</h1>
<h2>这是 2 级标题</h2>
<h3>这是 3 级标题</h3>
<h4>这是 4 级标题</h4>
<h5>这是 5 级标题</h5>
<h6>这是 6 级标题</h6>
</body>
</html>
```

step② 在浏览器中预览网页，效果如下。

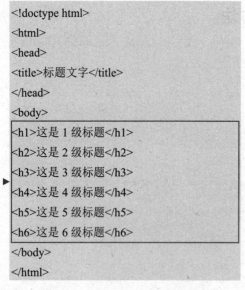

默认情况下，网页中的标题文字靠左对齐。在制作网页的过程中，用户可以根据网页设计需求对标题文本进行编排设置，通过为标题标签添加 align 属性来修改对齐方式。语法格式如下：

<h1 align="对齐方式">文本内容</h1>

标题文本的对齐方式主要有靠左、居中、靠右和两端对齐等几种，其中两端对齐方式只在特殊布局的网页中使用。

【例 2-2】设置标题文本的对齐方式。

step① 进一步编辑【例 2-1】中创建的网页，输入以下代码：

```
<!doctype html>
<html>
<head>
<meta charset="utf-8">
<title>标题对齐</title>
</head>
<body>
<h1 align="center">这是 1 级标题(居中对齐)</h1>
<h2 align="left">这是 2 级标题(左对齐)</h2>
<h3 align="right">这是 3 级标题(右对齐)</h3>
</body>
</html>
```

step 2 在浏览器中预览网页，效果如下图所示。

在网页中创建分级标题时，<h1><h2>和<h3>比较常用，<h4><h5>和<h6>较少使用。一般文档的标题层次在 3 层左右。标题一般位于包含框的前面，显示在正文的底部。默认情况下，标题文本加粗并且放大显示。

> **实用技巧**
>
> 标题在网页中很重要，在使用标题时应注意：
> ➢ 因为网页浏览者可以通过网页的标题快速了解文档的内容，所以应使用标题来呈现文档的结构。
> ➢ 因为搜索引擎通常使用标题为网页的结构和内容编制索引，所以应为网页设置合适的标题。

2.2 定义段落

网页的正文主要通过段落文本来呈现。HTML5 使用<p>标签定义段落文本(有些人习惯使用<div>或
等标签来分段文本，这不符合语义，会妨碍搜索引擎进行检索)。

2.2.1 使用段落标签

段落标签是双标签，<p>和</p>之间的内容便形成了段落。如果省略结束标记，从<p>直到遇见下一个段落标签之前的所有文本，都将在一个段落内。段落标签中的 p 是英文单词 paragraph 的首字母，用来定义网页中的一段文本，文本在段落中会自动换行。

【例 2-3】在网页中设计一首唐诗。素材

```
<article>
<h1>出塞</h1>
<h2>[唐]王昌龄</h2>
<p>秦时明月汉时关，万里长征人未还。</p>
<p>但使龙城飞将在，不教胡马度阴山。</p>
</article>
```

以上代码使用<article>包裹所有内容，使用<h1>标签定义唐诗的名称，使用<h2>标签定义唐诗的作者和朝代，使用<p>标签显示诗句的内容。在浏览器中预览以上代码，效果如右上图所示。

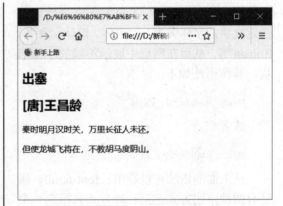

默认情况下，段落文本的前后合计显示一个字符的间距，用户可以根据需要使用CSS 重置这些样式，为段落文本添加样式(例如字体、字号、颜色、对齐等)。

2.2.2 使用换行标签

换行标签
和<p>段落标签一样，都是网页制作中常用的标签。换行标签
没有结束标记，br 英文单词 break 的缩写，换行标签
的作用是将文字在一个段落内强制换行。一个
标签代表一次换行，连续多个就可以实现多次换行。想要换行时，在需要换行的位置添加
标签即可。

例如，在【例 2-3】创建的网页代码中加入
标签，实现对文本的强制换行。

```
<article>
<h1>出塞</h1>
<h2>[唐]王昌龄</h2>
<p>秦时明月汉时关,<br>万里长征人未还。
</p>
<p>但使龙城飞将在,<br>不教胡马度阴山。
</p>
</article>
```

效果如下图所示。

2.3 定义文字格式

与 Office 软件中的文字一样，在 HTML 中也有相应的格式元素用来实现网页上文本格式的改变。

2.3.1 字体

在 HTML 文档中，font-family 属性用于指定文字的字体类型，如宋体、黑体、隶书、Roman 等，从而在网页中展示不同的字体形状，具体语法如下：

style="font-family: 宋体"

或者

style="font-family: 楷体,隶书, 宋体"

从上面的语法可以看出，font-family 属性有两种声明方式。第一种方式只指定一个元素的字体；第二种方式则可以把多个字体名称作为"回退"系统保存，如果浏览器不支持第一个字体，则会尝试下一个。

在显示字体时，如果网页中指定了一种特殊字体，而浏览器或操作系统不能正确获取这种类型的字体，那么可以通过 font-family 预设多种字体来解决这个问题。

font-family 属性可以预置多种供页面使用的字体类型，其中每种字体类型之间使用逗号(,)隔开。如果前面的字体不能正确显示，那么系统将自动选择后一种字体类型，以此类推。

实用技巧

设计网页时一定要考虑字体的显示问题，为保证页面达到预期效果，最好提供多种字体类型，并且最好以最基本的字体类型作为最后一种。

【例 2-4】继续【例 2-3】，设置文字字体及对齐方式。 素材

```
<article>
<h1 align="center">出塞</h1>
<h2 align="center">[唐]王昌龄</h2>
<p style="font-family:华文中宋,黑体" align="center">秦时明月汉时关,万里长征人未还。</p>
<p style="font-family:华文中宋,黑体" align="center">但使龙城飞将在,不教胡马度阴山。</p>
</article>
```

在浏览器中预览以上代码，效果如下页左图所示。

第 2 章 设计网页文本

2.3.2 字号

在网页中,标题通常使用较大字号显示,用于吸引观众的注意力。在 HTML5 中,通常使用 font-size 设置文字大小。语法格式如下:

style="font-size:数值 | inherit | xx-small | x-small | small | medium | large | x-large | xx-large | larger | smaller | length"

其中,可通过数值来定义字体大小,例如使用 font-size:10px 定义字体大小为 12 像素。此外,还可以通过 medium 之类的参数定义字体大小,参数含义如下表所示。

用于设置字体大小的参数

属 性	说 明
xx-small	绝对字体尺寸,可根据对象字体进行调整。最小
x-small	绝对字体尺寸,可根据对象字体进行调整。较小
small	绝对字体尺寸,可根据对象字体进行调整。小
medium	默认值,绝对字体尺寸。可根据对象字体进行调整。正常
large	绝对字体尺寸,可根据对象字体进行调整。大
x-large	绝对字体尺寸,可根据对象字体进行调整。较大
xx-large	绝对字体尺寸,可根据对象字体进行调整。最大
larger	相对字体尺寸,可相对于父对象中的字体尺寸进行相对增大。使用成比例的 em 单位进行计算
smaller	相对字体尺寸,可相对于父对象中的字体尺寸进行相对减小。使用成比例的 em 单位进行计算
length	百分比数或由浮点数和单位标识符组成的长度值,不可为负值。使用的百分比取值基于父对象中的字体尺寸

【例 2-5】继续【例 2-3】,设置文字字号。素材

```
<article>
<h1 style="font-size: xx-large ">出塞</h1>
<h2 style="font-size: 80% ">[唐]王昌龄</h2>
<p style="font-size: 15pt">秦时明月汉时关, 万里长征人未还。</p>
<p style="font-size: 15pt">但使龙城飞将在, 不教胡马度阴山。</p>
</article>
```

在浏览器中预览以上代码,效果如下页左图所示。

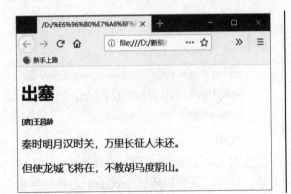

在上面的例子中,可以看到网页文字被设置成不同的大小,可以采用关键字、百分比和绝对值等设置形式。

2.3.3 颜色

在 HTML5 中,通常使用 color 属性来设置颜色,颜色设定方式如下表所示。

颜色设定方式

属性值	说明
color_name	规定颜色值采用颜色名称(例如 red)
hex_number	规定颜色值采用十六进制值(例如#ff0000)
rgb_number	规定颜色值采用 RGB 代码(例如 rgb(255,0,0))
inherit	规定从父元素继承颜色值
hsl_number	规定颜色值采用 HSL 代码(例如 hsl(0,75%,50%)),此为新增加的颜色表现方式
hsla_number	规定颜色值采用 HSLA 代码(例如 hsla(120,50%,50%,1)),此为新增加的颜色表现方式
rgba_number	规定颜色值采用 RGBA 代码(例如 rgba(125,10,45,0,5)),此为新增加的颜色表现方式

【例 2-6】设置网页文本颜色。

```
<!doctype html>
<html>
<head>
<meta charset="utf-8">
<title>字体颜色</title>
</head>
<body>
<h1 style="color: #033">页面标题</h1>
<p style="color: red">本段内容显示为红色</p>
<p style="color: rgb(0,0,0)">此处用 RGB 方式显示黑色文本</p>
<p style="color: hsl(0,60%,30%)">此处使用新增的 HSL 函数构建颜色</p>
<p style="color: hsla(120,50%,20%,1.00)">此处使用新增的 HSLA 函数构建颜色</p>
<p style="color: rgba(125,20,55,0.5)">此处使用新增的 RGBA 函数构建颜色</p>
</body>
</html>
```

在浏览器中预览以上代码，效果如下图所示。

2.3.4 强调

HTML5 提供了两个用于强调内容的语义元素。

- strong：表示重要。
- em：表示着重，语气弱于 strong。

根据网页内容的需要，这两个元素既可以单独使用，也可以一起使用。

【例2-7】使用 strong 设计一段强调文本，吸引网页浏览者的注意，使用 em 着重强调指定区域中的文本。
素材

```
<h2>什么是 HTML5</h2>
<p><strong>HTML 语言是用来<em>描述网页</em>的一种语言</strong></p>
```

默认状态下，strong 文本以粗体显示，em 文本以斜体显示。如果把 em 嵌套在 strong 中，将同时以斜体和粗体显示文本，以上代码在浏览器中的预览效果如下。

此外，strong 和 em 元素可以根据网页中文本内容的重要性嵌套使用，例如：

```
<h2>什么是 HTML5</h2>
<p>HTML 语言是用来<strong>描述<strong>网页</strong>的一种语言</strong></p>
```

其中文本"网页"比其他强调的文本更重要。

知识点滴

在 HTML4 中，strong 表示强调程度比 em 高，strong 和 em 在语义上只有轻重之分。在 HTML5 中，em 表示强调，而 strong 表示重要，两者在语义上有了细微分工。

2.3.5 注解

在 HTML5 中，small 元素表示注解，形式类似于细则、旁注，例如注意、声明、版权、署名等内容。

【例2-8】使用 small 注解网页中的行内文本。
素材

```
<dl>
<dt>属性-1</dt>
<dd>HTML 属性<small>(字母排序)
</small></dd>
<dt>事件-2</dt>
<dd>HTML 事件<small>(功能排序)
</small></dd>
</dl>
```

small 适用于标记行内文本(如短语、词语等)，不适用于段落文本或大块文本(如政策、隐私详细页等)。以上代码的预览效果如下图所示。

对于大块内容，建议使用<p>或其他语义标签。在下面的例子中，第 1 个 small 元素表示简短的提示声明，第 2 个 small 元素表示页脚中的版权声明，这是 small 的一种常见用法。

```
<p>W3School 简体中文版提供的内容仅用于培训和测试，<small>不保证内容的正确性</small></p>
<footer role="contentinfo">
    <p><small>使用条款和隐私条款。版权所有，保留一切权利。</small></p>
</footer>
```

2.3.6 备选

<b>和<i>是 HTML4 丢弃的两个标签，分别表示粗体和斜体。HTML5 重新启用了这两个标签，用于其他语义标签都不适应的场景，即作为后备选项使用。

▶ <b>：表示出于实用目的提醒注意的文字，不传达任何额外的重要性，也不表示其他的语态和语气，用于文档摘要中的关键词、评论中的产品名、基于文本的交互式软件中指示操作的文字、文章导语等。

▶ <i>：表示不同于其他文字的文字，具有不同的语态或语气，或将其他不同于常规之处，用于分类名称、技术术语、外语里的惯用词、翻译的散文、西方文字中的船舶名称等。

> **知识点滴**
> <b>用于显示粗体，<i>用于显示斜体，可以使用 CSS 重置它们的样式。

2.3.7 上下标

在 HTML 中可以使用 sup 元素实现上标文字，使用 sub 元素实现下标文字。<sup>和<sub>都是双标签，放在开始标记和结束标记之间的文本会分别以上标或下标的形式出现。

【例 2-9】使用 sup 元素标识脚注编号(根据从属关系，将脚注放在 article 而不是页面的 footer 元素中)，效果如下图所示。

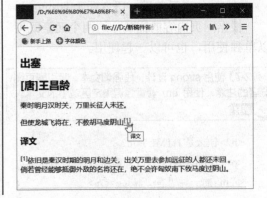

```
<article>
    <h1>出塞</h1>
    <h2>[唐]王昌龄</h2>
    <p>秦时明月汉时关，万里长征人未还。</p>
    <p>但使龙城飞将在，不教胡马度阴山<a href="#footnote-1" title="译文"><sup>[1]</sup></a>。</p>
    <footer>
        <h3>译文</h3>
        <p id="footnote-1"><sup>[1]</sup>依旧是秦汉时期的明月和边关，出关万里去参加远征的人都还未回。<br>倘若曾经能够抵御外敌的名将还在，绝不会许匈奴南下牧马度过阴山。</p>
    </footer>
</article>
```

可以在网页中为每个编号定义链接，指向 footer 内对应的脚注，从而方便浏览者通过单击快速跳转。

【例 2-10】设计用来演示数学公式和化学方程式的文本，在其中应用 sub 和 sup 元素。效果如右上图所示。

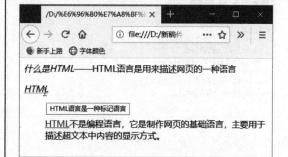

```
<html>
<head>
<title>上标字与下标字</title>
</head>
<body>
<h1>上标和下标的应用</h1>
    <b>数学公式：</b>(<i>X</i>+<i>Y</i>)<sup>2</sup> = <i>X</i><sup>2</sup> + 2<i>X</i><i>Y</i> + <i>Y</i><sup>2</sup><br>
    <b>化学方程式：</b>H<sub>2</sub>O = 2H + O
</body>
</html>
```

以上代码中，使用 i 元素定义变量 X 和 Y，使用 sup 元素定义数学公式中的二次方，使用 b 元素加粗文本，使用 sub 元素定义化学方程式中的下标。

> **知识点滴**
>
> 默认状态下，sub 和 sup 元素会稍微增大行高。用户可以使用 CSS 修复这个问题，也可以根据内容文本的字号对以下 CSS 做一些调整，使各行的行高保持一致。
>
> ```
> sub,sup{
>     font-size: 75%;line-height: 0;
>     position: relative;
>     vertical-align: baseline;
> }
> sub {top: -0.5em;}
> sub {bottom: -0.25em;}
> ```

2.3.8 术语

HTML5 使用 dfn 元素标识专用术语，同时规定：如果一个段落、描述列表或区块是 dfn 元素最近的祖先，那么这个段落、描述列表或区块必须包含术语的定义，即 dfn 元素及其定义必须放在一起，否则便是错误的用法。

【例 2-11】在网页中演示 dfn 元素的两种常用形式。一种是在段落文本中定义术语，另一种则是在描述列表中定义术语，效果如下图所示。

```
<p><dfn id="def-HTML">什么是 HTML</dfn>——HTML 语言是用来描述网页的一种语言</p>
<dl>
    <!--"HTML5"的参考定义 -->
```

```
<dt><dfn><abbr title="HTML 语言是一种标记语言">HTML</abbr></dfn></dt>
<br><br>
<dd><a href="#def-HTML">HTML</a>不是编程语言,它是制作网页的基础语言,主要用于描述超文本中内容的显示方式。</dd>
</dl>
```

dfn 元素可以包含其他短语元素,例如【例 2-11】中的以下代码:

```
<dt><dfn><abbr title="HTML 语言是一种标记语言">HTML</abbr></dfn></dt>
```

如果在 dfn 元素中添加可选的 title 属性,那么属性值应与 dfn 术语一致。如果只在 dfn 中嵌套单独的 abbr 而 dfn 本身没有文本,那么可选的 title 属性只能出现在 abbr 中。

2.3.9 代码

使用 code 元素可以标记代码或文件名。如果代码中包含<或>字符,那么应使用"<"和">"进行表示。如果直接使用<或>字符,它们将被视为 HTML 源代码。

【例 2-12】使用 code 元素显示一块代码,为了进行格式化显示,本例同时使用 pre 元素包裹 code 文本,效果如下图所示。素材

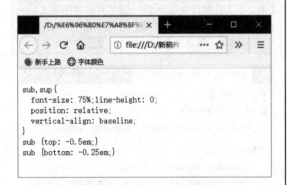

```
<pre>
<code>
sub,sup{
    font-size: 75%;line-height: 0;
    position: relative;
    vertical-align: baseline;
}
```

```
sub {top: -0.5em;}
sub {bottom: -0.25em;}
</code>
</pre>
```

除了 code 元素外,其他与计算机相关的元素简要说明如下。

▶ kbd:用户输入指示(kbd 与 code 元素一样,默认以等宽字体显示)。例如:

```
<ol>
    <li>使用<kbd>Tab</kbd>键,切换到[提交]按钮</li>
    <li>单击或按下<kbd>Return</kbd>或<kbd>Enter</kbd>键</li>
</ol>
```

▶ samp:程序或系统的示例输出(samp 元素默认以等宽字体显示)。例如:

```
<p>在浏览器中预览时,显示<samp>HTML 语言是用来描述网页的一种标记语言</samp></p>
```

▶ var:变量或占位符的值(var 元素默认以斜体显示)。例如:

```
<p><var>e</var>=<var>m</var><var>c</var><sup>2</sup>是什么意思?</p>
```

2.3.10 预定义格式

所谓预定义格式,就是可以保持文本固有的换行和空格。使用 pre 元素可以实现预定义文本。

【例 2-13】使用 pre 元素显示 CSS 样式代码。素材

```
<pre>
pre {
```

```
        margin: 10px auto;
        padding: 10px;
        background-color: hsla(358,36%,80%,1.00);
        white-space: pre-wrap;
        word-wrap: break-word;
        letter-spacing: 0;
        font: 15px/22px 'courier new';
        position: relative;
        border-radius: 5px;
}
</pre>
```

以上代码的显示效果如下。

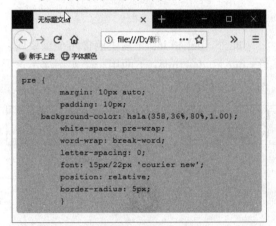

预定义文本默认以等宽字体显示,用户可以使用 CSS 改变字体样式。

知识点滴

pre 元素默认以块显示,也就是从新的一行开始显示,浏览器通常会对 pre 文本关闭自动换行。因此,如果包含很长的单词,就会影响页面的布局或产生横向滚动条。使用以下 CSS 可以对 pre 元素包含的内容打开自动换行功能:

pre {white-space: pre-wrap;}

2.3.11 缩写词

使用 abbr 元素可以标记缩写词并解释其含义。此外,还可以使用 abbr 元素的 title 属性提供缩写词的全称(也可以将全称放在缩写词后面的括号中,或混用这两种方式。如果使用复数形式的缩写,那么全称也要使用复数形式)。

有些浏览器将设置了 title 属性的 abbr 文本显示为下画虚线样式,如果无法正常显示,可以为 abbr 包含框添加 line-height 样式。下面用一个实例介绍使用 CSS 设计下画虚线样式的方法(兼容所有浏览器)。

【例 2-14】使用 CSS 设计文本的下画虚线样式。
素材

step 1 创建 HTML5 文档,在<head>标签内添加<style type="text/css">标签,定义如下内部样式表:

```
<style>
    abbr[title] {border-bottom: 1px dotted #000;}
</style>
```

step 2 在<body>标签中输入以下代码:

```
<p><abbr title="Cascading Style Sheets">CSS</abbr>是一种用来表现 HTML 或 XML 等文件样式的计算机语言。</p>
```

step 3 在浏览器中预览网页,当把光标移动至文本 CSS 上时,将显示提示框形式的标题文本。

2.3.12 编辑提示

HTML5 使用以下两个元素标记内容编辑操作。

▶ ins:已添加的内容。
▶ del:已删除的内容。

以上两个元素可以单独使用,也可以搭配使用。例如,在下面的代码中,对于已经发布的信息,使用 ins 增加项目,同时使用

del 移除项目(使用 ins 时,不一定要使用 del,反之亦然)。

```
<ul>
    <li><del>删除项目</del></li>
    <li>列表项目</li>
    <li><del>删除项目</del></li>
    <li><ins>插入项目</ins></li>
</ul>
```

在浏览器中预览以上代码,效果如下图所示(浏览器一般对已删除的文本加删除线,对插入的文本加下画线,用户也可以使用 CSS 重置这些样式)。

del 和 ins 元素不仅可以标识短语内容,也可以包裹块级内容。

```
<ins>
    <p>文本内容</p>
</ins>
<del>
    <ul>
        <li><del>删除项目</del></li>
        <li>列表项目</li>
        <li><del>删除项目</del></li>
        <li><ins>插入项目</ins></li>
    </ul>
</del>
```

此外,del 和 ins 元素还包含两个重要属性:cite 和 datetime。下面用一个实例演示这两个属性的用法。

【例 2-15】在段落文本中使用 cite 和 datetime 属性。
素材

```
<p>
    <cite>1996 年 12 月,</cite>
    <ins cite="http://www.w3.org/TR/CSS1" datetime="2020-12-1">CSS 的第 1 个版本正式发布。</ins>
</p>
<p>
    <cite>1998 年 5 月,</cite>
    <del datetime="2020-12-1">CSS3 版本正式发布:</del>
    <ins cite="http://www.w3.org/TR/CSS2" datetime="2020-12-2">CSS2 版本正式发布。</ins>
</p>
```

在浏览器预览以上代码,效果如下图。

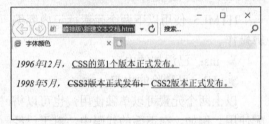

cite 属性(不同于 cite 元素)用于提供一个 URL,以指向说明编辑原因的页面。datetime 属性用于提供编辑的时间。浏览器不会将这两个属性的值显示出来(用户或搜索引擎可以通过脚本提取这些信息,以供参考)。

2.3.13 引用

使用 cite 元素可以标识引用或参考的对象,如图书、歌曲、电影、演唱会或音乐会、规范、报纸或法律文件等。

【例2-16】使用 cite 元素在网页中标记电影名称。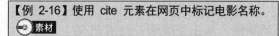

```
<p>正在播放<cite>[我和我的祖国]</cite></p>
```

HTML4 允许使用 cite 元素引用人名，HTML5 则不再建议使用。

2.3.14 引述

HTML5 支持以下两种引述第三方内容的方法。

▶ blockquote：引述独立的内容，一般比较长，默认显示在新的一行。

▶ q：引述短语，一般比较短，用在句子中。

默认情况下，blockqute 文本缩进显示，q 文本自动添加引号，但不同浏览器的显示效果并不相同。

【例2-17】演示 cite、q、blockquote 元素以及 cite 属性的用法。

```
<div id="article">
    <h1>什么是 CSS3</h1>
    <h2>CSS 模块</h2>
    <blockquote cite="http://www.w3.org/TR/css3-roadmap/">
        <p>CSS3 被划分成多个模块组，每个模块组都有自己的规范。这样做的好处是整个 CSS3 规范的发布不会因为部分存在争议的内容而影响其他模块的推进。对于浏览器而言，可以根据需要决定哪些 CSS 功能被支持。对于 W3C 制定者来说，可以根据需要进行针对性的更新，从而使整体规范更加灵活、易于修订(这样更容易扩展新的技术特性)。</p>
    </blockquote>
    <p>2001 年 5 月，<cite>W3C</cite>完成 CSS3 的工作草案。在该草案中制定了 CSS3 发展路线图，详细列出了所有模块，并计划在未来逐步进行规范。</p>
    <p>详细信息，可以参见<q>http://www.w3.org/Style/CSS/current-work.html</q></p>
    <blockquote cite="http://www.w3.org/Style/CSS/current-work.html">
        <p>其中介绍了 CSS3 具体划分为多少个模块组、CSS3 所有模块组目前所处的状态，以及将在什么时候发布。</p>
    </blockquote>
</div>
```

在浏览器中预览以上代码，效果如下。

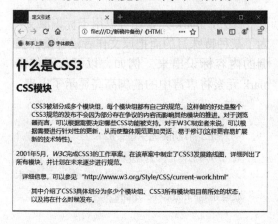

> **知识点滴**
>
> blockquote 和 q 元素都有一个可选的 cite 属性，该属性对搜索引擎或其他收集引用来源的脚本来说是有用的。默认 cite 属性值不会显示出来，想要访问者看到引用的 URL，可以使用 JavaScript 将 cite 属性值暴露出来，但这样做的效果差一些。

2.3.15 换行显示

span 是没有任何语义的行内元素，适合包裹短语、流动对象等内容，而 div 元素适合包含块级内容。如果需要为行内对象应用

以下项目,可以考虑使用 span 元素:
➤ HTML5 属性(例如 class、dir、id、lang、title 等)。
➤ CSS 样式。
➤ JavaScript 脚本。

【例2-18】使用 span 元素为行内文本应用 CSS 样式。 素材

```
<style type="text/css">
.red {color: brown; }
</style>
<p><span class="red">CSS3</span>是 CSS 规范的最新版本</p>
```

在上面的例子中,对文本"CSS3"指定了颜色。从上下文看,没有语义上适合的 HTML 元素,因此额外添加了 span 元素,并定义了类样式。

> **知识点滴**
>
> span 没有语义,也没有默认格式。用户可以使用 CSS 添加类样式。可以对同一个 span 元素同时添加 class 和 id 属性(两者的区别是: class 用于一组元素,而 id 用于页面中单独的、唯一的元素)。在 HTML5 中,当没有提供合适的语义化元素时,可以使用 span 为内容添加语义化类名,以填补语义上的空白。

2.4 定义文字效果

HTML5 新增了很多实用的功能标记,可以帮助用户为页面文本定义各种特殊效果。

2.4.1 高亮

HTML5 使用 mark 元素来突出显示文本。用户可以使用 CSS 对 mark 元素里的文字应用样式,但应仅在合适的情况下才使用 mark 元素。无论何时使用 mark 元素,都是为了引起浏览者对特定文本的注意。

【例2-19】使用 mark 元素高亮显示对关键词的搜索结果。 素材

```
<article>
    <h2>什么是<mark>CSS3</mark>?</h2>
    <p><mark>CSS3</mark>是 CSS 规范的最新版本,它在<mark>CSS2.1</mark>的基础上增加了很多强大的新功能,可以帮助网页开发人员解决实际面临的一些问题,并且不再需要非语义标签、复杂的 JavaScript 脚本以及图片,例如圆角、多背景、透明度、阴影等功能。</p>
    <p><mark>参考网页</mark>http://www.w3.org/TR/css3-roadmap/</p>
</article>
```

在浏览器中预览以上代码,效果如下。

此外,mark 元素还可以用于标识原文,为了某种特殊目的而把原文作者没有重点强调的内容标识出来。例如,以下代码使用 mark 元素将唐诗中的韵脚高亮显示了出来。

```
<article>
    <h2>书湖阴先生壁</h2>
    <h3>宋-王安石</h3>
    <p>茅檐长扫净无<mark>苔</mark>,花木成畦手自<mark>栽</mark>。</p>
```

```
        <p>一水护田将绿绕，两山排闼送青
<mark>来</mark>。</p>
</article>
```

在 HTML4 中，用户习惯使用 em 或 strong 元素来突出显示文字，但是 mark 元素的作用与这两个元素的作用是有区别的，不能混用。

2.4.2 进度

progress 是 HTML5 中的新元素，用于指示某项任务的完成进度，可显示为进度条，类似于你在 Web 应用中看到的指示保存或加载大量数据操作进度的那种组件。

支持 progress 元素的浏览器会根据属性值自动显示进度条，并根据值进行着色。<progress>和</progress>之间的文本则不会被浏览器显示出来。例如：

```
p>网页读取进度：<progress max="100" value="55">55%</progress></p>
```

【例 2-20】演示使用 progress 元素。

```
<section>
    <p>载入进度：<progress id="progress" max="100"><span>0</span>%</progress></p>
    <input type="button" onClick="click1()" value="显示进度"/>
</section>
<script>
function click1() {
    var progress = document.getElementById('progress');
    progress.getElementsByClassName('span')[0].textContent="0";
    for(var i=0;i<=100;i++)
    updateProgress(i);
}
function updateProgress(newValue){
    var progress = document.getElementById('progress');
    progress.value = newValue;
    progress.getElementsByClassName('span')[0].textContent = newValue;
}
</script>
```

以上代码在浏览器中的预览效果如下。

2.4.3 刻度

使用 meter 元素可以表示分数值或已知范围的测量结果，例如考试分数(百分制中的 95 分)、磁盘使用量(500GB 中的 100GB)等测量数据。

HTML5 建议浏览器在呈现 meter 元素时，在旁边显示一幅类似温度计的图形，测量值的颜色与最大值的颜色应有所区别(FireFox 作为当前少数几个支持 meter 元素的浏览器，就是这样显示的)。对于不支持 meter 元素的浏览器，可以通过 CSS 为 meter 元素添加一些额外的样式，也可以使用 JavaScript 进行改进。

【例2-21】演示使用 meter 元素。

```
<p>载入完成状态：<meter value="0.60">60%完成</meter></p>
<p>本章阅读进度：<meter low="0.25" high="0.75" optimum="0" value="0.22">22%</meter></p>
<p>全书阅读进度：<meter min="0" max="13.1" value="5.5" title="miles">4.5</meter></p>
```

以上代码在浏览器(Firefox)中的预览效果如下(IE 浏览器不支持 meter 元素，IE 浏览器会将 meter 元素中的文本内容显示出来，而不是显示进度条)。

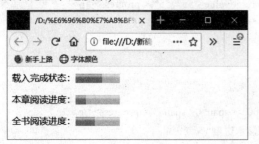

支持 meter 的浏览器会自动显示测量值，并根据属性值进行着色。<meter>和</meter>之间的文字不会显示出来。如果包含标题文本，就会在光标悬停在横条上时显示出来。在设计网页时，最好在 meter 元素中包含一些反映当前测量值的文本，以供不支持 meter 元素的浏览器显示。

另外，meter 元素还包含下表所示的 7个属性。

meter 属性说明

属性	说明
value	在元素中特别表示出来的实际值(唯一必须包含的属性)，该属性的值默认为 0，可以为该属性指定浮点小数值
min	设置规定范围时允许使用的最小值，默认为 0
max	设置规定范围时允许使用的最大值(默认值为 1)。如果在设定时，该属性的值小于 min 属性的值，那么把 min 属性的值视为最大值
low	设置范围的下限值，必须小于或等于 high 属性的值。同样，如果 low 属性的值小于 min 属性的值，那么把 min 属性的值视为 low 属性的值
high	设置范围的上限值。如果该属性的值小于 low 属性的值，那么把 low 属性的值视为 high 属性的值。同样，如果该属性的值大于 max 属性的值，那么把 max 属性的值视为 high 属性的值
optimum	设置最佳值，该属性的值必须在 min 属性值与 max 属性值之间，可以大于 high 属性值
form	设置 meter 元素所属的一个或多个表单

2.4.4 时间

使用 HTML5 的 time 元素，可以标记时间、日期或时间段。可选的 datetime 属性用来指定时间格式。格式如下：

YYYY-MM-DDThh:mm:ss

如果没有设置 datetime 属性，那么 time 元素必须提供机器可读的以上格式的日期和时间，例如：

2062-12-03T15:21:38

这表示"当地时间 2062 年 12 月 3 日下午 3 点 21 分 38 秒"。小时部分使用 24 小时制，因此表示下午 3 点时应使用 15 而非 03。如果包含时间，秒是可选的，也可以使用

hh:mm.sss 格式提供时间的毫秒数(注意,毫秒数前面的符号是点)。

如果要表示时间段,则格式稍有不同。有多种语法可供选择,其中最简单的形式如下:

nh nm ns

上面的三个 n 分别表示小时数、分钟数和秒数。

也可以将日期和时间表示为世界时。在末尾加上字母 Z,就成了 UTC(Coordinated Universal Time,全球标准时间)。例如:

2062-12-03T15:21:38Z

【例 2-22】演示使用 time 元素。 素材

```
<p>本群每天晚上<time>22:00</time>临时关闭</p>
<p>于<time datetime="2020-10-12">正式</time>投入商业化运营</p>
```

以上代码在浏览器中的预览效果如右上图所示。

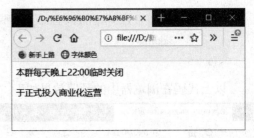

对于 time 元素来说,如果提供了 datetime 属性,time 元素中的文本就可以不严格使用有效的格式;如果忽略 datetime 属性,文本内容就必须采用合法的日期或时间格式。time 元素中包含的文本内容会出现在浏览器中,对浏览者可见,而可选的 datatime 属性则是为机器准备的。datatime 属性需要遵循特定的格式。浏览器只显示 time 元素的文本内容,而不会显示 datetime 属性的值。

2.4.5 联系信息

使用 HTML5 的 address 元素,可以定义与 HTML 页面或页面一部分(如一篇文章)有关的作者、相关人士或组织的联系信息,通常位于页面底部。Address 元素具体表示的是哪一种信息,则取决于该元素的位置。

【例 2-23】演示使用 address 元素。 素材

```
<main role="main">
    <article>
        <h1>文章标题</h1>
        <p>文章正文</p>
        <footer>
            <p>说明文本</p>
            <address>
                <a href="mailto:miaofa@sina.com">miaofa@sina.com</a>
            </address>
        </footer>
    </article>
</main>
<footer role="contentinfo">
    <p><small>&copy; 2020 baidu, Inc.</small></p>
    <address>
```

```
            南京东郊 11 号<a href="index.html">首页</a>
        </address>
    </footer>
```

以上代码在浏览器中的预览效果如下。

在上面的例子中，页面上有两个 address 元素：其中一个用于文章的作者；另一个位于页面的页脚中，用于整个页面的维护(注意，用于文章的 address 元素只包含联系信息)。尽管页脚中也有关于作者的背景信息，但这些信息位于 address 元素的外面。

> **知识点滴**
>
> address 元素只能包含作者的联系信息，不能包括其他内容，如文档或文章的最后修改时间。此外，HTML5 禁止在 address 元素里面包含 h1~h6、article、address、aside、footer、header、hgroup、nav 以及 section 等元素。

2.4.6 显示方向

如果在 HTML 页面中混合了从左到右书写的字符(如大多数语言使用的拉丁字符)和从右到左书写的字符(如阿拉伯语或希伯来语字符)，就可能要用到 bdi 和 bdo 元素。

要使用 bdo 元素，就必须包含 dir 属性，取值包括 ltr(由左至右)或 rtl(由右至左)，从而指定希望呈现的显示方向。bdo 元素适用于段落中的短语或句子，不能包含多个段落。bdi 是 HTML5 中新加的元素，用于方向未知的情况，不必包含 dir 属性，因为默认已经设为自动判断。

【例 2-24】设置用户名根据语言不同自动调整显示顺序。素材

```
<ul>
    <li><bdi>ocean</bdi></li>
    <li><bdi>Das Mee</bdi></li>
    <li><bdi>العربية اللغة</bdi></li>
</ul>
```

2.4.7 换行断点

HTML5 为 br 元素引入了另一个相近的元素 wbr，通过在必要的时候进行换行，从而让文本在有限的空间内更具可读性。因此，与 br 元素不同，wbr 元素不会强制换行，而是让浏览器知道在哪里可以根据需要进行换行。

【例 2-25】为 URL 字符串添加换行标签，当窗口宽度发生变化时，浏览器会自动根据断点确定换行位置，效果如下图所示。素材

```
<p>1996年12月，CSS 的第 1 个版本正式发布：http:<wbr>//www.w3.org/TR/CSS1,1998 年 5 月，CSS2 版本正式发布：http:<wbr>//www.w3.org/TR/CSS2</p>
```

定义换行断点

2.4.8 旁注

旁注是东亚语言(中文、日文)中的一种惯用符号，通常用于表示生僻字的发音。这些小的注解字符出现在它们标注的字符的上方或右方，简称旁注。日语中的旁注字符又称为振假名。

rudy 元素及其子元素 rt 和 rp 是 HTML5 中用来为内容添加旁注的机制。Rt 元素指明了对基准字符进行注解的旁注字符。在不支持 rudy 元素的浏览器中，可选的 rp 元素用于在旁注文本的周围显示括号。

【例 2-26】演示使用<rudy>和<rt>标签为词语添加旁注。 素材

```
<ruby>
    春<rp>(</rp><rt>chūn</rt><rp>)</rp>
```

天<rp>(</rp><rt>tiān</rt><rp>)</rp>
</ruby>

以上代码在浏览器中的预览效果如下。

支持旁注的浏览器会将旁注文本显示在基准字符的上方(或旁边)，不显示括号。不支持旁注的浏览器会将旁注文本显示在括号里，就像普通文本一样。

2.5 案例演练

在本章的案例演练部分，我们将通过制作文本网页，帮助用户巩固所学的知识。

【例 2-27】在网页中应用拼音/音标注释与块引用标记，制作带拼音标注的文本效果。 素材

step 1 创建 HTML5 文档，输入以下代码:

```
<!doctype html>
<html lang="en">
<head>
<meta charset="utf-8">
<title>应用注释与块引用标记</title>
    <style type="text/css">
 ruby{font-size: 58px;font-family: 黑体;text-align: center;}
</style>
</head>
<body>
        <h5>注释 ruby 标记-标注读音</h5>
<p align="center">
<ruby>
  中<rp>(</rp><rt>zhōng</rt><rp>)</rp>
  国<rp>(</rp><rt>guó</rt><rp>)</rp>
  力<rp>(</rp><rt>lì</rt><rp>)</rp>
  量<rp>(</rp><rt>liàng</rt><rp>)</rp>
```

```
</ruby>
    </p>
<h5>应用段落缩进标记</h5>
    <hr color="green">
        <p>这行文字没有缩进</p>
        <blockquote>这行文字首行缩进 5 个字符</blockquote>
        <blockquote><blockquote>这行文字首行缩进 10 个字符</blockquote></blockquote>
</body>
</html>
```

step 2 在浏览器中预览以上代码，效果如下。

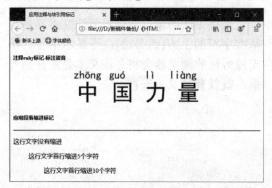

【例 2-28】综合运用网页文本的设计方法，制作一个文本网页。 素材

step 1 创建 HTML5 文档，输入以下代码：

```
<!doctype html>
<html>
<head>
<meta charset="utf-8" />
<title>HTML5 基础知识</title>
</head>
<body>
</body>
</html>
```

step 2 在<body>标签部分添加以下代码：

```
<!-HTML5 概述--!>
<h1>什么是 HTML5</h1>
<p>
    HTML5 是用于取代于 1999 年制定的 HTML
4.01 和 XHTML 1.0 标准的 HTML 标准版本。
```

HTML5 当前对多媒体的支持更强，新增了以下功能：

    语义化标签，使文档结构明确。
    文档对象模型(DOM)。
    实现了 2D 绘图的 Canvas 对象。
    可控媒体播放。
    离线存储。
    文档编辑。
    拖放。
    跨文档消息。
    浏览器历史管理。
    MIME 类型和协议注册。
</p>

step 3 在浏览器中预览以上代码，效果如下。

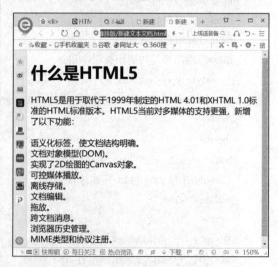

第3章

设计网页图像

图像是网页中最主要也是最常用的元素。图像在网页中往往具有画龙点睛的作用,能够装饰网页,表达网页设计者个人的情调和风格。HTML5 增强了图像的表现能力,以适应移动设计需求。本章将通过实例,重点介绍如何使用 HTML5 为网页插入图像。

HTML5+CSS3 网页设计案例教程

3.1 网页图像概述

图像是网页中最基本的元素之一，网页图像有多种形式，例如图标、Logo、背景图像、产品图像、按钮图像、新闻图像等。制作精美的图像可以大大增强网页的视觉效果。图像中蕴含的信息量对于网页而言显得更加重要。在网页中插入图像通常是为了添加图形界面(如按钮)、创建具有视觉感染力的内容(如照片、背景等)或实现交互式设计元素。

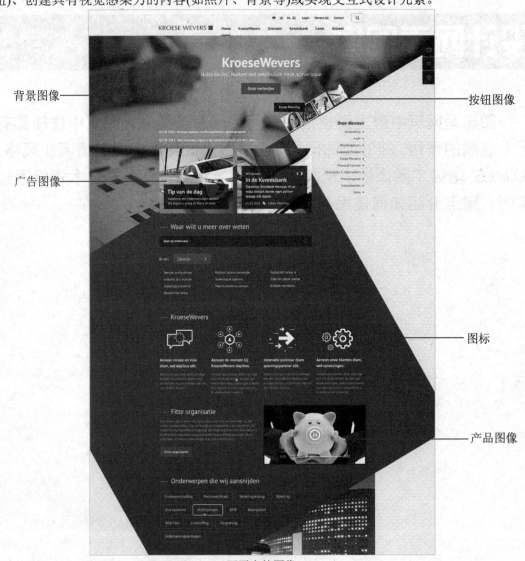

网页中的图像

3.1.1 网页支持的图片格式

保持较高画质的同时尽量缩小图像文件的大小是在网页中应用图像文件的基本要求。在图像文件的众多格式中，符合这种条件的有 GIF、JPG/JPEG、PNG 等。

▶ GIF：相比 JPG 或 PNG 格式，GIF 文件虽然相对比较小，但这种格式的图片文件最多只能显示 256 种颜色。因此，这种格式很少使用在照片等需要很多颜色的图像中，多用在菜单或图标等简单的图像中。

▶ JPG/JPEG：JPG/JPEG 格式的图片相比 GIF 格式会使用更多的颜色，因此适合用于照片类图像。这种格式适合保存用数码相机拍摄的照片、扫描的照片或是使用多种颜色的图片。

▶ PNG：JPG 格式在保存时由于压缩会损失一些图像信息，但使用 PNG 格式保存的文件与原始图像几乎相同。

网页中图像的使用会受到网络传输速度的限制，为了减少下载时间，一个页面中的图像文件大小最好不要超过 100KB。

3.1.2 网页图像的路径

HTML 文档支持文字、图片、声音、视频等媒体格式，但是在这些格式中，除了文本写在 HTML 中，其他都是嵌入式的，HTML 文档只记录这些文件的路径。这些媒体信息能否正确显示，路径至关重要。

路径的作用是定位文件的位置。文件的路径有两种表述方法：以当前文档为参照物表示文件的位置，即相对路径；以根目录为参照物表示文件的位置，即绝对路径。

为了方便介绍绝对路径和相对路径，下面以下图所示站点目录结构为例。

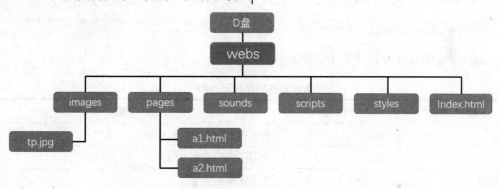

站点目录结构

1. 绝对路径

以上图为例，在 D 盘的 webs 目录下的 images 子目录下有一幅 tp.jpg 图像，那么它的路径就是 D:\webs\images\tp.jpg，像这种能够完整地描述文件位置的路径就是绝对路径。如果将图片文件 tp.jpg 插入网页 index.html，绝对路径表示方式如下：

D:\webs\images\tp.jpg

如果使用绝对路径 D:\webs\images\tp.jpg 进行图片链接，那么网页在本地计算机中将正常显示，因为在 D:\webs\images 文件夹中确实存在 tp.jpg 图片文件。但如果将文档上传到网站服务器，就不会正常显示了。因为服务器给用户划分的图片存放空间可能在 D 盘的其他文件夹中，也可能在 E 盘的文件夹中。为了保证图片能够正常显示，必须从 webs 文件夹开始，将图片文件和保存图片文件的文件夹放到服务器或其他计算机的 D 盘根目录中。

> **知识点滴**
> 通过上面的介绍用户会发现，如果链接的资源在站点内，那么使用绝对路径对位置要求非常严格。因此，链接站内的资源不建议采用绝对路径。但是，如果要链接其他站点的资源，则必须使用绝对路径。

2. 相对路径

所谓相对路径，就是以当前位置为参考点，自己相对于目标的位置。例如，在 index.html 中链接图片文件 tp.jpg 时就可以使用相对路径。index.html 和 tp.jpg 图片的路径根据之前的站点目录结构可以定位为：从 index.html 位置出发，和 images 子目录同级，由于路径是通的，因此可以定位到 images 子目录，images 子目录的下级就是 tp.jpg。相对路径表示方式如下：

images/tp.jpg

使用相对路径，不论将这些文件放到哪里，只要 tp.jpg 和 index.html 文件的相对关系没有变，就不会出错。

在相对路径中，".."表示上一级目录，"../.."表示上级的上级目录，以此类推。例如，将 tp.jpg 图片插入 a1.html 文件中，使用相对路径表示如下：

../images/tp.jpg

通过上面的介绍用户会发现，路径分隔符有"/"和"\"两种，其中"\"表示本地分隔符，"/"表示网络分隔符。由于网站制作好后肯定是在网络上运行的，因此要求使用"/"作为路径分隔符。

3.2 定义图像

在 HTML5 中，使用<img>标签可以把图像插入网页，方法如下：

<img src="URL" alt="替代文本" />

<img>标签的属性及说明如下表所示。

img 标签的属性及说明

属性	值	说明
alt	text	定义有关图像的简短描述
src	URL	要显示的图像的 URL
height	pixels%	定义图像的高度
ismap	URL	把图像定义为服务器端的图像映射
usemap	URL	定义作为客户端图像映射的一幅图像
vspace	pixels	定义图像顶部和底部的空白
width	pixels%	设置图像的宽度

【例 3-1】在网页中插入来自计算机的图像。 素材

```
<!doctype html>
<html>
<head>
<meta charset="utf-8">
<title>定义图像</title>
</head>
<body>
<img src="images/例 3-1-图像素材.jpg" width="400" alt="明星图片" />
</body>
</html>
```

以上代码中，HTML5 为<img>标签定义了多个可选属性，在浏览器中预览网页，效果如下图所示。

菜单中选择【复制图片地址】命令，如下图所示，复制图片的地址。

宽度为 400 像素

复制图像的地址

【例 3-2】在网页中插入来自网络的图像。素材

step 1 使用浏览器打开一个图片素材网站，在选择一个图片素材后，右击鼠标，从弹出的

step 2 修改【例 3-2】中的代码，将复制的图像地址粘贴至 src="之后：

```
<img src="https://cdn.pixabay.com/photo/2018/11/09/16/20/photographer-3804979_960_720.jpg" width="600" alt="摄影图像" />
```

step 3 在浏览器中预览网页，即可查看插入图像后的效果。

如果图像是网页设计的一部分，而不是内容的一部分，则应该使用 CSS 的 background-image 属性引入图像，而不是使

用<img>标签。

知识点滴

部分 HTML4 属性，如 align(水平对齐)、border(边框)等在 HTML5 中不再推荐使用，建议用 CSS 代替。

3.3 定义流

流表示图表、照片、图形、插图、代码片段等独立内容。在 HTML5 之前，没有专门用来实现这个目的的元素，一些开发人员使用没有语义的 div 元素来表示。

HTML5 使用 figure 和 figcaption 引入了流，其中 figcaption 表示流的标题，流的标题不是必需的，但如果包含的话，就的必须是 figure 元素内嵌的第一个或最后一个元素。

figure 元素默认从新的一行开始显示流的内容，当然也可以使用 CSS 改变这种显示方式。

【例 3-3】在网页中定义流。素材

```
<!doctype html>
<html>
<head>
<meta charset="utf-8">
<title>定义流</title>
```

```
</head>
<body>
<article>
    <h1>三步轻松搞定可视化图表</h1>
    <p>选择图表、导入数据、修改属性、操作简单、展现酷炫</p>
    <figure>
    <figcaption><b>图表秀:</b>最好用的在线图表制作网站</figcaption>
    <img src="images/例 3-3-图像素材.png" width="400">
    </figure>
</article>
</body>
</html>
```

在浏览器中预览以上代码，效果如下。

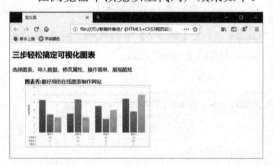

figure 元素可以包含多个内容块，但只允许有一个 figcaption，且必须与其他内容一起包含在 figure 元素中，不能单独出现在其他位置。figcaption 中的文本是对内容的一句简短描述。

figure 元素在默认显示时会左右缩进 40px。用户可以使用 CSS 的 margin-left 和 margin-right 属性修改默认样式。

3.4 定义图标

图标一般显示在浏览器选项卡、历史记录、书签、收藏夹或地址栏中。图标的大小一般为 16px×16px，背景透明(在移动设备上，iPhone 图标大小为 57px×57px 或 114px×114px，iPad 图标大小为 72px×72px 或 144px×144px)。

【例3-4】在网页中定义图标。

step 1 创建大小为 16px×16px 的图标，并保存为 favicon.ico。

favicon.ico

step 2 为网页创建一幅图像，并保存为 PNG 格式(如果只创建了一幅图像，可以命名为 appletouchicon.png)。

step 3 将图标放在网站的根目录下。新建一个 HTML5 文档，在网页的头部位置输入如下代码:

```
<link rel="icon" href="favicon.ico" type="image/x-icon" />
<link rel="shortcut icon" href="favicon.ico" type="image/x-icon" />
```

step 4 预览网页效果，浏览器会自动在网站的根目录中寻找特定名称的文件，找到后就将图标显示出来。

图标

在以上案例中，如果在浏览器中无法显示图标，则可能是浏览器缓存和生成图标慢的问题，用户可以尝试清除缓存，或者先访问图标：

http://localhost/favicon.ico

再访问网页，从而解决问题。

3.5 定义响应式图像

我们为 HTML5 中的 picture 和 img 元素新增了 srcset、sizes 属性，使得响应式图像的实现更为简单快捷，很多主流浏览器的新版本也对这两个新增加的属性支持良好。

1. 响应视图大小

<picture>标签仅作为容器，可以包含一个或多个<source>子标签。<source>子标签可以加载多媒体源，包含的属性及说明如下表所示。

<source>子标签的属性及说明

属 性	说 明
srcset	设置图片路径，如 srcset="images/appletouchicon.png"或 srcset= "images/app1.png, images/app2.png"
media	设置媒体查询，如 media="min-width:320px"
sizes	设置宽度，如 sizes="100vw"、sizes="(min-width:320px)100vw"或 sizes="(min-width: 320px)100vw,(min-width:640px)50vx,calc(33vw-100px)"
type	设置 MIME 类型，如 typr="image/webp"或者 type="image/vnd.ms-photo"

浏览器将根据 source 元素的列表顺序，使用第一个合适的 source 元素，并根据这些设置属性，加载具体的图片，同时忽略后面的<source>标签。

【例 3-5】使用 picture 元素在不同视图下加载不同的图片。素材

step 01 创建 HTML5 文档，在<body>标签中输入以下代码：

```
<body>
    <picture>
        <source media="(min-width: 1250px)" srcset="images/large.png">
        <source media="(min-width: 865px)" srcset="images/medium.png">
        <!--img 标签用于不支持 picture 元素的浏览器-->
        <img src="images/small.png" alt="outdoors" id="picimg">
    </picture>
</body>
```

step 02 在浏览器中预览网页，当浏览器窗口以大屏幕显示时，页面中的图像效果如下页左图所示。

大屏幕状态下网页中的图片

step 3 调整浏览器窗口大小，当浏览器窗口以小屏幕显示时，页面中的图像效果如下图所示。

小屏幕状态下网页中的图片

step 4 继续缩小浏览器窗口，页面中的图像效果如下图所示。

更小屏幕状态下网页中的图片

> **知识点滴**
>
> 在<picture>标签的尾部添加<img>标签，可以使网页能够在不支持<picture>标签的浏览器中正常显示。

2. 响应屏幕方向

参考【例 3-5】创建的网页，新建 HTML5 文档，在<body>标签中输入如下代码：

```
<picture>
    <source media="(orientation: portrait)" srcset="images/medium-1.png">
    <source media="(orientation: landscape)" srcset="images/large-1.png">
    <!--img 标签用于不支持 picture 元素的浏览器-->
    <img src="images/small-1.png" alt="a cute kitten" id="picimg">
</picture>
```

在浏览器中横屏浏览网页，效果如下。

竖屏浏览网页，效果如下。

在设计网页时，还可以结合多种条件。例如，根据屏幕方向和视图大小，分别加载不同的图片：

```
<picture>
    <source media="(min-width:320px) and (max-width:640px) and (orientation:landscpe)"
            srcset="images/large-1.png">
    <source media="(min-width:320px) and (max-width:640px) and (orientation:portrait)"
            srcset="images/medium-1.png">
    <source media="(min-width:640px) and (orientation:landscpe)" srcset="images/large-1.png">
    <source media="(min-width:640px) and (orientation:portrait)" srcset="images/medium-1.png">
    <img src="images/small-1.png" alt="a picture">
</picture>
```

3. 响应像素密度

以下面的代码为例，以屏幕像素密度作为条件，设计当像素密度为 2x 时加载 P1.png，当像素密度为 1x 时加载 P2.Png。

```
<picture>
    <source media="(min-width: 320px) and (max-width: 640px)" srcset="images/P1.png 2x">
    <source media="(min-width: 640px)" srcset="images/P2.png,images/P1.png 2x">
    <img src="images/P3.png,images/P1.png 2x" alt="a picture">
</picture>
```

4. 响应图像格式

以图片的文件格式作为条件。当支持 webp 格式时加载 webp 格式图片，否则加载 png 格式图片：

```
<picture>
    <source type="image/webp" srcset="images/P1.webp">
    <img src="images/picture.png" alt="a picture">
</picture>
```

5. 自适应像素比

除了 source 元素以外，HTML5 还为 img 元素新增了 srcset 属性。srcset 属性是一个包含一个或多个原图的集合，不同的原图用逗号分隔，每一个原图由以下两部分组成：

> 图像 URL。

> x(像素比)或 w(像素宽度)描述符。描述符与图像 URL 需要用一个空格进行分隔，w 描述符的加载策略是通过 sizes 属性里的声明来计算选择的。

如果没有设置第二部分，则默认认为 1x。在同一个 srcset 中，不能混用 x 描述符和 w 描述符；也不能在同一幅图像中，既使用 x 描述符也使用 w 描述符。

size 属性的写法与 srcset 相同，也是用逗号分隔一个或多个字符串，每个字符串由以下两部分组成：

> 媒体查询。最后一个字符串不能设置媒体查询(作为匹配失败后的回退选项)。

> 图像的大小信息。不能使用百分比来描述图像的大小。要想用百分比来表示，应使用类似于 vm(100vm=100%设备宽度)这样的单位来描述，其他的(如 px、em 等)可以正常使用。

【例3-6】设计屏幕为5像素比(如高清2K屏)的设备使用 2500px×2500px 的图片, 3 像素比的设备使用 1500px×1500px 的图片, 2 像素比的设备使用 1000px×1000px 的图片, 1 像素比的设备(例如笔记本电脑)使用 500px×500px 的图片, 对于不支持 srcset 属性的浏览器, 显示用 src 属性指定的图片。 素材

step 1 准备 5 张图片, 分别为 500.png(大小等于 500px × 500px)、1000.png(大小等于 1000px × 1000px)、1500.png(大小等于 1500px × 1500px)、2000.png(大小等于 2000px × 2000px)、2500.png(2500px × 2500px)。

step 2 创建 HTML5 文档, 输入如下代码:

```
<img width="500" srcset="
    images/2500.png 5x,
    images/2000.png 4x,
    images/1500.png 3x,
    images/1000.png 2x,
    images/500.png 1x "
    src="images/500.png"
/>
```

知识点滴
对于 srcset 属性中没有给出像素比的设备, 不同浏览器的选择策略不同。例如, 如果没有给出 1.5 像素比的设备要使用什么图, 浏览器可以选择 2 像素比的, 也可以选择 1 像素比的。

6. 自适应图宽
w 描述符用于描述原图的像素大小, 无关宽度或高度(大部分情况下可以理解为宽度)。如果没有设置 sizes 属性, 一般按照 100vm 来选择加载图片。

【例3-7】设计视口在 500px 以下时, 使用 500w 的图片; 视口在 1000px 以下时, 使用 1000w 的图片; 以此类推。设计在媒体查询都满足的情况下, 使用 2000w 的图片。 素材

```
<img width="500" srcset="
    images/2000.png 2000w,
    images/1500.png 1500w,
    images/1000.png 1000w,
    images/500.png 500w"
    sizes="
    (max-width: 500px) 500px,
    (max-width: 1000px) 1000px,
    (max-width: 1500px) 1500px,
    2000px "
    src="images/500.png"
/>
```

如果没有对应的 w 描述信息, 一般选择第一个最接近的。例如, 如果有一个媒体查询是 700px, 一般加载 1000w 对应的原图。

【例3-8】尝试使用百分比设置视口的宽度。 素材

```
<img width="500"
    srcset="
    images/2000.png 2000w,
    images/1500.png 1500w,
    images/1000.png 1000w,
    images/500.png 500w"
    sizes="
    (max-width: 500px) 100vm,
    (max-width: 1000px) 80vm,
    (max-width: 1500px) 50vm,
    2000px "
    src="images/500.png"
/>
```

以上代码涉及图片的选择: 将视口宽度乘以 1、0.8 或 0.5, 根据得到的像素来选择不同的 w 描述大小。例如, 如果视口大小为 800px, 对应 80vm, 而 800×0.8=640px, 因此 640w 的原图。但是 srcset 中没有 640w, 这时会选择第一个大于 640w 的原图, 也就是 1000w 的原图。如果没有设置, 一般按照 100vm 来选择加载图片。

3.6 案例演练

本章的案例演练部分将通过设计图文并茂的网页，帮助用户巩固所学的知识。

【例 3-9】以欢度春节为主题，设计一个图文混排的网页。 素材

step 1 创建 HTML5 文档，在<body>标签中输入以下代码：

```
<h3 align="center">欢度 2020 年春节</h3>
    <hr size="2" color="red" width="100%"/>
    <p align="left">    春节(the Spring Festival)，即农历新年，是一年之岁首，亦为传统意义上的"年节"。俗称新春、新岁、新年、新禧、年禧、大年等，口头上又称度岁、庆岁、过年、过大年。春节历史悠久，由上古时代岁首祈年祭祀演变而来。万物本乎天、人本乎祖，祈年祭祀、敬天法祖，报本反始也。春节的起源蕴含着深邃的文化内涵，在传承发展中承载了丰厚的历史文化底蕴。在春节期间，全国各地都会举行各种庆贺新春活动，热闹喜庆的气氛洋溢；这些活动以除旧布新、迎禧接福、拜神祭祖、祈求丰年为主要内容，形式丰富多彩，带有浓郁的各地域特色，凝聚着中华传统文化精华。</p>
    <p align="left">    在古代民间，人们从岁末的廿三或廿四的祭灶便开始"忙年"了，新年到正月十九才结束。在现代，人们把春节定于农历正月初一，但一般至少要到农历正月十五(元宵节)新年才算结束。春节是个欢乐祥和、亲朋好友欢聚的节日，是人们增深感情的纽带。节日交流问候传递着亲朋乡里之间的亲情伦理，它是维系春节得以持存发展的重要要义。</p>
    <div id="" class="">
    <img src="images/chunjie01.jpg" width="300" height="150">
    <img src="images/chunjie02.jpg" width="300" height="150"></div>
    <p align="left">    百节年为首，春节是中华民族最隆重的传统佳节，它不仅集中体现了中华民族的思想信仰、理想愿望、生活娱乐和文化心理，而且还是祈福、饮食和娱乐活动的狂欢式展示。受到中华文化的影响，世界上一些国家和地区也有庆贺新春的习俗。据不完全统计，已有近 20 个国家和地区把中国春节定为整体或者所辖部分城市的法定节假日。春节与清明节、端午节、中秋节并称为中国四大传统节日。春节民俗经国务院批准列入第一批国家级非物质文化遗产名录。</p>
    <hr size="2" color="red" width="100%"/>
    <p align="center">网页制作案例 Copyright &copy;2019-2020</p>
</body>
```

step 2 在<head>标签中定义内部样式表：

```
<style type="text/css">
    div{text-align: center;/*文本居中对齐*/}
</style>
```

在浏览器中预览网页，效果如下页左图所示。

【例3-10】设计一个照片素材页面。

```
<!doctype html>
<html>
<head>
<meta charset="utf-8">
<title>商品页面</title>
</head>
<body>
<p>
<img src="images/P1.png" width="300"
    height="180"/>
<img src="images/P2.png" width="300"
    height="180"/>
<img src="images/P3.png" width="300"
    height="180"/>
<br>
惊人的免费库存影片和剪辑</p>
<p>
<img src="images/P4.png" width="300"
    height="180"/>
<img src="images/P5.png" width="300"
    height="180"/>
<img src="images/P6.png" width="300"
    height="180"/>
<br>
您可以在任何地方使用的免费图像和视频
</p>
</body>
```

</html>

在浏览器中预览网页，效果如下。

第4章

设计超链接

　　在设计网页时，需要在页面中创建超链接，以使网页能够与网站中的其他页面建立联系。超链接是网站的"灵魂"，网页设计者不仅要知道如何创建页面之间的超链接，更应了解超链接的真正意义。

4.1 超链接概述

超链接是网页中重要的组成部分，本质上是一种允许网页访问者在网页或站点之间进行跳转的元素。各个网页链接在一起后，才能真正构成网站。

4.1.1 超链接的类型

超链接与 URL 以及网页文件的存放路径是紧密相关的。URL 可以简单地称为网址，顾名思义，就是 Internet 文件在网上的地址。定义超链接其实就是指定 URL 地址来访问指向的 Internet 资源。URL(Uniform Resource Locator, 统一资源定位器)是使用数字和字母并按一定顺序排列的 Internet 地址，由访问方法、服务器名、端口号以及文档位置组成(格式为 access-method://server-name:port/document-location)。在网页中，用户可以创建下列类型的超链接。

➢ 页间链接：用于跳转到其他网页。

➢ 块链接：用于链接网页中的任意对象，包括段落、列表、整篇文章或区块。

➢ 页内链接：也称锚记链接，用于跳转到同一站点中指定文档的位置。

➢ 目标链接：用于跳转至其他文档或文件，如图形、电影、PDF 或声音文件等。

➢ 邮件链接：用于启动电子邮件程序，允许用户书写电子邮件，并发送到指定地址。

➢ 下载链接：用于跳转至文件下载页面。

➢ 图像热点链接：用于在图像的局部区域定义超链接。

➢ 框架链接：用于创建浮动框架。

4.1.2 超链接的路径

从作为链接起点的文档到作为链接目标的文档之间的文件路径，对于创建超链接至关重要。一般来说，链接路径可以分为绝对路径和相对路径两类。

1. 绝对路径

绝对路径是指包括服务器协议在内的完全路径，示例如下：

http://www.xdchiang/dreamweaver/ index.htm

绝对路径与链接的起点无关，只要目标站点地址不变，无论文档在站点中如何移动，都可以正常实现跳转而不会发生错误。如果需要链接当前站点之外的网页或网站，就必须使用绝对路径。

需要注意的是，绝对路径链接方式不利于测试。如果在站点中使用绝对路径，要想测试超链接是否有效，就必须在 Internet 服务器端进行。此外，采用绝对路径不利于站点的移植。例如，一个较为重要的站点，可能会在多个服务器上创建镜像，同一个文档也就有了多个不同的网址。要将文档在这些站点之间移植，就必须对站点中的每个使用绝对路径的超链接进行一一修改，这样才能达到预期目的。

2. 相对路径

相对路径包括根相对路径和文档相对路径两种。

➢ 根相对路径：制作网页时，需要选定一个文件夹来定义本地站点，从而模拟服务器上的根文件夹，网页会根据这个文件夹来确定所有超链接的本地文件位置，而根相对路径中的根就是指这个文件夹。

➢ 文档相对路径：文档相对路径是以当前网页所在文件夹为基础计算得出的路径。文档相对路径以"/"开头，并且是从当前站点的根目录开始计算的(例如，在 C 盘的 Web 目录下建立名为 web 的站点，这时相对路径 /index.htm 的绝对路径为 C:\Web\index.htm。文档相对路径适用于链接内容频繁更换环境中的文件，这样即使站点中的文件被移动了，链接也仍可以生效，但是仅限于同一站点中)。

4.2 页间链接

创建超链接时使用的 HTML 标签是<a>。超链接有两个最重要的要素：设置为超链接的网页元素和超链接指向的目标地址，基本结构如下。

<a href=URL>网页元素</a>

其中，href 表示 hypertext reference(超文本引用)，属性值可以为相对路径(站内链接)、绝对路径(站外链接)。如果仅指定路径而省略文件名，则可以创建指向对应目录下默认文件(如 index.html)的超链接，例如：

www.site.com/directory/

如果省略路径，就指向网站的默认页面(首页)，例如：

www.site.com

除 href 属性外，<a>标签还包括一些其他属性，如下表所示。

<a>标签的属性及说明

属性	值	说明
href	URL	链接的目标 URL
rel	alternate、archives、author、bookmark、contact、external、first、help、icon、index、last、license、next、nofollow、noreferrer、pingback、prefetch、prev、search、stylesheet、sidebar、tag、up	规定当前文档与目标 URL 之间的关系(仅在 href 属性存在时可使用)
hreflang	language_code	规定目标 URL 的基准语言(仅在 href 属性存在时可使用)
media	media query	规定目标 URL 的媒介类型(仅在 href 属性存在时可使用)
target	_blank、_parent、_self、_top	指定在何处打开目标 URL(仅在 href 属性存在时可使用)
type	mime_type	指定规定目标 URL 的 MIME 类型(仅在 href 属性存在时可使用)

【例 4-1】在网页中定义链接文本，单击链接文本后，网页将跳转至网站 www.tupwk.com.cn。 素材

step 1 创建 HTML5 文档，在<body>标签中输入以下代码：

<a href="http://www.tupwk.com.cn" target="_blank">清华大学出版社</a>

step ② 在浏览器中预览网页,效果如下。

step ③ 单击页面中的文本"清华大学出版社",将跳转至网站 www.tupwk.com.cn。

【例 4-2】在网页中定义图像链接,单击页面中的图像链接,网页将跳转至 www.tupwk.com.cn。 素材

step ① 创建 HTML5 文档,在<body>标签中输入以下代码:

```
<body>
<a href="http://www.tupwk.com.cn">
<img src="images/hyperlink.png">
</a>
</body>
```

step ② 在浏览器中预览网页,效果如右上图所示,单击页面中的图片链接,将跳转至网站 www.tupwk.com.cn。

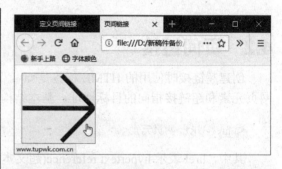

【例 4-3】在网页中定义链接文本,单击链接文本后,将跳转至【例 4-1】创建的网页。 素材

step ① 创建 HTML5 文档,保存到与【例 4-1】创建的网页文档所在的同一个文件夹中,在<body>标签中输入以下代码:

```
<a href="例 4-1-定义页间链接.html" target="_blank">跳转</a>
```

step ② 在浏览器中预览网页,单击页面中的文本"跳转",将跳转至【例 4-1】创建的网页。

> 知识点滴
> 在 HTML4 中,<a>标签可以定义链接,也可以定义锚记,但是在 HTML5 中,<a>标签只能定义链接,如果未设置 href 属性,那么<a>只是定义链接的占位符而不是锚记。

4.3 块链接

HTML4 允许链接中包含图像、文本以及标记文本短语的元素(如 em、strong、cite 等)。HTML5 允许链接中包含任意对象,如段落、列表、整篇文章和区块,但是不能包含其他链接、视频、表单元素、iframe 等交互内容。

【例 4-4】以文章摘要为链接载体,定义指向整篇文章的链接。 素材

```
<body>
<a href="pages.html">
<h1>标题文本</h1>
<p>摘要</p>
<img src="images/html5.png" width="200" alt="1"/>
<h3>附加信息</h3>
</a>
</body>
```

4.4 锚记链接

锚记链接是指向同一页面或其他页面中特定位置的超链接。例如，在一个很长的页面中，在页面的底部设置一个锚记，单击后可以跳转到页面的顶部，从而避免了上下滚动浏览器窗口的麻烦。

创建锚记链接的一般步骤如下。

step 1 创建用于链接的锚点。页面中任何定义了 ID 值的元素都可以作为锚点标记(对标签的 ID 锚记进行命名时不要含有空格，同时不要置于绝对定位元素内)。

step 2 定义链接，为<a>标签设置 href 属性，属性值为"#锚点名称"，如输入"#p6"。如果想要链接到不同的页面，如 test-1.html，则输入"test-1.html#p6"，既可以使用绝对路径，也可以使用相对路径(锚点名称区分大小写)。

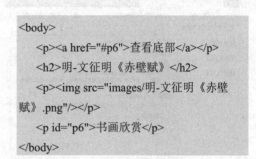

【例 4-5】在网页中定义锚点链接。 素材

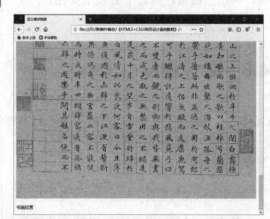

锚记链接效果

预览以上网页，单击页面顶部的链接文本"查看底部"，页面将跳转显示底部文本"书画欣赏"，效果如下。

4.5 目标链接

超链接指向的目标可以是网页，也可以是页面位置，还可以是图片、电子邮件、文件、FTP 服务器、应用程序，甚至是一段 JavaScript 脚本。

【例 4-6】在网页中定义目标链接，单击后将打开文件下载提示。 素材

```
<body>
    <p><a href="images/明-文征明《赤壁赋》.png">链接到图片</a></p>
    <p><a href="例 4-5-定义锚点链接.html" >链接到网页</a></p>
    <p><a href="明-文征明《赤壁赋》.rar">链接到文件</a></p>
</body>
```

预览以上网页,单击其中的链接"链接到文件",将打开下图所示的文件下载提示。用户可以将文件下载到本地计算机中。

如果 href 属性设置为 JavaScript 脚本,单击脚本链接,将会执行脚本。

```
<a href="javascript:alert(&quot;感谢关注,投票已经结束。&quot;);">我要投票</a>
```

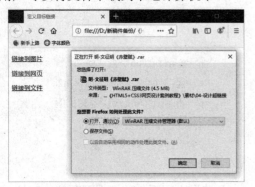

文件下载提示

执行 JavaScript 脚本

如果 href 属性被设置为#,则表示空链接,单击空链接,页面不会发生变化:

```
<a href="#">空链接</a>
```

4.6 邮件链接

当网页浏览者单击页面中的邮件链接后,浏览器会自动打开默认的邮件处理程序(例如 Outlook),邮件收件人的电子邮件地址将由邮件链接中指定的地址自动更新。

在网页中创建邮件链接时,应为<a>标签设置 href 属性,属性值为:

```
mailto:+电子邮件地址+?+subject=+邮件主题
```

其中,subjec 表示邮件主题,为可选项,如 mailto:name@mysite.cn?subject=意见和建议。

【例 4-7】继续【例 4-6】,在网页中定义邮件链接。
素材

```
<p><a href="mailto:name@mysite.cn">name@mysite.cn</a></p>
```

4.7 下载链接

当网页中链接的文件不能被浏览器解析时(如二进制文件、压缩文件等),浏览器会直接将文件下载到本地计算机中,这种链接就是【例4-6】介绍的目标链接。对于能够被浏览器解析的目标对象,也可以使用 HTML5 的 download 属性强制浏览器执行下载操作。

【例 4-8】继续【例 4-6】,在网页中定义下载链接(目前只有 Firefox 和 Chrome 浏览器支持 download 属性)。
素材

```
<p><a href="images/明-文征明《赤壁赋》.png" download >下载图片</a></p>
```

4.8 图像热点链接

图像热点链接就是为图像的局部区域定义的超链接，当单击热点区域时，则会触发链接。定义图像热点链接时，需要配合使用<map>和<area>标签。

1. <map>

<map>标签用于定义热点区域，该标签包含必需的 id 属性(用于定义热点区域的 ID)以及可选的 name 属性，可以作为句柄，与热点图像进行绑定。

<img>中的 usemap 属性可引用<map>中的 id 或 name 属性(根据浏览器而定)，所以应同时向<map>添加 id 和 name 属性，并且设置相同的值。

2. <area>

<area>标签用于定义图像映射中的区域，area 元素必须嵌套在<map>标签中。<area>标签包含必须设置的 alt 属性，用于定义热点区域的替换文本。此外，<area>标签还包含多个可选属性，如下表所示。

<area>标签的一些属性及说明

属 性	值	说 明
coords	坐标值	定义可单击区域(对鼠标敏感的区域)的坐标
href	URL	定义区域的目标 URL
nohref	nohref	从图像映射中排除某个区域
shape	defaut、rect(矩形)、circ(圆形)、poly(多边形)	定义区域的形状
target	_blank、_parent、_self、_top	规定在何处打开 href 属性指定的目标 URL

【例 4-9】为一幅图片定义多个热点区域。素材

```
<img src="images/web.png" width="700" border="0" usemap="#Map">
    <map name="Map">
    <area shape="rect" coords="257,58,426,92" href="#">
    <area shape="circle" coords="52,78,20" href="#">
    <area shape="poly" coords="54,356,40,374,54,392,231,396,245,376,232,356" href="#">
</map>
```

4.9 框架链接

HTML5 已经不支持 frameset 框架，但支持 iframe 浮动框架。使用 iframe 创建浮动框架的方法如下：

```
<iframe src="URL">
```

其中，src 表示浮动框架中显示网页的路径，可以是绝对路径，也可以是相对路径。

【例 4-10】在网页中定义浮动框架并链接网站 http://www.tupwk.com.cn。素材

```
<iframe src="http://www.baidu.com" width="1200" height="600"></iframe>
```

4.10 案例演练

本章介绍了网页中超链接的类型、路径以及创建页间链接、块链接、目标链接、下载链接、锚记链接、邮件链接、框架链接和图像热点链接的方法。下面将通过几个实例帮助用户巩固所学的知识。

【例 4-11】 使用锚记链接制作电子书。 素材

step 1 创建 HTML5 文档，在<body>标签内输入如下代码：

```
<ul>
    <li><a href="#设计阶段">设计阶段</a></li>
    <li><a href="#设计流程">设计流程</a></li>
    <li><a href="#实战技巧">实战技巧</a></li>
</ul>
```

step 2 在设计视图中继续输入文本，并为文本设置段落格式和有序列表。

step 3 在代码视图中为标题文本"设计阶段"添加<a>标签：

```
<h2><a name="设计阶段">设计阶段</a></h2>
```

step 4 使用同样的方法，为每一篇文章添加内容，为标题文本添加<a>标签：

```
<!doctype html>
<html>
……
▶<h2><a name="设计阶段">设计阶段</a></h2>
<p>网站伴随着网络的快速发展而快速兴起，作为上网的主要依托，由于人们使用网络的频繁而变得非常重要。由于企业需要通过网站呈现产品、服务、理念、文化，或向大众提供某种功能服务，因此网页设计必须首先明确设计站点的目的和用户的需求，从而做出切实可行的设计方案。<br>
专业的网页设计，需要经历以下几个阶段：</p>
<ol>
……
</ol>
▶<h2><a name="设计流程">设计流程</a></h2>
<ol>
    <li>业务逻辑清晰，能清楚地向浏览者传递信息，浏览者能方便地找到自己想要查看的东西。</li>
    <li>用户体验良好，用户在视觉上和操作上都能感到很舒适。</li>
    <li>页面设计精美，用户能得到美好的视觉体验，不会为一些糟糕的细节而感到不适。</li>
    <li>建站目标明晰，网页很好地实现了企业建站的目标，向用户传递了某种信息或展示了产品、服务、理念、文化。</li>
</ol>
▶<h2><a name="实战技巧">实战技巧</a></h2>
<p>网页设计技术更新很快，网站的界面设计寿命仅仅两三年而已。不管是垃圾还是精品，都没有所谓的经典。闭门造车者做出的东西，是远远赶不上综合借鉴者的。网页设计不同于其他艺术，在模仿加创新的网页设计领域，即便完全自己设计，也往往沿用了人们已经认同的大部分用户习惯，而且这种沿袭的痕迹是非常明显的！还有哪个设计者敢觍着脸说，这都是我自己的原创设计？对于业界来说，经典只是理念和象征。</p>
```

```
        </body>
</html>
```

step 5 在浏览器中预览网页，单击页面中的链接"设计阶段""设计流程"和"实战技巧"，从而跳转显示页面中相应的内容。

 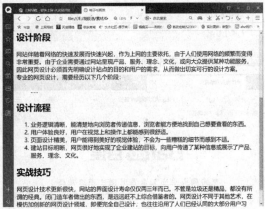

跳转效果

【例4-12】 制作百度搜索引擎仿真页面。 素材

step 1 创建 HTML5 文档，并以文件名 baidu.html 保存，然后输入以下代码：

```
<!doctype html>
<html>
<head>
<meta charset="utf-8">
<title>百度搜索引擎首页</title>
</head>
<body>
    <p align="center"><a href="http://www.baidu.com">
        <img border="0" src="images/baidulogo.jpg" /><a></p>
    <p align="center">
        <a href="http://news.baidu.com" name="tj_news">新 闻</a> 
<b>网 页</b> 
        <a href="http://tieba.baidu.com" name="tj_tieba">贴 吧</a> 
        <a href="http://zhidao.baidu.com" name="tj_zhidao">知 道</a> 
        <a href="http://music.baidu.com" name="tj_mp3">音 乐</a> 
        <a href="http://image.baidu.com" name="tj_img">图 片</a> 
        <a href="http://video.baidu.com" name="tj_video">视 频</a> 
        <a href="http://map.baidu.com" name="tj_map">地 图</a> 
</p>
<p align="center">
```

```
        <input type="text" size="60" name="">
        <input type="button" name="baidu" value="百度一下">
    </p>
    <p align="center">问题反馈请<a href="mailto:someone@baidu.com?"subject=问题反馈">发送邮件
</a></p>
</body>
</html>
```

step 2 在浏览器中预览网页，效果如下。

【例4-13】 为链接文本定义类型标识符。

step 1 创建 HTML5 文档，在 `<body>` 标签内定义多个不同类型的超链接：

```
<p><a href="http://www.sina.com.cn/">新浪</a></p>
<p><a href="http://www.163.com">网易</a></p>
<p><a href="http://kankan.eastday.com/">今日头条</a></p>
<p><a href="http://www.sohu.com">搜狐</a></p>
<p><a href="pages.html">本地链接</a></p>
<p><a href="mailto:miaofa@sina.com">电子邮件：miaofa@sina.com</a></p>
```

step 2 在 `<head>` 标签内添加 `<style type="text/css">` 标签，定义内部样式表，设置网页的基本效果，并使用属性选择器(参见本书第5章相关内容)找到页面中所有外部链接的 `<a>` 标签：

```
<style type="text/css">
body {
    font: 120%/1.6 "Gill Sans", Futura, "Lucida Grande", Geneva, sans-serif;
    color: #666;
    background: #fff;
}
a[href^="http:"] {
    background: url("images/Link-1.png")
    no-repeat right top;
    padding-right: 20px;
}
</style>
```

step 3 突出显示邮件链接，并添加邮件图标：

```
a[href^="mailto:"] {
    background: url(images/email.png)
    no-repeat right top;
    padding-right: 20px;
}
```

使用浏览器预览网页，效果如下。

第 4 章 设计超链接

【例4-14】为超链接设计提示。 素材

step 1 创建 HTML5 文档，在<body>标签内定义超链接：

```
<p> <a href="http://www.tupwk.com.cn/" class="tooltip">出版社<span>(我们一直走在IT出版的最前沿)</span></a> </p>
```

step 2 在<head>标签内添加<style type="text/css">标签，定义内部样式表。将<a>标签的 position 属性设置为 relative。这样就可以相对于父元素的位置对 span 元素的内容进行绝对定位：

```
a.tooltip { position: relative; }
a.tooltip span { display: none; }
```

step 3 定义当光标停留在链接上时显示 span 元素的内容。方法是将 span 元素的 display 属性设置为 block(仅在光标停留在链接上方时有效)：

```
a.tooltip:hover span {
    display: block;
}
```

step 4 让 span 元素的内容出现在链接的右下方，并添加一些修饰性样式：

```
a.tooltip:hover span {
    display: block;
    position: absolute;
    top: 1em;
    left: 2em;
    padding: 0.4em 0.6em;
    border: 1px solid #996633;
    background-color: #FFFF66;
    color: #000;
    font-size:12px;
    white-space:nowrap; /*强制在一行内显示*/
}
```

使用浏览器预览网页，效果如右上图所示。

【例4-15】设计图形按钮超链接。 素材

step 1 创建 HTML5 文档，在<body>标签内定义超链接：

```
<a class="reg" href="#">提交</a>
```

step 2 在<head>标签内添加<style type="text/css">标签，定义内部样式表。

```
<style type="text/css">
a.reg {
background: transparent url("images/btn-1.png")
    no-repeat top left;
    display: block;
    width: 174px;
    height: 125px;
    text-indent: -999px;
}
</style>
```

使用浏览器预览网页，效果如下。

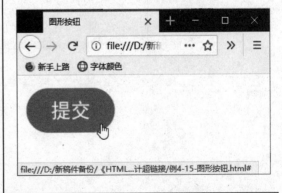

【例4-16】设计网站导航栏。 素材

step 1 创建 HTML5 文档，在<body>标签内定义列表和超链接：

```
<ul>
    <li><a href="http://www.baidu.com">首页</a></li>
    <li><a href="http://www.baidu.com">服装城</a></li>
    <li><a href="http://www.baidu.com">食品</a></li>
    <li><a href="http://www.baidu.com">团购</a></li>
    <li><a href="http://www.baidu.com">联系方式</a></li>
</ul>
```

step 2 在<head>标签内添加<style type="text/css">标签，定义内部样式表：

```
<style type="text/css">
    body,div,ul,li{padding:0px;margin:0px;}
    ul{list-style:none;}
    ul{width:1000px;margin:0 auto;background: #e64346;height:40px;margin-top: 100px;}
    ul li{float:left;height: 40px;line-height: 40px;text-align: center;}
    ul li a{font-size: 12px;text-decoration: none;height:40px;display: block;float: left;padding:0
        10px;text-decoration: none;color:#fff;}
    ul li a:hover{background:   #a40000;}
</style>
```

使用浏览器预览网页，效果如下。

第 5 章

CSS3 概述

　　CSS 是 Cascading Style Sheets(层叠样式表)的缩写,是一种用于表现 HTML 或 XML 等文件样式的计算机语言。用户在制作网页的过程中,使用 CSS 样式可以有效地对页面的布局、字体、颜色、背景和其他效果实现精确控制。

　　本章将介绍 CSS3 的基础知识,帮助用户快速了解 CSS3 的基本用法,并练习使用 CSS3 选择器。

5.1 什么是CSS3

CSS3 是 CSS 规范的最新版本，它在 CSS 2.1 的基础上增加了很多强大的新功能，可以帮助网页开发人员解决一些实际面临的问题，并且不再需要非语义标签、复杂的 JavaScript 脚本以及图片。

5.1.1 CSS 历史

早期的 HTML 只包含少量的显示属性，用于设置网页的字体效果。随着互联网的发展，为了满足日益丰富的网页设计需求，HTML 不断添加各种显示标签和样式属性，由此带来了一个问题：网页结构和样式混用让网页代码变得混乱不堪，代码冗余增加了带宽负担，代码维护也变得苦不堪言。

1994 年年初，哈坤·利提出了 CSS 最初的建议，当时伯特·波斯正在设计一个名为 Argo 的浏览器，于是他们决定一起设计 CSS。

1994 年年底，哈坤·利在芝加哥的一次会议上第一次展示了 CSS 的想法。1995 年，他与伯特·波斯一起再次展示了这个想法。当时 W3C(World Wide Web Consortium，万维网联盟)刚刚成立，对 CSS 很感兴趣，开始介入并负责 CSS 标准的制订。

1996 年 12 月，CSS 的第 1 个版本被正式发布：

http://www.w3.org/TR/CSS1

1998 年 5 月，CSS2 正式发布：

http://www.w3.org/TR/CSS2

CSS3 的开发工作早在 2000 年之前就已开始，为了提高开发速度，也为了方便各主流浏览器根据需要进行渐进式支持，CSS3 按模块化进行了全新设计，这些模块可以独立发布和实现，这也为日后 CSS 的扩展奠定了基础。

CSS 2.1 是 CSS2 和 CSS3 之间的过渡版本，它是 CSS2 的修订版，其中纠正了 CSS2 版本中的一些错误，并且更精确地描述了 CSS 的浏览器实现。2004 年，CSS 2.1 正式发布，到 2006 年年底得到完善。CSS 2.1 成为当时最流行、获得浏览器支持最完整的版本，它更准确地反映了 CSS 当前的状态。

5.1.2 CSS3 模块

CSS1 和 CSS2 都是单一的规范，其中 CSS1 主要定义了网页对象的基本样式，如字体、颜色、背景、边框等。CSS2 新增了一些高级概念，如浮动、定位、高级选择器(如子选择器、相邻选择器和通用选择器等)。

CSS3 被划分成多个模块组，每个模块组都有自己的规范。这样做的好处是整个 CSS3 规范的发布不会因为部分存在争议的内容而影响其他模块的推进。对于浏览器而言，可以根据需要决定支持哪些 CSS 功能。对于 W3C 制定者来说，可以根据需要进行有针对性的更新，从而使整体规范更加灵活、易于修订(这样更容易扩展新的技术特性)。

2001 年 5 月，W3C 完成 CSS3 的工作草案，制定了 CSS3 发展路线图，详细列出了所有模块，并计划在未来逐步进行规范，详细信息可以参阅：

http://www.w3.org/TR/css3-roadmap/

下表是对 CSS3 主要模块的说明。

CSS3 主要模块

时 间	发布模块	参考地址
2002 年 5 月	发布 CSS3 Line 模块，该模块规范了文本行模型	http://www.w3.org/TR/css3-linebox/

(续表)

时间	发布模块	参考地址
2002年11月	发布CSS3 Lists 模块，该模块规范了列表样式	http://www.w3.org/TR/css3-lists
2002年11月	发布CSS3 Border 模块，新增了背景边框功能，该模块后来被合并到背景模块中	http://www.w3.org/TR/2002/WDcss3-border-20021107
2003年5月	发布CSS3 Generated and Replaced Content 模块，该模块定义了演示效果功能	http://www.w3.org/TR/css3-content/
2003年8月	发布CSS3 Presentation Levels 模块，该模块定义了演示效果功能	http://www.w3.org/TR/css3-preslev
2003年8月	发布CSS3 Syntax 模块，该模块重新定义了CSS语法规则	http://www.w3.org/TR/css3-syntax/
2004年12月	发布CSS3 Speech 模块，该模块重新定义了语音"样式"规则	http://www.w3.org/TR/css3-speech/
2007年8月	发布CSS3 basic box 模块，该模块重新定义了CSS基本盒模型规则	http://www.w3.org/TR/css3-box/
2007年9月	发布CSS3 Grid Positioning 模块，该模块定义了CSS网络定位规则	http://www.w3.org/TR/css3-grid/
2009年3月	发布CSS3 Animations 模块，该模块定义了CSS动画模型	http://www.w3.org/TR/css3-animations/
2009年3月	发布CSS3 Transforms 模块，该模块定义了CSS3D转换模型	http://www.w3.org/TR/css3-3d-transforms/
2009年6月	发布CSS3 Fonts 模块，该模块定义了CSS字体模型	http://www.w3.org/TR/css3-fonts/
2009年7月	发布CSS3 Image Values 模块，该模块定义了图像内容显示模型	http://www.w3.org/TR/css3-images/
2009年7月	发布CSS3 Flexible Box Layout 模块，该模块定义了灵活的框布局模块	http://www.w3.org/TR/css3-flexbox/
2009年8月	发布CSSOM View 模块，该模块定义了CSS视图模块	http://www.w3.org/TR/cssom-view/
2009年12月	发布CSS3 Transitions 模块，该模块定义了CSS视图模块	http://www.w3.org/TR/css3-transitions
2009年12月	发布CSS3 2D Transforms 模块，该模块定义了2D转换模型	http://www.w3.org/TR/css3-2d-transforms/
2010年4月	发布CSS3 Template Layout 模块，该模块定义了模板布局模型	http://www.w3.org/TR/css3-layout/
2010年4月	发布CSS3 Generated Content for Paged Media 模块，该模块定义了分页媒体内容模型	http://www.w3.org/TR/css3-gcpm/

(续表)

时间	发布模块	参考地址
2010年10月	发布了 CSS3 Text 模块，该模块定义了文本模型	http://www.w3.org/TR/css3-text
2010年10月	发布了 CSS3 Backgrounds and Borders 模块，该模块重新修补了边框和背景模型	http://www.w3.org/TR/css3-background/

更详细的信息，可以参阅：

http://www.w3.org/Style/CSS/current-work.html

其中介绍了 CSS3 具体划分为多少个模块组、CSS3 所有模块组目前所处的状态，以及它们将在什么时候发布。

5.1.3 CSS3 特性

CSS3 规范集成了 CSS 2.1 并进行了很多增补与修改。下面简单介绍 CSS3 特性。

1. 完善选择器

CSS3 选择器在 CSS 2.1 选择器的基础上进行了增强，它允许设计者在标签中指定特定的 HTML 元素而不必使用多余的类、ID 或 JavaScript 脚本。

如果希望设计干净、轻量级的网页标签，让结构与表现能够更好地分离，高级选择器是非常有用的。它可以减少在标签中添加的 class 和 id 属性的数量，让设计者更方便地维护样式表。

2. 完善视觉效果

网页中最常见的效果包括圆角、阴影、渐变背景、半透明、图片边框等。这样的视觉效果在 CSS 中都是依赖于设计者制作图片或 JavaScript 脚本来实现的。CSS3 的一些新特性可以用来创建一些特殊的视觉效果(本书将在后面的章节中分别介绍)。

3. 完善背景效果

如果说 CSS 中的背景给设计人员带来了太多的限制，那么 CSS3 则带来了革命性的变化。CSS3 不再局限于背景色、背景图片的运用，而是添加了多个新的属性值，如 background-origin、background-clip、background-size 等。此外，还可以在一个元素上设置多个背景图片。

4. 完善盒模型

CSS2 中的盒模型只能实现一些基本的功能，一些特殊的功能需要基于 JavaScript 来实现。在 CSS3 中，这一点得到了极大改善，设计人员可以直接通过 CSS3 来实现。例如，CSS3 中的弹性盒子将给用户引入一种全新的布局概念，可以轻而易举地实现各种布局(特别是移动端页面的布局)。

5. 增强背景功能

CSS3 允许为背景设置多个属性，例如：
- background-image
- backgroundrepeat
- background-size
- background-position
- background-originand
- background-clip

这样就可以在一个元素上添加多层背景图片。如果要设计复杂的网页效果(如圆角、背景重叠等)，就不用再为 HTML 文档添加多个无用的标签了，从而优化了网页文档结构。

6. 增加阴影效果

阴影效果主要分两种：文本阴影(text-shadow)和盒子阴影(box-shadow)。文本阴影在 CSS2 中已经存在，但没有得到广泛应用。CSS3 延续了这个特性，并进行了新的定义，提供了一种新的跨浏览器方案，使文本看起来更醒目。

7. 增加多列布局与弹性盒模型布局

▶ 多列布局(Multicolumn Layout)模块描述了如何像报纸、杂志那样，把一个简单的区块拆分成多列。

▶ 弹性盒模型布局(Flexible Box Layout)模块能让区块在水平和垂直方向对齐，自适应屏幕大小。相对于 CSS 的浮动布局、inline-block 布局、绝对定位布局来说，这种布局显得更加方便灵活。

8. 完善 Web 字体和 Web Font 图标

浏览器对 Web 字体有着诸多限制。CSS3 重新引入@font-face，这对设计人员来说无疑是件好事。@font-face 是链接服务器上字体的一种方式，能够使嵌入的字体变成浏览器可以接受的安全字体，从而使没有安装的字体也能够正常显示在网页中。

9. 增强颜色和透明度功能

CSS3 颜色模块的引入，实现了制作页面效果时不再局限于 RGB 和十六进制两种模式。CSS3 新增了 HSL、HSLA、RGBA 这几种新的颜色模式。在网页设计中，能够轻松实现某个颜色变得更亮一点或更暗一点的效果。其中，HSLA 和 RGBA 还增加了透明通道，能够轻松地改变任何元素的透明度。另外，网页设计人员还可以使用 opacity 属性来设置元素的透明度，不再依赖图片或 JavaScript 脚本。

10. 新增圆角与边框功能

圆角是 CSS3 中使用最多的特性之一。与 CSS2 制作圆角不同的是，CSS3 无须添加任何标签与图片，也不需要借用任何 JavaScript 脚本，使用单个属性就可以实现。

在 CSS2 中只能实现边框的线型、粗细、颜色等设置，设计人员如果要在网页中实现特殊边框效果，只能使用背景图片来模仿。CSS3 的 border-image 属性使元素的边框样式更加丰富，设计人员可以通过该属性实现类似 background 属性的效果，对边框进行扭曲、拉伸和平铺等。

11. 增加变形操作

在 CSS2 中，让某个元素变形是可望而不可即的。要实现类似的效果，需要编写大量 JavaScript 代码。CSS3 引入了 transform(变形)特性，可以在 2D 或 3D 空间中操作网页对象的位置和形状，例如扭曲、旋转和位移。

12. 增加动画和交互效果

利用 CSS3 提供的过渡(transition)特性，可以在网页制作中实现一些简单的动画效果，让某些效果变得更流畅、平滑；而借助动画(animation)特性，能够实现更复杂的样式变化以及一些交互效果，而不需要使用任何 JavaScript 代码。

13. 完善媒体特性与响应式布局

CSS3 媒体特性可以实现一种响应式(Responsive)布局，使布局可以根据用户的显示终端或设备特征选择对应的样式文件，从而在不同的显示分辨率下或设备上具有不同的布局效果。

5.2 CSS3 基本用法

CSS3 新增了许多功能，例如圆角、阴影、渐变背景、动画、弹性布局等。下面将通过案例，详细介绍 CSS3 基本用法。

5.2.1 CSS3 样式概述

CSS3 代码由样式表、样式、选择器和声明组成。CSS3 样式是最小的渲染单元，由选择器和声明(规则)构成。

▶ 选择器：指定样式作用的对象，可以是标签名、类名或 ID 等。

▶ 声明：指定渲染对象的效果，包括属性和属性值。声明以分号结束，样式中的最

HTML5+CSS3 网页设计案例教程

后一个声明可以省略分号。所有声明包含在一对大括号内,位于选择器的后面。

➤ 属性:用于设置样式的具体效果。

➤ 属性值:用于定义显示效果的值,包括数值、单位或关键字。

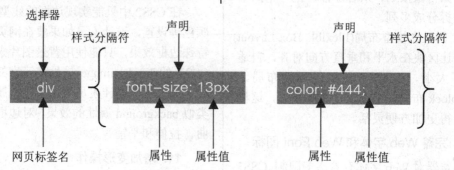

CSS3 样式的基本格式

【例5-1】设计一个简单的CSS3样式。

step 1 创建并保存 HTML5 文档后,在<head>标签内添加<style type="text/css">标签,定义一个内部样式表。

step 2 在<style>标签内输入以下样式,定义段落文本大小为24px、字体颜色为红色。

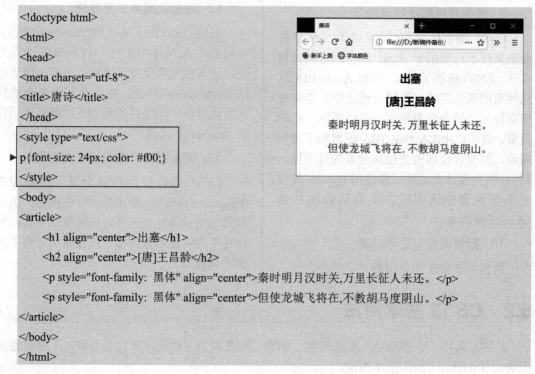

```
<!doctype html>
<html>
<head>
<meta charset="utf-8">
<title>唐诗</title>
</head>
<style type="text/css">
p{font-size: 24px; color: #f00;}
</style>
<body>
<article>
    <h1 align="center">出塞</h1>
    <h2 align="center">[唐]王昌龄</h2>
    <p style="font-family: 黑体" align="center">秦时明月汉时关,万里长征人未还。</p>
    <p style="font-family: 黑体" align="center">但使龙城飞将在,不教胡马度阴山。</p>
</article>
</body>
</html>
```

step 3 在浏览器中预览网页。

5.2.2 应用 CSS3 样式

应用 CSS3 样式的方法有以下几种。

➤ 行内样式:将 CSS3 样式设置为 HTML 标签的 style 属性值。

➤ 内部样式:将 CSS3 样式放在<style>标签内。

➤ 外部样式:将 CSS3 样式保存到独立

的文本文件中。

【例5-2】 练习应用CSS3样式。

step 1 创建一个HTML5文档并保存(文件名为test-1.html)，在<body>标签内输入一段文本，直接为<p>标签设置style属性值。

```
<p style="color:red">红色字体</p>
```

step 2 创建另一个HTML5文档并保存(文件名为test-2.html)，在<head>标签内添加<style type="text/css">标签，定义内部样式。

step 3 输入以下CSS3代码，定义一个CSS3样式，设计段落文本的字体颜色(红色)。

```
<style type="text/css">
p{color: red;}
</style>
```

step 4 在<body>标签中内输入如下代码：

```
<p>红色字体</p>
```

> **知识点滴**
>
> 对于行内样式而言，由于HTML结构与CSS3样式混在一起，不利于代码优化，因此一般建议慎重使用。内部样式一般位于网页的头部区域，确保CSS3样式先被浏览器解析。内部样式适合设计单个页面。外部样式能够实现HTML结构和CSS3样式的分离，绝大部分网站都采用这种方法来设计CSS3样式。

5.2.3 CSS3样式表

CSS3样式表由一个或多个CSS3样式组成，分为内部样式表和外部样式表。这两种样式表在本质上并没有什么不同，区别只在于存放位置不同。

一个<style>标签可以定义一个内部样式表。如果网页包含多个<style>标签，就表示包含多个内部样式表。一个CSS3文件可以定义一个外部样式表，外部样式表是文件，扩展名为.css。

```
<!doctype html>
<html>
<head>
```

外部样式表必须导入网页文档中才有效。具体方法有以下两种：
> 使用<link>标签导入。
> 使用@import关键字导入。

【例5-3】 练习使用CSS3样式表。

step 1 使用Windows系统自带的记事本工具创建一个文件，并保存为style-1.css。

step 2 输入以下CSS3代码，定义一个样式，设计段落文本的字体大小为16px：

```
p{font-size: 16px;}
```

step 3 使用记事本工具创建style-2.css文件，输入以下CSS3代码，定义另一个样式，设计段落文本的字体颜色为红色：

```
p{color: red;}
```

step 4 使用记事本工具创建test.html文件，使用<link>标签导入外部样式表文件style-1.css：

```
<link href="style-1.css" rel="stylesheet" type="text/css" />
```

对于<link>标签，必须设置的属性如下。
> href：定义外部样式表文件的URL。
> type：定义导入的文件类型。
> rel：表示导入的文件是关联样式表。

step 5 在网页文档的<style>标签内，使用@import关键字导入外部样式表文件style-2.css。

HTML5+CSS3 网页设计案例教程

```
<meta charset="utf-8">
<title>唐诗</title>
</head>
<style type="text/css">
@import url("style-2.css");
</style>
<body>
<link href="style-1.css" rel="stylesheet" type="text/css" />
<article>
    <h1 align="center">经典诗句</h1>
    <p style="font-family: 黑体" align="center">行到水穷处，坐看云起时。</p>
    <p style="font-family: 黑体" align="center">——王维《终南别业》</p>
</article>
</body>
</html>
```

在浏览器中预览 test.html 文件。下面对上述代码中导入外部样式的两种方法进行比较：

➤ <link>是 HTML 定义的标签，而@import 是 CSS3 定义的命令。

➤ 页面被加载时，<link>会同时被加载，而使用@import 引用的 CSS3 样式会等到页面被加载完毕后再加载。

➤ @import 只在 IE5 以上版本的 IE 浏览器中才能被识别，而<link>是 HTML 标签，无兼容问题。

➤ <link>方式的样式权重高于@import 方式的。

因此，一般推荐使用<link>方式导入外部样式表。@import 可以作为补充方法，适用于分类管理外部样式表，比如批量导入多个 CSS3 样式表。

5.2.4　CSS3 代码注释

在 CSS3 代码中，注释有两种形式：

```
<style type="text/css">
/*定义网页上段落文本的样式*/
p{
    font-size: 24px;                /*定义字体大小为 24px*/
```

/*单行注释文本*/

和

/*
多行注释文本
*/

知识点滴

放置在 "/*" 和 "*/" 之间的所有字符都将视为注释信息，不会被浏览器解析。

5.2.5　CSS3 代码格式化

在 CSS3 代码中，各种空格符号是不会被浏览器解析的。因此，可利用 Tab 键、Space 键对 CSS3 样式代码进行格式化排版，以便于阅读和管理。

【例 5-4】为例【5-1】创建的 CSS3 代码添加注释，并进行格式化显示。 素材

```
        color: #f00;                                /*定义字体颜色为红色*/
}
</style>
```

5.2.6 CSS3 继承性

CSS3 样式具有两个基本特性：继承性和层叠性。其中，继承性指的是在 HTML 结构中，后代元素可以继承祖先元素的样式。继承样式主要包括字体、文本等基本属性，例如字体、字号、颜色、行距等。对于边框、边界、背景、补白、尺寸、布局、定位等属性，则不允许继承。

【例 5-5】 灵活应用 CSS3 继承性，优化 CSS3 代码。
● 素材

step 1 创建 HTML5 文档，在 `<body>` 标签内输入以下代码：

```
<!doctype html>
<html>
<head>
<meta charset="utf-8">
<title>HTML 编辑器</title>
</head>
<body>
<article>
    <h1>使用 HTML 编辑器</h1>
    <p>除了使用记事本工具手动编写 HTML5 文件以外，用户还可以使用 HTML 编辑器编写网页。目前，可用于网页开发的 HTML 编辑器有很多，例如 Adobe Dreamweaver、EditPlus、Sublime Text 以及 WebStorm。用户可以根据自己的使用习惯进行选择。</p>
    <section>
        <h2>Adobe Dreamweaver</h2>
        <article>
            <p>Adobe Dreamweaver 是 Adobe 公司推出的网站开发工具，它是一款集网页制作和网站管理于一身的所见即所得的网页编辑工具。利用 Dreamweaver，用户可以轻而易举地制作出跨平台且不受浏览器限制的网页效果。</p>
        </article>
    </section>
</article>
</body>
</html>
```

step 2 在 `<head>` 标签内添加 `<style type="text/css">` 标签，定义内部样式，然后输入以下代码：

```
<style type="text/css">
    body{font-size: 16px;}
</style>
```

根据 CSS3 的继承性，包含在网页中的所有段落文本都将继承以上样式，显示字体大小为 16px。在浏览器中预览网页，效果将如下页左图所示。

【例 5-6】继续【例 5-5】，重新设置内部样式。

素材

```
<style type="text/css">
    article p {font-size: 18px;}
    article section p {font-size: 14px;}
</style>
```

以上代码中，第 1 个样式设计 article 元素中段落文本的字体大小为 18px，第 2 个样式设计 article 元素中 section 内段落文本的字体大小为 14px。两个样式都定义了字体大小，但是权重值不同，第 1 个样式的权重值为 2，第 2 个样式的权重值为 3，显然第 2 个样式会优先于第 1 个样式。在浏览器中预览网页，效果如下图所示。

5.2.7 CSS3 层叠性

CSS3 层叠性是指可以为同一个对象应用多个样式。当多个样式作用于同一个对象时，会根据选择器的权重来确定优先级，并显示最终渲染效果。

基本选择器的权重值如下表所示。

基本选择器	权重值
标签选择器	1
伪元素或伪对象选择器	1
类选择器	10
属性选择器	10
ID 选择器	100
其他选择器(如通配符选择器)	0

复合选择器的权重值等于组成的基本选择器的权重值之和。

知识点滴

在设计网页时，一般都会在 body 元素中定义整个页面的字体大小、字体颜色等基本属性，这样就不需要重复为每个标签或对象定义这些样式，从而实现页面显示效果的统一。

除了要考虑选择器的权重值以外，还应注意以下几点：

▶ 行内样式的优先级最高，继承样式的优先级最低。

▶ 在样式表中，如果两个样式的权重值相同，则靠近对象最近的样式优先级最高。

▶ 使用!important 命令定义的样式优先级高(!important 命令必须位于属性值和分号之间，如 pr{color:red!important;}，否则无效)。

5.3 CSS3 选择器

CSS3 选择器在 CSS 2.1 选择器的基础上增加了部分属性选择器和伪类选择器，减少了对 HTML 类和 ID 的依赖，使编写网页代码更加简单轻松。

根据所获取页面中元素的不同,可以把 CSS3 选择器分为标签选择器、类选择器、ID 选择器、包含选择器、子选择器、相邻选择器、兄弟选择器、伪类选择器、伪对象选择器、属性选择器等。下面将通过实例做详细介绍。

5.3.1 标签选择器

标签选择器(也称类型选择器)根据 HTML 标签名匹配同类型的所有标签。

【例 5-7】设计一个内部样式表,使用标签选择器统一页面内段落文本的样式,字体大小为 14px,字体颜色为 red(灰色)。

```
<style type="text/css">
p {
    font-size: 14px;
    color: red;
}
</style>
```

标签选择器的优点是使用简单,引用直接,不需要为标签添加属性;缺点是影响范围大,容易干扰不同的结构,精度不够。

此外,CSS3 还定义了一个特殊类型的选择器——通配符选择器,该选择器使用星号(*)表示,用于匹配所有标签。一般使用通配符选择器统一所有标签的样式。例如,使用* {margin: 0; padding: 0;}可以清除所有标签的边距。

```
<body>
<article>
<h3>CSS3 允许为背景设置多个属性,如:</h3>
<p class="underline">background-image</p>
<p class="italic">backgroundrepeat</p>
<p class="italic red underline">background-size</p>
</article>
</body>
```

知识点滴

当应用多个类样式时,类名之间通过空格进行分隔,效果不受前后顺序的影响。

5.3.3 ID 选择器

ID 选择器以#为前缀,后面为 ID 名称。

5.3.2 类选择器

类选择器以点(.)为前缀,后面为类名。应用方法:在标签中定义 class 属性,然后设置属性值为类选择器的名称。

【例 5-8】设计一个内部样式表,定义 3 个类样式: red、underline、italic。

```
<style type="text/css">
/*颜色类*/
.red {color: #f00;}
/*下画线类*/
.underline {text-decoration: underline;}
/*斜体类*/
.italic {font-style: italic;}
</style>
```

在段落中分别引用以上类(代码如下),其中,为第 3 个段落标签引用了 3 个类。在浏览器中预览网页效果如下图。

类选择器是最常用的样式设计方法,应用灵活,可以为不同对象或同一个标签定义一个或多个类样式。类选择器的缺点是需要手动添加 class 属性,操作较麻烦。

在标签中定义 id 属性,然后设置属性值为 ID 名称,即可应用 ID 选择器。

【例 5-9】继续【例 5-8】,清除类样式,为<article>标签设置 id="tangshi"属性。设置网页居中显示,为文章块显示红色实线边框,文章内文本居中显示。

```
<style type="text/css">
#tangshi {
    /*ID 样式*/
    width:400px;
    border: solid 2px red;
    margin: auto;
    text-align:left;
}
</style>
```

清除 <body> 标签中的类样式，并为 <article> 标签设置 id="tangshi" 属性：

```
<body>
▶ <article id="tangshi">
<h3>CSS3 允许为背景设置多个属性，如：</h3>
<p>background-image</p>
<p>backgroundrepeat</p>
<p>background-size</p>
</article>
</body>
```

类选择器和 ID 选择器可以同时作用于同一个标签，但 ID 选择器的优先级高于类选择器。在浏览器中预览以上代码，效果如下图所示。

知识点滴
通过为类选择器或 ID 选择器添加标签名前缀，可以增加选择器的权重值，这种形式也称为附加选择器，如 article@tangshi、p.red。相对于 .red 选择器，浏览器将优先解析 p.red 的样式。

5.3.4 包含选择器

简单的选择器包括标签选择器、类选择器、ID 选择器和通配符选择器。如果把两个选择器组合在一起，就形成了一个复杂的关系选择器。在 HTML5 文档结构中，通过关系选择器可以精确匹配结构中特定的关系元素。

包含选择器通过空格连接两个选择器，前面的选择器表示包含的祖先元素，后面的选择器则表示被包含的后代元素。

【例 5-10】设计一个简单的网页，然后利用包含选择器限定 h1 选择器的应用范围。素材

step 1 新建 HTML5 文档，在 <body> 标签内输入如下代码：

```
<!doctype html>
<html>
<head>
<meta charset="utf-8">
</head>
<body>
<header>
    <h1>网页标题</h1>
</header>
<footer>
    <h1>页脚标题</h1>
</footer>
</body>
</html>
```

step 2 在 <head> 标签内添加以下代码，利用包含选择器限定 h1 选择器的应用范围：

```
<style type="text/css">
    header h1{font-size: 28px;}
    footer h1{font-size: 18px;}
</style>
```

以上代码可实现以下设计效果：
▶ 定义网页标题的字体大小为 28px。
▶ 定义页脚标题的字体大小为 18px。
在浏览器中预览网页，效果如下页左图所示。

5.3.5 子选择器

子选择器使用尖角号(>)连接两个选择器，前面的选择器表示要匹配的父元素，后面的选择器表示被包含的匹配子对象。

【例5-11】设计一个简单的网页，使用子选择器定义其中包含特定字体大小的文本。素材

step① 新建 HTML5 文档，在<body>标签内输入如下代码：

```
<!doctype html>
<html>
<head>
<meta charset="utf-8">
</head>
<body>
<article>
<p>CSS3 模块</p>
    <section>
<p>CSS3 被划分成多个模块组，每个模块组都有自己的规范。这样做的好处是整个 CSS3 规范的发布不会因为部分存在争议的内容而影响其他模块的推进。对于浏览器而言，可以根据需要决定哪些 CSS 功能被支持。对于 W3C 制定者来说，可以根据需要进行针对性的更新，从而使整体规范更加灵活、易于修订(这样更容易扩展新的技术特性)。</p>
    </section>
</article>
</body>
</html>
```

step② 在<head>标签内添加以下代码，在内部样式表中定义<article>标签内所有段落文本的大小为16px、字体颜色为黑色，使用子选择器定义文本"CSS3 模块"的字体大小为26px、字体颜色为红色：

```
<style type="text/css">
article p {font-size: 16px; color: red;}
article> p {font-size: 26px; color: #000;}
</style>
```

在浏览器中预览网页，效果如下。

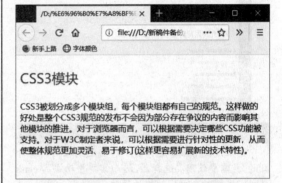

5.3.6 相邻选择器

相邻选择器使用加号(+)连接两个选择器，前面的选择器匹配特定元素，后面的选择器根据结构关系指定同级、相邻的匹配元素。

【例5-12】设计一个简单的网页，通过相邻选择器准确匹配出标题后面相邻的 p 元素。素材

step① 新建 HTML5 文档，在<body>标签内输入如下代码：

```
<article>
<h1>增强背景功能</h1>
<p>CSS3 允许为背景设置多个属性，如：</p>
<p>background-image；</p>
<p>backgroundrepeat；</p>
<p>background-size；</p>
<p>background-position；</p>
<p>background-originand；</p>
<p>background-clip 等。</p>
</article>
```

step 2 在<head>标签内添加以下代码，在内部样式表中通过相邻选择器准确匹配出标题后面相邻的 p 元素，并设计文本突出显示：

```
<style type="text/css">
article p {font-size: 12px;color: #000;}
h1 + p {font-size: 18px;color: blue;}
</style>
```

在浏览器中预览网页，效果如下。

实用技巧

如果不使用相邻选择器，想要达到相同的设计目的，就需要使用类选择器，进而需要手动添加 class 属性，这样做会干扰结构的简洁。

5.3.7 兄弟选择器

兄弟选择器使用波浪号(~)连接两个选择器，前面的选择器匹配特定元素，后面的选择器根据结构关系，指定其后匹配的所有同级元素。

【例 5-13】以【例 5-12】创建的网页为基础，添加以下样式，定义标题后面所有段落文本的字体大小为 12px、字体颜色为蓝色。 素材

```
<style type="text/css">
    article p {font-size: 20px;color: #000;}
    h1 ~ p {font-size: 12px;color: blue;}
</style>
```

在浏览器中预览网页，效果如下。从页面中可以看到:兄弟选择器的匹配范围覆盖了相邻选择器匹配的对象。

在设计网页时，如果多个样式的效果相同，可以把它们合并在一起，从而对选择器进行分组。具体的分组方法是：使用逗号(,)连接多个选择器，样式的渲染效果将作用于每个选择器所匹配的对象。例如，以下示例使用分组对 h1、h2、h3 标题元素统一了样式：

```
h1,h2,h3{
    margin: 0;
    margin-bottom: 10px;
}
```

5.3.8 属性选择器

属性选择器根据标签的属性来匹配元素，使用中括号进行标识。语法格式如下：

[属性表达式]

CSS3 包括多种属性选择器形式，如下表所示。

CSS3 包括的属性选择器形式

属性选择器	说 明
E[attr]	根据是否设置特定属性来匹配元素
E[attr= "value"]	根据是否设置特定属性值来匹配元素

(续表)

属性选择器	说明
E[attr~="value"]	根据属性值是否包含特定 value 来匹配元素(注意：属性值是一个词列表，以空格分隔，这个词列表中包含了一个 value 词)
E[attr^="value"]	根据属性值是否包含特定 value 来匹配元素(注意：value 必须位于属性值的开头)
E[attr$="value"]	根据属性值是否包含特定 value 来匹配元素(注意：value 必须位于属性值的结尾)
E[attr*="value"]	根据属性值是否包含特定 value 来匹配元素
E[attr|="value"]	根据属性值是否包含特定 value 来匹配元素(注意：属性值是 value 或以 value-开头，如 zh-cn)

实用技巧

在属性选择器中，E 表示匹配元素的选择符，可以省略；右括号为属性选择器标识符，不可或缺；attr 表示 HTML 属性名，value 表示 HTML 属性值或 HTML 属性值包含的子字符串。

【例 5-14】设计一个简单的导航条。

step 1 新建网页文档，为了方便演示，这里使用不同形式的属性选择器，为每个<a>标签定义不同的属性及属性值：

```
<nav>
    <a href="#1" class="links item first" title="w3cplus" target="_blank" id="first">1</a>
    <a href="#2" class="links active item" title="website" target="_blank" lang="zh">2</a>
    <a href="#3" class="links item" title="this is a link" lang="zh-cn">3</a>
    <a href="#4" class="links item" target="_blank" lang="zh-tw">4</a>
    <a href="#5" class="links item" title="zh-cn">5</a>
    <a href="#6" class="links item" title="website link" lang="zh">6</a>
    <a href="#7" class="links item" title="open the website" lang="cn">7</a>
    <a href="#8" class="links item" title="close the website" lang="en-zh">8</a>
    <a href="#9" class="links item" title="http://www.baidu.com">9</a>
    <a href="#10" class="links item last" id="last">10</a>
</nav>
```

step 2 在<head>标签中定义内部样式表，使用 CSS3 设计导航条的基本样式：

```
<style type="text/css">
/*导航框样式：浅色边框，适当添加补白*/
nav {border: 1px solid #aaa;padding: 6px 12px;}
/*导航按钮样式：固定大小、红色背景、白色字体、圆形按钮显示、适当调整按钮之间的间距、清除超链接下划线*/
nav a{
    display: inline-block; height: 20px;
    line-height: 20px; width: 20px;
    -moz-border-radius:10px; -webkit-border-radius:10px;
    border-radius: 10px;text-align: center;
```

```
    background: #f00;color: #fff;
    margin-right: 5px;text-decoration: none;
}
</style>
```

step 3 在浏览器中预览网页，效果如下图所示。

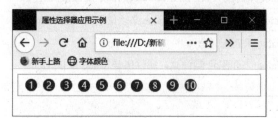

step 4 如果选择所有带有 id 属性的 a 元素，则只有第一个和最后一个 a 元素被选中：

```
nav a[id] {
    background: blue;
    color: #ff1;
    font-weight: bold;
}
```

页面效果如下图所示。

step 5 选择 nav 元素中同时具有 href 和 title 属性的 a 元素：

```
nav a[href][title]{
    background: #ff2;color: green;
}
```

页面效果如下图所示。

step 6 选中 id="first" 的 a 元素：

```
nav a[id="first"]{
    background: blue;color:#ff2;
    font-weight: bold;
}
```

页面效果如下图所示。

step 7 使用多个属性选择器，缩小选择范围：

```
nav a[href="#1"][title]{
    background: #ff2;
    color: blueviolet;
}
```

页面效果如下图所示。

step 8 选择属性值中含有 website 字符串的 a 元素，结果导致 "2" "6" "7" "8" 这 4 个 a 元素被选中：

```
nav a[title~="website"]{
    background: orange;
    color: dimgrey;
}
```

页面效果如下图所示。

step 9 选择 title 属性值中以 http:// 和 mailto: 开头的所有 a 元素：

```
nav a[title^="http://"]{
    background: orange;
    color: #ff0;
}
nav a[title^="mailto:"]{
    background: green;
    color: orange;
}
```

页面效果如下图所示。

step 10 选择 href 属性值中以 png 结尾的 a 元素：

```
nav a[href$="png"]{
    background: orange;
    color: darkgreen;
}
```

step 11 选择 title 属性值包含 site 字符串的 a 元素：

```
nav a[title*="site"]{
    background: orange;
    color: darkgreen;
}
```

页面效果如下图所示。

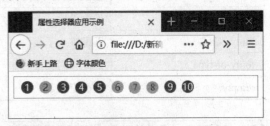

step 12 选择 lang 属性值等于 zh 或以 zh- 开头的所有 a 元素：

```
nav a[lang|="zh"]{
    background: #00f;
    color: antiquewhite;
}
```

页面效果如下图所示。

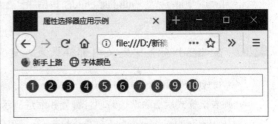

5.3.9 结构伪类选择器

结构伪类选择器可以根据文档结构的关系来匹配特定的元素，类型及说明如下表所示。

CSS3 结构伪类选择器的类型及说明

类型	说明
:first-child	匹配第一个子元素
:last-child	匹配最后一个子元素
:nth-child()	按正序匹配特定子元素
:nth-last-child()	按倒序匹配特定子元素

(续表)

类型	说明
:nth-of-type()	在相同类型中匹配特定子元素
:nth-last-of-type()	按倒序在相同类型中匹配特定子元素
:first-of-type	匹配第一个相同类型的子元素
:last-of-type	匹配最后一个相同类型的子元素
:only-child	匹配唯一子元素
:only-of-type	匹配相同类型的唯一子元素
:empty	匹配空元素

【例5-15】设计一个简单的列表，使用数字图标代替默认符号。使用结构伪类选择器，分别匹配每个列表项，使每个列表项（每行）仅显示指定的数字区域。

素材

step① 新建 HTML 文档，在<body>标签中设计一个列表：

```
<ul>
    <li><a href="#">:first-child:匹配第一个子元素</a></li>
    <li><a href="#">:last-child:匹配最后一个子元素</a></li>
    <li><a href="#">:nth-child():按正序匹配特定子元素</a></li>
    <li><a href="#">:nth-last-child():按倒序匹配特定子元素</a></li>
</ul>
```

step② 在<head>标签中定义内部样式表，定义列表框的基本样式：

```
<style type="text/css">
/*列表框样式：清除默认的项目符号和缩进显示，统一列表文本的字体大小为14px*/
ul{list-style-type: none;margin: 0;padding: 0;font-size: 14px;}
/*列表项样式：定义背景图，固定在左侧显示，文本缩进显示，露出背景图，行高固定*/
ul li {
    background: url("images/bullet.png") no-repeat 2px 10px;
    padding-left: 24px;line-height: 30px;
}
/*超链接样式：清除默认的下划线样式，定义字体颜色为深灰色*/
li a {text-decoration: none;color: #444;}
</style>
```

step③ 使用结构伪类选择器分别匹配每个列表项，控制背景图的显示位置：

```
/*应用结构伪类选择器*/
li:first-child {background-position: 1px 1px;}
li:last-child {background-position: 1px -110px;}
li:nth-child(2) {background-position: 1px -36px;}
```

li:nth-child(3) {background-position: 1px -73px;}

在浏览器中预览网页，效果如下图所示。

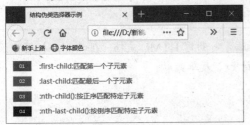

:nth-chid()函数有多种用法，如下所示：

:nth-child(length)
/*参数为具体数字*/
:nth-child(n)
/*参数是 n，n 从 0 开始计算*/
:nth-child(n*length)
/*n 的倍数选择，n 从 0 开始计算*/
:nth-child(n+length)
/*选择大于或等于 length 的元素*/
:nth-child(-n+length)
/*选择小于或等于 length 的元素*/
:nth-child(n*length+1)
/*表示间隔几选一*/

在:nth-child()函数中，参数 length 为一个整数，n 表示一个从 0 开始的自然数。:nth-child()函数可以定义值，值可以是整数，也可以是表达式，用于选择特定的子元素。

5.3.10 否定伪类选择器

:not()表示否定伪类选择器，用于过滤not()函数匹配的元素。

【例 5-16】设计一个简单的页面，为这个页面中，所有段落文本的字体大小为 12px，然后使用:not(.author)排除第一段文本，设置其他段落文本的字体大小为16px。 素材

```
<!doctype html>
<html>
<head>
<meta charset="utf-8">
<title>否定伪类选择器示例</title>
<style type="text/css">
p {font-size: 12px;}
p:not(.author){font-size: 16px;}
</style>
</head>
<body>
<h2>泊秦淮</h2>
<p class="author">杜牧</p>
<p>烟笼寒水月笼沙，夜泊秦淮近酒家。</p>
<p>商女不知亡国恨，隔江犹唱后庭花。</p>
</body>
</html>
```

在浏览器中预览网页，效果如下图所示。

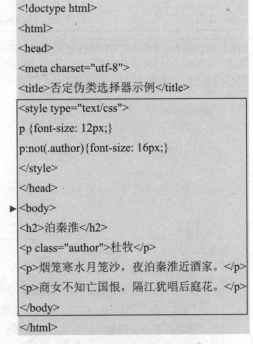

5.3.11 状态伪类选择器

CSS3 包含 3 个状态伪类选择器，如下表所示。

状态伪类选择器及说明

类型	说明
:enabled	匹配指定范围内所有可用的 UI 元素
:disabled	匹配指定范围内所有不可用的 UI 元素

(续表)

类型	说明
:checked	匹配指定范围内选择的所有 UI 元素

【例5-17】设计一个简单的用户协议交互表单，当用户在这个表单中选中【同意】复选框后，页面底部会显示【提交】按钮，否则隐藏【提交】按钮。 素材

step 1 新建 HTML 文档，在<body>标签中设计如下表单结构：

```
<!doctype html>
<html>
<head>
<meta charset="utf-8">
<title>状态伪类选择器示例</title>
</head>
<body>
<form action="#">
    <h1>用户协议</h1>
    <p>移动云服务(以下简称"本服务"，具体详见本协议第二条)是由中国 xxx 集团公司(以下简称"本公司")向移动云用户(以下简称"您")提供的"移动云"服务。本协议由您和本公司签订，旨在明确您在移动云服务试用期间的各项权利义务。</p>
    <p>...</p>
    <p><input type="checkbox">同意<br><br>
    <input type="submit" value="提交" /><span>注意请认真阅读协议条款，如果同意请选中【同意】复选框</span></p>
</form>
</body>
</html>
```

step 2 在<head>标签中定义内部样式表，在内部样式表中设计以下两个样式：定义复选框未选中状态下，隐藏【提交】按钮并显示提示文本：

```
<style type="text/css">
    input[type="checkbox"] ~ input[type="submit"] {display: none;}
    input[type="checkbox"] ~ span{display: inline;}
</style>
```

step 3 设计当复选框被选中时，显示【提交】按钮并隐藏提示文本：

```
input[type="checkbox"]:checked ~ input[type="submit"]{display: inline;}
input[type="checkbox"]:checked ~ span{display: none;}
```

上面的选择器较复杂，可以通过兄弟选择器找到复选框后面的【提交】按钮和 span 元素。完成以上代码的输入后，保存网页，在浏览器中预览网页，当用户没有选中页面中的【同意】复选框时，页面将显示如下页左图所示的一段提示文本。

当用户选中页面中的【同意】复选框后，将隐藏提示文本，显示【提交】按钮。

5.3.12 目标伪类选择器

目标伪类选择器(E:target)表示选择匹配 E 的所有元素。

【例5-18】设计一个带锚记链接的网页，当用户单击这个页面中的锚点时，将跳转至指定的标题位置，同时使用目标伪类选择器使标题高亮显示。素材

step① 新建 HTML 文档，在<body>标签中设计如下多列图文排版页面：

```
<body>
<h1>
    <a href="#p1">照片 1</a>
    <a href="#p2">照片 2</a>
    <a href="#p3">照片 3</a>
</h1>
<h2 id="p1">照片 1</h2>
<p><img src="images/P1.png" /></p>
<h2 id="p2">照片 2</h2>
<p><img src="images/P2.png" /></p>
<h2 id="p3">照片 3</h2>
<p><img src="images/P3.png" /></p>
</body>
```

step② 在<head>标签中定义内部样式表，在内部样式表中设计以下样式：定义标题固定在页面右上角显示，超链接块状显示，使用目标伪类选择器设计当前标题高亮(红色)显示。

```
<style type="text/css">
/*设计标题固定在页面右上角显示*/
h1{
    position: fixed;
    right: 12px;
    top: 24px;
}
/*让锚点链接堆叠显示*/
h1 a{display: block;}
/*设计锚点链接的目标高亮显示*/
h2:target {
    background: red;
}
</style>
```

在浏览器中预览网页，效果如下。

5.3.13 动态伪类选择器

动态伪类选择器只有当用户与页面进行交互时才有效，包括以下两种形式。
- 锚点伪类选择器：如:link、:visited。
- 行为伪类选择器：如:hover、:active

HTML5+CSS3 网页设计案例教程

和:focus。

【例5-19】在页面中设计立体按钮效果。

```
<h1>提交申请</h1>
    <form id="apply" action="#" method="post">
    <p>您的申请信息已经提交！</p>
    <input type="submit" name="commit" value="返回">
</form>
```

step2 在<head>标签中定义内部样式表，在内部样式表中使用属性选择器获取按钮对象，使用:hover 伪类选择器获取光标经过时的状态，然后根据边框颜色、背景色的搭配变化，设计立体凹凸效果。

```
<style type="text/css">
input[type="submit"]{
    /*默认样式*/
    margin-left: 4.2em;
    border: solid 1px;
    padding: 0.5em 3em;
    color: #444;
    background: #f99;
    border-color: #fff #aaab9c #aaab9c #fff;
    zoom:1;
}
input[type="submit"]:hover{
    /*光标经过样式*/
    color: #800000;
    background: transparent;
    border-color: #aaab9c #fff #fff #aaab9c;
}
</style>
```

在浏览器中预览网页，效果如下图所示。

step1 新建 HTML 文档，在<body>标签中设计一个简单的表单页面：

将光标移动至按钮上，效果将如下图所示。

5.3.14 伪对象选择器

伪对象选择器主要用于匹配内容变化的对象，如第一行文本、第一个字符、前面的内容、后面的内容。这些对象是存在的，但内容又无法具体确定，需要使用特定类型的选择器来匹配它们。

伪对象选择器以冒号(:)作为语法标识符。冒号前可以添加选择符，以限定伪对象应用的范围，冒号后为伪对象的名称，冒号前后没有空格。旧的语法格式如下：

::伪对象名称

在 CSS3 中，新的语法格式如下：

::w 伪对象名称

【例5-20】在页面中设计艺术文本。

step1 新建 HTML 文档，在<body>标签中设计一段文本：

<p>早期的 HTML 只包含少量的显示属性，用于设置网页的字体效果。随着互联网的发展，

为了满足日益丰富的网页设计需求，HTML 不断添加各种显示标签和样式属性，由此带来了一个问题：网页结构和样式混用让网页代码变得混乱不堪，代码冗余增加了带宽负担，代码维护也变得苦不堪言。</p>

step 2 在<head>标签中定义内部样式表，在内部样式表中为段落文本添加动态内容：

```
<style type="text/css">
/*在段落文本前添加动态内容*/
p:before{content: '早';  }
p:first-letter {
/*段落文本中的第一个文本样式*/
    float: left;
```

```
    font-size: 60px;
    font-weight: bold;
    margin: 26px 6px;
}
</style>
```

在浏览器中预览网页，效果如下图所示。

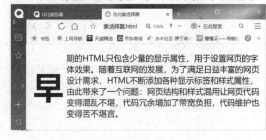

5.4 案例演练

本章的案例演练部分将通过练习 CSS3 基本知识和选择器的应用，帮助用户进一步巩固学到的知识。

【例5-21】设计一个网页，利用外部样式表，控制以无序列表方式排列的 4 行×5 列共 20 幅图片的样式，网页浏览者可以通过在图片上移动光标，实现图片放大效果。 素材

step 1 新建 HTML5 文档，在<body>标签中输入以下代码，设计网页结构：

```
<div id="" class="">
        <h1>光标经过图片时显示大图(Image Gallery)</h1>
        <ul class="hoverbox">
        <li><a href="#">
        <img src="photo01.png" alt="description"
            class="preview" />
        <img src="photo01.png" alt="description" />
         </a>
        </li>
        <li><a href="#">
        <img src="photo02.png " alt="description"
            class="preview" />
        <img src="photo02.png " alt="description" />
        </a>
        </li>
```

```
        <li><a href="#">
        <img src="photo03.png " alt="description"
            class="preview" />
        <img src="photo03.png " alt="description" />
        </a>
        </li>
        <li><a href="#">
        <img src="photo04.png " alt="description"
            class="preview" />
        <img src="photo04.png " alt="description" />
        </a>
        </li>
        <li><a href="#">
        <img src="photo05.png " alt="description"
            class="preview" />
        <img src="photo05.png " alt="description" />
        </a>
        </li>
        <li><a href="#">
        <img src="photo06.png " alt="description"
            class="preview" />
        <img src="photo06.png " alt="description" />
```

```html
      </a>
    </li>
    <li><a href="#">
      <img src="photo07.png " alt="description"
        class="preview" />
      <img src="photo07.png " alt="description" />
      </a>
    </li>
    <li><a href="#">
      <img src="photo08.png " alt="description"
        class="preview" />
      <img src="photo08.png " alt="description" />
      </a>
    </li>
    <li><a href="#">
      <img src="photo09.png " alt="description"
        class="preview" />
      <img src="photo09.png " alt="description" />
      </a>
    </li>
    <li><a href="#">
      <img src="photo10.png" alt="description"
        class="preview" />
      <img src="photo10.png " alt="description" />
      </a>
    </li>
  </ul>
</div>
```

step 2 在<head>标签内输入以下代码，引用外部样式表：

```html
<link type="text/css" rel="stylesheet"
    href='hoverbox.css' />
```

step 3 创建 hoverbox.css 文件，并输入以下代码：

```css
@charset "utf-8";
/* CSS 文档*/
*{
    /* 全局声明 */
    border: 0; margin: 0; padding: 0;
}
/* =Basic HTML, Non-essential
----------------------------------------*/
a{text-decoration:none;}
div {
    /*定义图层的样式*/
    width:720px; height:500px;
    margin:0 auto; padding:30px;
    text-align:center;
    /*定义内容居中显示*/
}
body{
    /*定义主体样式*/
    position:relative;
    /*position 属性为 relative*/
    text-align: center
}
h1{
    /*定义 h1 的样式*/
    background:inherit;
    /*定义背景属性*/
    border-bottom: 1px dashed #097;
    color: #000099;
    font: 17px Georgia,serif;
    margin: 0 0 10px;
    padding: 0 0 35px;
    text-align: center;
}
/* =hoverbox 代码
----------------------------------------*/
.hoverbox{cursor: default;list-style: none}
/*去掉列表项前的符号 */
.hoverbox a{cursor: default}
.hoverbox a .preview{display:none;}
    /*大图在初始加载时不显示 */
.hoverbox a:hover .preview{
    /*派生选择器声明 */
    display: block;
    /*以块方式显示 */
```

```
    position: absolute;
    /*以绝对方式显示，图可以层叠 */
    top: -33px;
    /*相对当前位置偏移量*/
    left： -45px;
    /*相对当前位置偏移量*/
    z-index: 1;
    /*表示在上一层(小图在底层)*/
}
.hoverbox img{
    /*定义图像样式 */
    background:#fff;
    border-color: #aaa #ccc #ddd #bbb;
    border-style: solid;
    border-width: 1px;
    color:inherit;
    padding：2px;
    vertical-align: top;
    width: 100px;
    height: 75px;
}
.hoverbox li{
    /*定义列表项样式 */
    background: #eee;
    /* #eee 等同于#eeeeee，以下格式相同 */
    border-color: #ddd #bbb #aaa #ccc;
    border-style: solid;
    border-width: 1px;
    color: inherit;
    float: left;
    display: inline;
    margin: 3px;
    padding: 5px;
    position: relative;
/*位置为相对方式 */
}
.hoverbox .preview{
    /*定义大图样式 */
    border-color: #000;
    width: 200px;
```

```
    height: 150px;
}
ul {padding:40px;margin:0 auto;}
/*定义 ul 样式 */
```

在浏览器中预览网页，效果如下图所示。

将光标放置在图片上，图片将放大显示，效果如下图所示。

【例 5-22】设计文档下载列表。

step 1 新建 HTML5 文档，在<body>标签中输入以下代码，设计网页结构：

```
<div id="wrap">
    <p><a href="http://www.baidu.com/name.pdf">CSS3 概述</a><span><img src="images/star1.jpg"> 26 页 免费</span> </p>
    <p><a href="http://www.baidu.com/name.ppt">CSS3 文本样式</a><span><img src="images/star1.jpg"> 18 页 1 积分</span></p>
```

```html
<p><a href="http://www.baidu.com/name.xls">CSS3 图像样式</a><span><img src="images/star1.jpg">38 页 1 积分 </span> </p>
<p><a href="http://www.baidu.com/name.txt">CSS3 盒子模型</a> <span><img src="images/star2.jpg"> 37 页 3 积分 </span></p>
<p><a href="http://www.baidu.com/name.doc">CSS3 移动布局</a><span><img src="images/star2.jpg"> 52 页 6 积分</span></p>
</div>
```

step 2 在<head>标签内添加<style type="text/css">标签，定义内部样式表。利用属性选择器为不同类型的超链接定义显示图标：

```css
<style type="text/css">
a {
    padding-left: 24px;
    text-decoration:none;
}
span {
    color:#999;
    font-size:12px;
    display:block;
    padding-left: 24px;
    padding-bottom:6px;
}
p { margin:4px; }
a[href^="http:"] { /*匹配所有有效超链接*/
}
a[href$="pdf"] { /*匹配 PDF 文件*/
    background: url(images/pdf.jpg) no-repeat
        left center;
}
a[href$="ppt"] {
    /*匹配演示文稿*/
    background: url(images/ppt.jpg) no-repeat
        left center;
}
a[href$="txt"] {
    /*匹配记事本文件*/
    background: url(images/txt.jpg) no-repeat
        left center;
}
a[href$="doc"] {
    /*匹配 Word 文件*/
    background: url(images/doc.jpg) no-repeat
        left center;
}
a[href$="xls"] {
    /*匹配 Excel 文件*/
    background: url(images/xls.jpg) no-repeat
        left center;
}
</style>
```

在浏览器中预览网页，效果如下图所示。

第6章

CSS3 文本样式

CSS3 的文本模块(Text Module)对与文本相关的属性单独进行了规范。文本模块的最早版本是在 2003 年制定的,于 2005 年进行了修订,并于 2007 年进行了系统更新,最后形成了较为完善的文本模型(参考网页 http://www.w3.org/TR/css3-text)。在最终版本的文本模块中,除了新增文本属性以外,还对 CSS 2.1 中已定义的属性值做了修补,增加了更多的属性值,以适应复杂环境中文本的呈现。

本章将通过实例介绍应用 CSS3 定义文本样式的方法。

6.1 CSS3 文本模块概述

CSS3 规范从起草到发布经历了漫长的演化过程，前后制定了 3 个主要版本的工作草案。最新版本的文本模块，与 2003 年的版本相比有了较大的改动。为了方便参考和学习，下面简单介绍 CSS3 新增的文本属性。

1. white-space-collapse

语法说明如下：

```
white-space-collapse:preserve | collapse | preserve-breaks | discard;
```

white-space-collapse 属性的初始值为 collapse，适用于所有元素。该属性用于设置或检索对象中包含的空格字符，对应 CSS 2.1 版本中的 white-space 属性。取值说明如下表所示。

white-space-collapse 属性的取值说明

取值	说明
collapse	使用单一的字符序列呈现空白(或在某些情况下，没有字符)
preserve	可以呈现所有空白，换行符将被保留
preserve-breaks	抛弃呈现所有空白，但保留换行符
discard	抛弃呈现所有空白

2. white-space

语法说明如下：

```
white-space: normal | pre | nowrap | pre-wrap | pre-line;
```

white-space 属性的初始值为 normal，适用于所有元素。该属性用于设置或检索对象中包含的空格字符，是 white-space-collapse 和 textwrap 属性的简便用法，但并没有包含它们的所有功能。与 CSS 2.1 版本相比，该属性新增了两个属性值，取值说明如下表所示。

white-space 属性的取值说明

取值	说明
normal	类似 white-space-collapse:collapse;text-wrap:normal;
pre	类似 white-space-collapse:preserve;text-wrap:none;
nowrap	类似 white-space-collapse:collapse;text-wrap:none;
pre-wrap	类似 white-space-collapse:preserve;text-wrap:normal;
pre-line	类似 white-space-collapse:preserve-breaks;text-wrap:normal;

3. word-break

语法说明如下：

```
word-break:normal | keep-all | loose | break-strict | break-all;
```

word-break 属性的初始值为 normal，适用于所有元素。该属性用于设置或检索对象中文本的字内换行行为，当出现多种语言时尤为有用。对于中文，应该使用 break-all。word-break 属性的取值说明如下表所示。

word-break 属性的取值说明

取值	说明
normal	根据语言自身的规则，确定换行方式
keep-all	类似 normal，对于中文、日文、韩文字符不允许断开
loose	类似 normal，但是允许中文、日文、韩文字符在任意位置断开
break-strict	类似 normal，但是对于非中文、日文、韩文字符允许在任意位置断开
break-all	类似 break-strict，除了中文、日文、韩文字符外

4. text-wrap

语法说明如下：

text-wrap:normal | unrestricted | none |suppress;

text-wrap 属性的初始值为 normal，适用于所有元素。CSS3 定义文本换行可通过 text-wrap 和 word-wrap 两个属性来控制。text-wrap 属性用于设置或检索对象内文本的换行模式。text-wrap 属性的取值说明如下表所示。

text-wrap 属性的取值说明

取值	说明
normal	自动换行模式
none	不换行模式
unrestricted	无限制模式
suppress	压制模式

5. word-wrap

word-wrap 属性可针对字符换行问题进行处理，设置或检索当前行超过指定容器的边界时是否断开转行。

6. text-align

语法说明如下：

text-align:start | end | left | right | center | justify | <string>;

text-align 属性的初始值为 start，适用于所有元素。该属性用于设置或检索对象中文本的对齐方式。与 CSS 2.1 版本相比，CSS3 增加了 start、end 和<string>属性值。其中 start 和 end 属性值主要是针对行内元素的，显示在包含元素的开始位置或结束位置；而<string>属性值主要用于表格单元格，可根据某个指定的字符进行对齐。

7. text-align-last

语法说明如下：

text-align-last:start | end | left right center | justify;

text-align-last 属性的初始值为 start，适用于所有元素。该属性用于设置或检索对象中最后一行文本的对齐方式。当针对 text-align 设置为 justify 时，可强制换行的文本对齐方式。

8. text-justify

语法说明如下：

text-justify:auto | inter-word | inter-ideograph | inter-cluster | distribute | kashida | tibetan;

text-justify 属性的初始值为 auto，适用于所有元素。该属性用于设置或检索对象中调整文本时使用的对齐方式。只有当

text-align 设置为 justify 时，该属性才有效。CSS3 虽然沿用了 IE 浏览器的私有属性 text-justify，但却重新规划了取值。取值的简单说明如下表所示。

text-justify 属性的取值说明

取值	说明
auto	允许浏览器代理用户确定使用的两端对齐方式
inter-word	通过增加字之间的空格来对齐文本。这是对齐所有文本行的最快方法，两端对齐行为对段落的最后一行无效
inter-ideograph	为表意字提供完全两端对齐，增加或减少表意字之间的空格
inter-cluster	调整无词间空格的文本行，用于优化亚洲语系文档
distribute	通过增加或减少字母之间的空格来对齐文本。这是两端对齐的最精确格式，适用于东亚语系文档
kashida	通过拉长选定点的字符来调整文本，这种调整模式是特别为阿拉伯语言提供的
tibetan	两端对齐的方式与 distribute 相同，适用于调整表意字

9. word-spacing

语法说明如下：

word-spacing: normal | \<length> | \<percentage>

word-spacing 属性的初始值为 normal，适用于所有元素。该属性用于设置在对象中的单词之间插入空格的方式，其中 percentage 表示根据空格字符(U+0020)的宽度进行计算(单词间距会受对齐方式的影响)。

10. letter-spacing

语法说明如下：

letter-spacing: normal | \<length> | \<percentage>;

letter-spacing 属性的初始值为 normal，适用于所有元素。该属性用于检索或设置对象中字符之间的间隔。可将指定的间隔添加到每个字符之后，但最后一个字符将被排除在外。字符间距会受对齐方式的影响。

11. punctuation-trim

语法说明如下：

punctuation-trim: none | [start || end || adjacent];

punctuation-trim 属性的初始值为 none，适用于所有元素。该属性用于检索或设置标点符号的修剪方式。取值说明如下表所示。

punctuation-trim 属性的取值说明

取值	说明
none	不修剪
start	根据开始位置的标点符号，修剪另一半标点符号
end	根据结束位置的标点符号，修剪另一半标点符号
adjacent	根据相邻位置的标点符号，修剪另一半标点符号

12. letter-emphasis

语法说明如下：

text-emphasis: none | [[accent] | dot | circle | disc] [before | after] ?];

letter-emphasis 属性的初始值为 none，适用于所有元素。该属性用于检索或设置重点文本的样式。取值说明如下表所示。

letter-emphasis 属性的取值说明

取值	说明
none	没有重点标记
accent	马克笔画标记
dot	点标记
circle	空心圆标记
disc	实心圆标记
before	在文本顶部标记，或在右侧标记(针对垂直书写的文本)
after	在文本底部标记，或在左侧标记(针对垂直书写的文本)

13. text-shadow

text-shadow 属性用于检索或设置文本阴影。

14. text-outline

语法说明如下：

text-outline: none | [<color><length><length>?? | <length><length>?<color>；

text-outline 属性的初始值为 none，适用于所有元素。该属性用于检索或设置文本的外形轮廓。其中，第 1 个长度值表示轮廓的厚度；第 2 个长度值是可选的，表示模糊半径。轮廓不会覆盖文本本身。

15. text-indent

语法说明如下：

text-indent: [<length> | <percentage>]hanging?；

text-indent 属性的初始值为 0，适用于块状元素、行内块状元素或表格单元格。该属性用于检索或设置对象中文本的缩进。其中，<percentage>表示根据包含元素的宽度进行计算。

16. hanging-punctuation

语法说明如下：

hanging-punctuation: none | [start | | end | | end-edge]；

hanging-punctuation 属性的初始值为 none，适用于块状元素、行内块状元素或表格单元格。该属性用于检索或设置对象是否悬挂标点符号。取值说明如下表所示。

hanging-punctuation 属性的取值说明

取值	说明
start	标点符号可以挂在第一行的开始边缘
end	标点符号可以挂在最后一行的结束边缘
end-edge	标点符号可以挂在所有行的结束边缘

6.2 字体样式

在网页中，通过 CSS3 可以定义的文本字体的基本属性包括字体类型、大小、粗细、修饰线、斜体、大小写格式等。下面将通过实例进行具体介绍。

6.2.1 字体

使用 font-family 属性可以定义字体类型。语法说明如下：

```
font-family : name;
```

其中，name 表示字体名称或字体名称列表。多个字体类型按优先顺序排列，以逗号隔开。如果字体名称包含空格，则应使用引号括起来。

【例6-1】练习为网页中的文本定义字体类型。

step 1 创建 HTML5 文档，输入以下代码：

```
<!doctype html>
<html>
<head>
<meta charset="utf-8">
<title>网站首页</title>
</head>
<body>
<div id="wrap">
<div id="header">
  <h1>网站首页标题</h1>
  </div>
    <ul id="niv">
  <li>导航菜单</li>
  <li>关键页面</li>
    </ul>
  <div id="main">
    <h2>栏目标题</h2>
  <p>首页描述文本</p>
  </div>
  <div id="footer">
    <p>版权信息</p>
  </div>
</div>
</body>
</html>
```

step 2 新建内部样式表，定义网页中的字体类型采用"仿宋":

```
<style type="text/css">
    body {font-family: 仿宋}
</style>
```

在浏览器中预览网页，效果如下图所示。

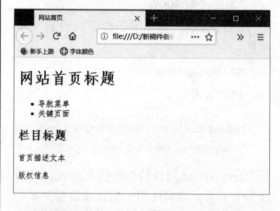

6.2.2 大小

使用 font-size 属性可以定义字体大小。语法说明如下：

```
font-size : xx-small | x-small | small | medium | large | x-large | xx-large | larger | smaller | length
```

其中：xx-small(最小)、x-small(较小)、small(小)、medium(正常)、large(大)、x-large(较大)、xx-large(最大)表示绝对字体；smaller(减少)和 larger(增大)表示相对字体，可根据父元素的字体大小进行相对缩小或增大；length 可以是百分数、浮点数，但不可为负值。百分比取值可基于父元素的字体大小来计算，与 em 相同。

【例6-2】继续【例6-1】，使用em和%练习为网页中的文本设计字体大小，方案如下。
- 网站首页标题：16px。
- 栏目标题：14px。
- 导航菜单：13px。
- 正文内容：12px。
- 版权与注释信息：10px。

⊙素材

step 1 继续【例6-1】，新建内部样式表，定义网页中文本的字体大小为(12px/16px)*1em=0.75em(相当于12px)：

```
body {font-size: 0.75em;}
```

step 2 以网页中文本的字体大小为参考，分别定义各个栏目的字体大小。其中正文内容继承body元素的字体大小，因此无须重复定义：

```
#header h1 {font-size: 1.333em;}
#main h2{font-size: 1.167em;}
#nav li{font-size: 1.08em;}
#footer p{font-size: 0.917em;}
```

在浏览器中预览网页，效果如下图所示。根据CSS继承规则，子元素的字体大小都是以父元素的字体大小为1em作为参考来计算的。例如，如果网站标题为1em，而body元素的字体大小为0.75em，则网站首页标题也应该为0.75em，也就是12px而非16px。

- 栏目标题的字体大小是body元素的字体大小的7/6，也就是1.167em。

- 导航栏的字体大小是body元素的字体大小的13/12，也就是1.08em。
- 正文的字体大小与body元素的字体大小相同。
- 版权与注释信息的字体大小是body元素的字体大小的11/12，也就是0.917em。

💡 知识点滴

网页对象的宽度为%和em时，它们所呈现的效果是不同的，这与字体大小中%和em的表现截然不同。例如，当网页宽度设置为%(百分比)时，将以父元素的宽度为参考进行计算，这与字体大小中的%和em单位计算方式类似。但是，如果网页宽度设置为em，那么将以内部所包含字体的大小作为参考进行计算。

6.2.3 颜色

在网页中，用户可以使用color属性定义字体颜色，具体用法如下：

```
color : color
```

其中，参数color表示颜色值，可以为颜色名、十六进制值、RGB等颜色函数。

6.2.4 粗细

使用font-weight属性可以定义字体粗细，具体用法如下：

```
foot-weight : normal | bold | bolder | lighter | 100 | 200 | 300 | 400 | 500 | | 600 | 700 | 800 | 900
```

其中：normal为默认值，表示正常字体，相当于400；bold表示粗体，相当于700；bolder表示较粗，lighter表示较细，它们是相对于normal字体的粗体与细体；100、200、300、400、500、600、700、800、900表示字体的粗细级别，值越大，字体就越粗。

💡 知识点滴

网页中的中文字体一般使用bold(加粗)、normal(普通)两个属性值。

6.2.5 斜体

使用 font-style 属性可以定义字体的倾斜效果。具体用法如下：

font-style : normal | italic | oblique

其中：normal 为属性值，表示正常字体；italic 表示斜体；oblique 表示倾斜字体。italic 和 oblique 两个取值只在英文等西方文字中有效。

6.2.6 修饰线

使用 text-decoration 属性可以定义文本的修饰线效果。具体用法如下：

text-decoration : none || underline || blink || overline || line-through

其中：normal 为默认值，表示无装饰线；blink 表示闪烁线；underline 表示下画线；line-through 表示贯穿线；overline 表示上画线。

【例6-3】 在网页中设计文本修饰线效果。

step 1 创建 HTML5 文档，在<head>标签内添加<style type="text/css">标签，定义如下内部样式表：

```
<style type="text/css">
    .underline {text-decoration: underline;}
    .overline{text-decoration: overline;}
    .line-through{text-decoration: line-through;}
</style>
```

step 2 在<body>标签中输入以下代码：

```
<h1>HTML5 的新特性</h1>
<p class="underline">智能表单</p>
<p class="overline">绘图画布</p>
<p class="line-through">地理定位</p>
```

step 3 定义一个样式，在该样式中同时声明多个修饰值：

```
.line{text-decoration:line-through overline
      underline;}
```

step 4 在<body>标签中输入一行文本，并将刚才定义的 line 样式类应用到该行文本：

```
<p class="line">数据存储</p>
```

step 5 在浏览器中预览网页，效果如下图所示。

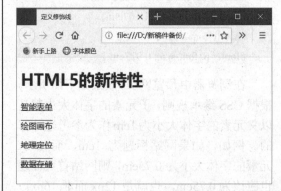

CSS3 将 text-decoration 属性从文本模块中独立出来，新增了文本修饰模块，并增加了几个子属性，如下表所示。

CSS3 新增的文本修饰属性

属 性	说 明
text-decoration-line	设置修饰线的位置，取值包括 none(无)、underline、overline、line-through、blink
text-decoration-color	设置装饰线的颜色
text-decoration-style	设置装饰线的形状，取值包括 solid、double、dotted、dashed、wavy(波浪线)
text-decoration-skip	设置修饰线必须略过内容中的哪些部分
text-decoration-position	设置对象中下画线的位置

6.2.7 变体

使用 font-variant 属性可以定义字体的变体效果。具体用法如下:

font-variant : normal | small-caps

其中: normal 为默认值,表示正常字体; small-caps 表示小型的大写字母字体。

> **知识点滴**
> font-variant 属性仅支持拉丁字体,中文字体没有大小写效果之分。

6.2.8 大小写

使用 text-transform 属性可以定义字体的大小写效果。具体用法如下:

text-transform : none | capitalize |uppercase | lowercase

其中: none 为默认值,表示无转换发生; capitalize 表示将每个单词的第一个字母转换成大写,其余无转换发生; uppercase 表示把所有字母都转换成大写; lowercase 表示把所有字母都转换成小写。

【例 6-4】使用 text-transform 属性设计单词的首字母为大写形式。 素材

step 1 创建 HTML5 文档,在<head>标签内添加<style type="text/css">标签,定义如下内部样式表:

```
<style type="text/css">
    .capitalize {text-transform: capitalize;}
    .uppercase{text-transform: uppercase;}
    .lowercase{text-transform: lowercase;}
</style>
```

step 2 在<body>标签中输入如下代码:

```
<p class="capitalize">Cascading Style
    Sheets</p>
<p class="uppercase">Cascading Style
    Sheets</p>
<p class="lowercase">Cascading Style
    Sheets</p>
```

step 3 在浏览器中预览网页,效果如下。

6.3 文本格式

在 CSS3 中,字体属性以 font 为前缀名,文本属性以 text 为前缀名,下面将重点介绍文本的基本格式。

6.3.1 对齐

使用 text-align 属性可以定义文本的水平对齐方式。具体用法如下:

text-align : left | right | center | justify

其中: left 为默认值,表示左对齐; right 为右对齐; center 为居中对齐; justify 为两端对齐。

CSS3 为 text-align 属性新增了多个属性值,取值说明如下表所示。

text-align 属性的取值说明

取 值	说 明
justify	内容两端对齐(CSS2 曾经支持过,但后来又放弃)

(续表)

取值	说明
start	内容对齐开始边界
end	内容对齐结束边界
match-parent	与 inherit(继承)表现一致
justify-all	效果等同于 justify，但还会让最后一行也两端对齐

使用 vertical-align 属性可以定义文本垂直对齐。具体用法如下：

vertical-align : auto | baseline | sub |super | top | text-top | middle | bottom | text-bottom | length

其中，取值说明如下。
- auto：自动对齐。
- baseline：默认值，基线对齐。
- sub：下标。
- super：上标。
- top：顶端对齐。
- text-top：文本顶端对齐。
- middle：居中对齐。
- bottom：底端对齐。
- text-bottom：文本底端对齐。
- length：定义位置，可以使用长度值或百分数，可为负数，定义由基线算起的偏移量，基线对于数值 0 而言为 0，对于百分数而言就是 0%。

【例6-5】在网页中定义文本垂直对齐。

step 1 创建 HTML5 文档，在<head>标签内添加<style type="text/css">标签，定义如下内部样式表：

```
<style type="text/css">
    body{font-size: 48px;}
    .baseline{vertical-align: baseline;}
    .sub{vertical-align: sub;}
    .super{vertical-align: sub;}
    .top{vertical-align: top;}
    .text-top{vertical-align: text-top;}
    .text-bottom{vertical-align: text-bottom;}
    ..middle{vertical-align: middle;}
    ..bottom{vertical-align: bottom;}
</style>
```

step 2 在<body>标签中输入以下代码，设计网页中文本的垂直对齐效果：

```
<body>
<p>垂直对齐：
<span class="baseline"><img src="images/oblong.png" title="baseline" /></span>
<span class="sub"><img src="images/oblong.png" title="sub" /></span>
<span class="super"><img src="images/oblong.png" title="super" /></span>
<span class="top"><img src="images/oblong.png" title="top" /></span>
<span class="text-top"><img src="images/oblong.png" title="text-top" /></span>
<span class="middle"><img src="images/oblong.png" title="middle" /></span>
<span class="bottom"><img src="images/oblong.png" title="bottom" /></span>
<span class="text-bottom"><img src="images/oblong.png" title="text-bottom" /></span>
</p>
</body>
```

step 3 在浏览器中预览网页，效果如下。

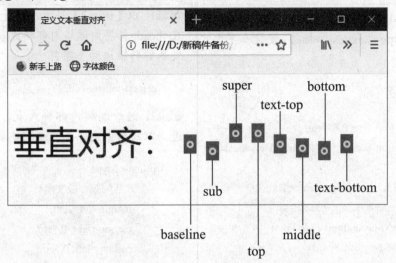

垂直对齐效果的比较

6.3.2 间距

文本间距包括字距和词距，字距表示字母之间的距离，词距表示单词之间的距离。

词距以空格为分隔符进行调整，如果多个单词连在一起，就视为一个单词；如果汉字被空格分隔，就将分隔的多个汉字视为不同的单词。

使用 letter-spacing 属性可以定义字距，使用 word-spacing 属性可以定义词距。取值都是长度值，默认为 normal，表示默认距离。

【例6-6】在页面中定义文本的字距和词距。 素材

step 1 创建 HTML5 文档，在 <head> 标签内添加 <style type="text/css"> 标签，定义如下内部样式表：

```
<style type="text/css">
    .lspacing {letter-spacing: 1em;}
    .wspacing {word-spacing: 1em;}
</style>
```

step 2 在 <body> 标签中输入以下代码，定义两行段落文本，应用上面两个样式：

```
<p class="lspacing">Bind the sack before it be full(字间距)</p>
<p class="wspacing">Bind the sack before it be full(词间距)</p>
```

step 3 在浏览器中预览网页，效果如下。

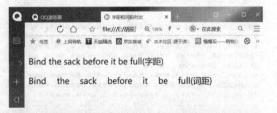

> 知识点滴
>
> 在设计网页时，一般很少使用字距和词距。对于中文字符而言，letter-spacing 属性有效，word-spacing 属性无效。

6.3.3 行高

使用 line-height 属性可以定义行高。具体用法如下：

line-height : normal | length

其中：normal 表示默认值，约为 1.2em；length 为长度值或百分比(允许为负值)。

HTML5+CSS3 网页设计案例教程

【例6-7】在网页中定义文本的行高。素材

step 1 创建 HTML5 文档,在<head>标签内添加<style type="text/css">标签,定义如下内部样式表:

```
<style type="text/css">
    body {
        font-size: 0.875em;
        font-family: "黑体",Arial,Helvetica;
    }
    h1,h2,h3 {text-align: center;}
    h2 {letter-spacing: 0.3em;}
    h3 {text-decoration: underline;}
    p {line-height: 1.8em;}
</style>
```

step 2 在<body>标签中输入文本内容(参见源代码)。在浏览器中预览网页,效果如下图所示。

6.3.4 缩进

使用 text-indent 属性可以定义首行缩进。具体用法如下:

text-indent : length

其中,length 表示长度值或百分比(允许为负值)。建议以 em 为单位,这样可以让缩进效果更整齐、美观。

length 取负值可以设计悬垂缩进。使用 margin-left 和 margin-right 可以设计左右缩进。

【例6-8】在网页中设计文本缩进效果。素材

step 1 以【例6-7】创建的网页文档为基础,在<head>标签内编辑内部样式表,设计段落文本首行缩进两个字符:

p {text-indent: 2em;}

step 2 继续编辑内部样式表,设计左右缩进,以及为引文添加左侧标志线:

```
p:first-of-type {
    /*匹配第一段文本*/
    margin-left: 2em;
    margin-right: 0.5em;
    padding-left: 0.5em;
    border-left:solid 10px #bbb;
}
```

在浏览器中预览网页,效果如下。

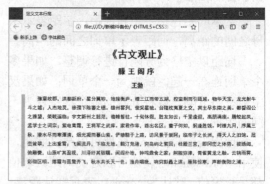

6.3.5 换行

使用 word-break 属性可以定义文本自动换行。具体用法如下:

word-break : normal | keep-all | break-all

以上取值说明如下。
- normal:允许在字内换行(默认值)。
- keep-all:不允许在字内断开。
- break-all:与 normal 相同。

【例6-9】在网页中定义文本换行。素材

step 1 创建 HTML5 文档,设计如下表格:

<table>

98

```
<tr>
    <th class="w4">CSS3 属性选择器包括以下几种</th>
    <th>说明</th>
</tr>
<tr>
    <td>E[attr]</td><td>根据是否设置特定属性来匹配元素</td>
</tr>
<tr>
    <td>E[attr=" value"]</td><td>根据是否设置特定属性值来匹配元素</td>
</tr>
<tr>
    <td>E[attr~"value"]</td><td>根据属性值是否包含特定 value 来匹配元素(注意：属性值是一个词列表，以空格分隔，这个词列表包含了 value 词)</td>
</tr>
<tr>
    <td>E[attr^="value"]</td><td>根据属性值是否包含特定 value 来匹配元素。(注意：value 必须位于属性值的开头)</td>
</tr>
</table>
```

step 2 在<head>标签内添加<style type="text/css">标签，定义内部样式表：

```
<style type="text/css">
table{
    width: 100%;
    font-size: 14px;
    border-collapse: collapse;
    border: 1px solid #cad9es;
    table-layout: fixed;
}
th {
    background-image: url("images/bj1.png");
    background-repeat: repeat-x;
    height: 30px;
    vertical-align: middle;
    border: 1px solid #f12;
    padding: 0 1em 0;
}
td {
    height: 20px;
    border: 1px solid #f12;
    padding: 6px 1em;
}
tr:nth-child(even) {background-color: #0282;}
.w4 {width: 8.5em;}
</style>
```

在浏览器中预览网页，效果如下。

修改内部样式表，输入如下代码：

```
th {
    overflow: hidden;
    word-break: keep-all;
    white-space: nowrap;
}
```

此时，在浏览器中预览网页，效果如下。

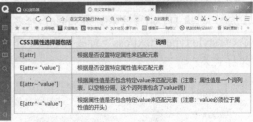

以下代码

overflow: hidden;

可使超出单元格范围的内容隐藏起来，避免单元格多行显示。

以下代码

word-break: keep-all;

将禁止词断开显示。

以下代码

white-space: nowrap;

强制在一行内显示单元格内容。

6.4 书写模式

CSS3 增加了书写模式模块,详见:

http://www.w3.org/TR/css-writing-modes-3/

CSS3 在 CSS 2.1 的 direction 和 unicode-bidi 属性的基础上,新增了 writing-mode 属性。

使用 writing-mode 属性可以定义文本的书写方向。具体用法如下:

writing-mode : horizontal-tb | vertical-rl | vertical-lr | lr-tb | tb-rl

取值说明如下表所示。

writing-mode 属性的取值说明

取 值	说 明
horizontal-tb	在水平方向自上而下书写,类似 IE 私有值 lr-tb
vertical-rl	在垂直方向自右而左书写,类似 IE 私有值 tb-rl
vertical-lr	在垂直方向自左而右书写
lr-tb	自左而右、自上而下书写。对象中的内容在水平方向从左向右流入,后一行在前一行的下面显示
tb-rl	自上而下、自右而左书写。对象中的内容在垂直方向从上向下流入,后一竖行在前一竖行的左面显示。全角字符竖直向上,半角字符旋转 90°

【例 6-10】在网页中模拟古文书写格式。 素材

step 1 创建 HTML5 文档,在<head>标签内添加<style type="text/css">标签,定义如下内部样式表:

```
<style type="text/css">
#box {
    float: right;
    writing-mode: tb-rl;
    -webkit-writing-mode: vertical-rl;
    writing-mode: vertical-rl;
}
</style>
```

step 2 在<body>标签中输入如下代码:

```
<div id="box">
<h2>兵车行</h2>
<p>车辚辚,马萧萧,行人弓箭各在腰。
耶娘妻子走相送,尘埃不见咸阳桥。
牵衣顿足拦道哭,哭声直上干云霄。
道旁过者问行人,行人但云点行频。
或从十五北防河,便至四十西营田。
去时里正与裹头,归来头白还戍边。
边庭流血成海水,武皇开边意未已。
君不闻汉家山东二百州,千村万落生荆杞。
纵有健妇把锄犁,禾生陇亩无东西。
况复秦兵耐苦战,被驱不异犬与鸡。
```

第 6 章 CSS3 文本样式

长者虽有问，役夫敢申恨？
且如今年冬，未休关西卒。
县官急索租，租税从何出？
信知生男恶，反是生女好。
生女犹得嫁比邻，生男埋没随百草。
君不见，青海头，古来白骨无人收。
新鬼烦冤旧鬼哭，天阴雨湿声啾啾。</p>
    </div>

在浏览器中预览网页，效果如下。

【例6-11】在网页中设计栏目垂直居中显示。素材

step 1 创建 HTML5 文档，在<body>标签内设计如下简单的模板结构：

```
<div class="box">
    <div class="auto">
        <main>
            <h1>栏目标题</h1>
            <p>内容文本</p>
        </main>
    </div>
</div>
```

step 2 在<head>标签内添加<style type="text/css">标签，定义如下内部样式表：

```
<style type="text/css">
.box {
    writing-mode: tb-rl;
    -webkit-writing-mode: vertical-rl;
    writing-mode: vertical-rl;
    height:100%;
}
```

```
.auto {
    margin-top: auto;       /*垂直居中*/
    margin-bottom: auto;    /*垂直居中*/
    height: 100px;
}
</style>
```

在浏览器中预览网页，效果如下。

【例6-12】在网页中设计象棋棋子。素材

step 1 创建 HTML5 文档，在<body>标签内设计如下简单的超链接文本：

```
<a href="#" class="btn">炮</a>
```

step 2 在<head>标签内添加<style type="text/css">标签，定义如下内部样式表：

```
<style type="text/css">
.btn{
    width: 80px;height: 80px;
    line-height: 80px;
    font-size: 62px;
    cursor: pointer;
    text-align: center;
    text-decoration: none;
    color: #A78305;
    background-color: #bbc390;
    border: 6px solid #bbc390;
    border-radius: 50%;
    /*定义阴影和内阴影边线*/
    box-shadow: inset 0 0 0 1px #d6b681, 0
        1px,0 2px,0 3px,0 4px;
```

```
        writing-mode: tb-rl;
        -webkit-writing-mode: vertical-rl;
        writing-mode: vertical-rl;
}
.btn:active {text-indent: 4px;}
</style>
```

在浏览器中预览网页，效果如右上图所示。

6.5 特殊值

CSS3 中有几个比较特殊的值，它们在网页设计中很实用。下面将具体介绍。

1. initial

initial表示初始化属性的值，所有的属性都可以使用该值。如果网页设计人员想重置某个属性为浏览器的默认设置，就可以使用该值(这样做可以取消已定义的CSS样式)。

【例6-13】在网页中设计导航条。

step 1 创建 HTML5 文档，在<body>标签内设计如下导航条：

```
<nav>
    <a href="#">首页</a>
    <a href="#">新闻</a>
    <a href="#">日历</a>
    <a href="#">查询</a>
    <a href="#">教育</a>
    <a href="#">娱乐</a>
</nav>
```

step 2 在 <head> 标签内添加 <style type="text/css">标签，定义内部样式表。此时，如果想禁用导航条中某个链接按钮的边框样式，只需要在内部样式表中添加一个独立样式，将 border 属性设置为 initial 即可：

```
<style type="text/css">
a {
    display: inline-block;
    padding: 12px 24px;
    border: solid 1px #082;
    border-radius: 6px;
```

```
}
a:nth-child(3) {
    border: initial;
}
</style>
```

在浏览器中预览网页，效果如下。

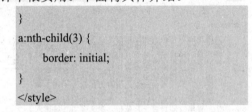

2. inherit

inherit 表示从父元素继承属性值(所有 CSS 属性都支持该值)。

【例6-14】在网页中设计一个包含框，其中包含两个盒子，定义高度分别为 100%和 inherit。正常情况下会显示 200px；特殊情况下(例如定义盒子按绝对定位显示)，设置 height: inherit 可按指定效果显示，设置 height:100%则可能溢出包含框。

step 1 创建 HTML5 文档，在<body>标签内设计两个简单的框结构：

```
<div class="box">
    <div class="height-1">height: 100%</div>
</div>
<div class="box">
    <div class="height-2">height: inherit</div>
</div>
```

step② 在<head>标签内添加<style type="text/css">标签，定义如下内部样式表：

```
<style type="text/css">
.box {
    display: inline-block;
    height: 200px;
    width: 45%;
    border: 2px solid #000;
}
.box div{
    width: 200px;
    background-color: #C88;
    position: absolute;
}
</style>
```

step③ 定义所包含对象的高度分别为 100% 以及从父元素继承。

```
.height-1 {height: 100%;}
.height-2 {height: inherit;}
```

在浏览器中预览网页，效果如下。

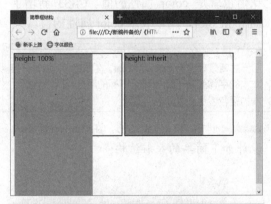

知识点滴

inherit 表示继承值，一般用于字体、颜色、背景等；auto 表示自适应，一般用于高度、宽度、外边距和内边距等关于长度的属性。

3. unset

unset 表示擦除用户声明的值。所有 CSS 属性都支持该值。如果有继承值，那么 unset 等效于 inherit，继承的值不被擦除；如果无

继承值，那么 unset 等效于 initial，擦除用户声明的值后，恢复初始值。

【例6-15】设计网页文本显示 30px 的蓝色字体，若擦除第 2 段和第 4 段文本的样式，则第 2 段文本使用继承的样式(12px 的红色字体)，第 4 段文本使用初始样式(16px 的黑色字体)。 素材

step① 创建 HTML5 文档，在<body>标签内设计 4 个不同层级的段落文本：

```
<div class="box">
    <p>CSS3 概述</p>
    <p class="unset">什么是 CSS3</p>
</div>
<p>CSS3 特性</p>
<p class="unset">完善选择器</p>
```

step② 在<head>标签内添加<style type="text/css">标签，定义内部样式表。设计段落文本的基本样式：

```
<style type="text/css">
    .box {color: red;font-size: 12px;}
    p{color: blue;font-size: 30px;}
</style>
```

step③ 定义擦除样式类，擦除段落文本的字体大小和颜色：

```
p.unset {
    color: unset;
    font-size: unset;
}
```

在浏览器中预览网页，效果如下。

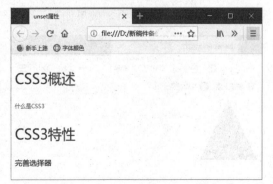

4. all

all 表示所有 CSS 属性，不包括 unicode 和 direction 属性。

【例 6-16】简化【例 6-15】中的设计，如果样式中声明的属性非常多，使用 all 会更方便。

```
p.unset {
    all: unset;
}
```

5. transparent

transparent 表示完全透明，等效于 rgba (0,0,0,0)。

【例 6-17】使用 border 属性在网页中设计三角形样式（通过使用 transparent 可让一条边框透明显示）。

step 1 创建 HTML5 文档，在 <body> 标签内添加一个 div 元素：

```
<div id="demo"></div>
```

step 2 在 <head> 标签内添加 <style type="text/css"> 标签，定义内部样式表：

```
<style type="text/css">
#demo {
    width: 0;height: 0;
    border-left: 50px solid transparent;
    border-right: 50px solid transparent;
    border-bottom: 100px solid blue;
}
</style>
```

在浏览器中预览网页，效果如下。

通过调整三角形各边框的颜色、宽度，可以在页面中设计不同形状的三角形。例如：

```
#demo {
    width: 0;height: 0;
    border-top: 100px solid red;
    border-right: 150px solid transparent;
}
```

在浏览器中预览后，效果如下。

6. currentColor

在 CSS1 和 CSS2 中，border-color、box-shadow 和 text-decoration-color 属性的默认值也就是 color 属性的值。CSS3 新增了 currentColor，用以表示 color 属性的值。

【例 6-18】制作一个简单的导航条，设计导航条中按钮图标的背景颜色为 currentColor。在网页中，随着链接文本的字体颜色不断变化，图标的颜色也跟随链接文本的颜色发生变化。

step 1 创建 HTML5 文档，在 <body> 标签内设计如下简单的导航结构：

```
<nav>
    <a href="##" class="link"><i class="icon icon-1"></i>首页</a>
    <a href="##" class="link"><i class="icon icon-2"></i>日历</a>
    <a href="##" class="link"><i class="icon icon-3"></i>查询</a>
    <a href="##" class="link"><i class="icon icon-4"></i>教育</a>
```

```
<a href="##" class="link"><i class="icon
    icon-5"></i>娱乐</a>
</nav>
```

step 2 在<head>标签内添加<style type="text/css">标签，定义内部样式表，使用背景图像为导航按钮添加图标前缀：

```
<style type="text/css">
.icon {
    /*设计背景图标*/
    display: inline-block;
    width: 16px;height: 16px;
    background-image: url("images/icons.png");
}
/*通过定位为每个导航按钮定义不同的图标样式*/
.icon-1 { background-position: 0 0; }
.icon-2 { background-position: -20px 0; }
.icon-3 { background-position: -40px 0; }
.icon-4 { background-position: -60px 0; }
```

```
.icon-5 { background-position: -80px 0; }
.link {margin-right: 15px;}
</style>
```

step 3 在内部样式表中，定义根据字体的颜色显示图标的颜色：

```
.icon {
    background-color: currentColor;
}
.link:hover {color: red;}
```

在浏览器中预览网页，效果如下。

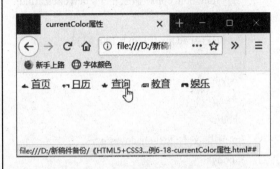

6.6 文本效果

在CSS3中，使用text-shadow属性可以给页面上的文字添加阴影效果。同时，通过灵活运用text-shadow属性，可以在网页中设计出许多特殊效果，例如阴影对比度、多色阴影、火焰文字、立体文字、描边文字等，下面将通过实例分别介绍。

6.6.1 文本阴影

在显示字体时，如果需要给出文字的阴影效果，并为阴影添加颜色，以增强网页整体效果，可以使用text-shadow属性。语法格式如下：

text-shadow：none | <shadow> [, <shadow>]*
<shadow> = <length>{2,3} && <color>?

text-shadow属性的初始值为none，适用于所有元素。取值说明如下表所示。

text-shadow属性的取值说明

取值	说明
none	无阴影
<length>(第1个)	第1个长度值用来设置阴影的水平偏移值，可以为负值
<length>(第2个)	第2个长度值用来设置阴影的垂直偏移值，可以为负值
<length>(第3个)	如果提供了第3个长度值，则用来设置对象的阴影模糊值，不允许为负值
<color>	设置阴影的颜色

【例6-19】练习为网页中的段落文本定义简单的阴影效果。素材

```
<!doctype html>
<html>
<head>
<meta charset="utf-8">
<title>定义文本阴影</title>
<style type="text/css">
p {
    text-align: center;
    font: bold 60px "微软雅黑",helvetica,ariial;
    color: #999;
    text-shadow: 0.1em 0.1em #333;
}
</style>
</head>
<body>
<p>阴影文本: text-shadow</p>
</body>
</html>
```

在浏览器中预览网页，效果如下。

在以上代码中，text-shadow:0.1em 0.1em #333;将阴影设置到文本的右下角。如果想要把阴影设置到文本的右上角，可以使用以下声明：

```
<style type="text/css">
p {
    text-align: center;
    font: bold 60px "微软雅黑",helvetica,ariial;
    color: #999;
▶   text-shadow: -0.1em -0.1em #333
}
</style>
```

效果如下。

同样，要把阴影设置到文本的左下角，可以创建以下样式：

```
<style type="text/css">
p {
    text-align: center;
    font: bold 60px "微软雅黑",helvetica,ariial;
    color: #999;
▶   text-shadow: -0.1em 0.1em #333
}
</style>
```

效果如下。

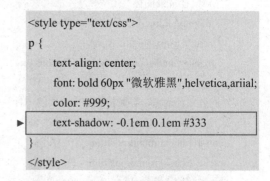

同时，也可以设置模糊的阴影：

`text-shadow: 0.1em 0.1em 0.5em #333;`

效果如下。

text-shadow属性的第1个值表示水平位移；第2个值表示垂直位移，正值偏右或偏下，负值偏左或偏上；第3个值表示模糊半径(为可选值)；第4个值表示阴影的颜色(为

可选值)。在将阴影偏移之后，可以指定模糊半径。模糊半径是一个长度值，用于指出模糊效果的范围。对于如何计算模糊效果，具体算法并没有指定。在阴影效果的长度值的前后还可以选择指定颜色值，颜色值会被用作阴影效果的基础。如果没有指定颜色，那么将会使用 color 属性值来替代。

6.6.2 文本特效

通过灵活运用 text-shadow 属性，可以解决网页设计中的许多实际问题，下面结合几个案例进行介绍。

1. 通过阴影增加前景色/背景色对比度

【例 6-20】为红色文本定义 3 个不同颜色的阴影。

step 1 创建 HTML5 文档，在<body>标签内设计一段文本：

```
<p>阴影文本: text-shadow</p>
```

step 2 在<head>标签内添加<style type="text/css">标签，定义如下内部样式表：

```
<style type="text/css">
p {
    text-align: center;
    font: bold 60px "微软雅黑",helvetica,ariial;
    color: #ff1;
    text-shadow: black 0.1em 0.1em 0.2em;
}
</style>
```

在浏览器中预览网页，效果如下。

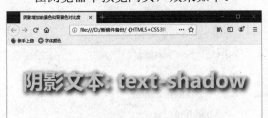

2. 定义多色阴影

text-shadow 属性可以接收一个以逗号分隔的阴影效果列表。阴影效果按照给定的顺序应用，因此有可能相互覆盖(但是它们永远不会覆盖文本本身)。阴影效果不会改变框的尺寸，但可能延伸到框的边界之外。阴影效果的堆叠层次和元素本身的层次是一样的。

【例 6-21】为文本定义三种不同颜色的阴影效果。

```
<!doctype html>
<html>
<head>
<meta charset="utf-8">
<title>定义多色阴影</title>
<style type="text/css">
p {
    text-align: center;
    font: bold 60px "微软雅黑",helvetica,ariial;
    color: #ff1;
    text-shadow: 0.2em 0.5em 0.1em #060,
                 -0.3em 0.1em 0.1em #666,
                 0.4em -0.3em 0.1em #f12;
}
</style>
</head>
<body>
<p>阴影文本: text-shadow</p>
</body>
</html>
```

在浏览器中预览网页，效果如下。

【例 6-22】将阴影设置到文本线框之外。

```
<!doctype html>
<html>
```

```
<head>
<meta charset="utf-8">
<title>将阴影设置到文本线框之外</title>
<style type="text/css">
p {
    text-align: center;
    font: bold 60px "微软雅黑",helvetica,ariial;
    color: #f11;
    border: solid 1px blue;
    text-shadow: 0.5em 0.5em 0.2em #500,
                -0.5em 1em 0.2em #050,
                0.8em -0.6em 0.2em #005;
}
</style>
</head>
<body>
<p>阴影文本: text-shadow</p>
</body>
</html>
```

在浏览器中预览网页，效果如下。

3. 定义火焰效果文字

借助阴影效果的列表机制，可以使用阴影叠加出燃烧的文字特效。

【例6-23】定义火焰效果文字。

```
<!doctype html>
<html>
<head>
<meta charset="utf-8">
<title>定义火焰效果文字</title>
<style type="text/css">
p {
    text-align: center;
```

```
    font: bold 60px "微软雅黑",helvetica,ariial;
    color: #ff1;
    text-shadow: 0 0 4px white,
                0 -5px 4px #ff3,
                2px -10px 6px #fd3,
                -2px -15px 11px #f80,
                2px -25px 18px #f20;
}
body {background: #012;}
</style>
</head>
<body>
<p>阴影文本: text-shadow</p>
</body>
</html>
```

在浏览器中预览网页，效果如下。

4. 定义立体效果文字

text-shadow 属性可以应用到 :first-line 伪元素上。同时，还可以利用该属性设计立体效果文本。

【例6-24】设计凸起效果文本。

```
<!doctype html>
<html>
<head>
<meta charset="utf-8">
<title>定义凸起效果文本</title>
<style type="text/css">
p {
    text-align: center;
    padding: 26px;
    margin: 0;
    font: bold 60px "微软雅黑",helvetica,ariial;
    font-size: 60px;
```

第6章　CSS3 文本样式

```
    font-weight: bold;
    color: #d1d1d1;
    background: #ccc;
    text-shadow: -2px -2px white,
                 2px 2px #333;
}
body {background: #000;}
</style>
</head>
<body>
<p>阴影文本: text-shadow</p>
</body>
</html>
```

在浏览器中预览网页，效果如下。

【例6-25】设计凹下效果文本。

```
<!doctype html>
<html>
<head>
<meta charset="utf-8">
<title>定义凸起效果文本</title>
<style type="text/css">
p {
    text-align: center;
    padding: 26px;
    margin: 0;
    font: bold 60px "微软雅黑",helvetica,ariial;
    font-size: 60px;
    font-weight: bold;
    color: #d1d1d1;
    background: #ccc;
    text-shadow: 2px 2px white,
                 -2px -2px #333;
}
```

```
body {background: #000;}
</style>
</head>
<body>
<p>阴影文本: text-shadow</p>
</body>
</html>
```

在浏览器中预览网页，效果如下。

5. 定义描边效果文字

text-shadow 属性可以为文本描边，方法是分别为文本的 4 条边添加 1 像素的实体阴影。

【例6-26】设计描边效果文本。

```
<!doctype html>
<html>
<head>
<meta charset="utf-8">
<title>设计描边效果文本</title>
<style type="text/css">
p {
    text-align: center;
    padding: 26px;
    margin: 0;
    font: bold 60px "微软雅黑",helvetica,ariial;
    font-size: 60px;
    font-weight: bold;
    color: #fff;
    background: #ccc;
    text-shadow: -1px 0 black,
                 0 1px black,
                 1px 0 black,
                 0 -1px black;
}
```

```
body {background: #000;}
</style>
</head>
<body>
<p>阴影文本: text-shadow</p>
</body>
</html>
```

在浏览器中预览网页,效果如下。

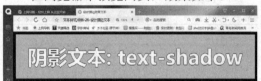

6. 定义发光效果文字

设计阴影不发生位移,同时定义阴影模糊显示,这样就可以模拟出文字外发光效果。

【例6-27】设计外发光效果文本。

```
<!doctype html>
<html>
<head>
<meta charset="utf-8">
<title>设计外发光效果文本</title>
<style type="text/css">
p {
```

```
text-align: center;
padding: 26px;
margin: 0;
font: bold 60px "微软雅黑",helvetica,ariial;
font-size: 60px;
font-weight: bold;
color: #c11;
background: #ccc;
text-shadow: 0 0 0.5em #f87,
             0 0 0.5em #f87;
}
body {background: #000;}
</style>
</head>
<body>
<p>阴影文本: text-shadow</p>
</body>
</html>
```

在浏览器中预览网页,效果如下。

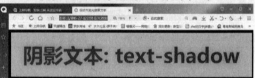

6.7 颜色模式

CSS 2.1 支持 RGB 颜色模式,CSS3 新增了 RGBA、HSL 和 HSLA 三种颜色模式,详见:

http://www.3w.org/TR/rgba(r,g,b,<opacity>)

1. RGBA

RGBA 是对 RGB 颜色模式的扩展,在红、绿、蓝三色通道的基础上增加了 Alpha 通道。具体用法如下:

rgba(r,g,b,<opacity>)

以上参数说明如下表所示。

RGBA 颜色模式的参数说明

参数	说明
<opacity>	表示不透明度

(续表)

参　数	说　　明
r、g、b	分别表示红色、绿色、蓝色 3 种原色所占的比重，取值为正整数(0~255)或百分数(0.0%~100.0%)。超出范围的数值将被截至最近的取值极限(注意：并非所有浏览器都支持使用百分数)

【例6-28】使用 box-shadow 属性和 rgba()函数为表单设置半透明阴影+柔和边框效果。 素材

step 1　创建 HTML5 文档，设计如下表单：

```
<form>
    <p class="name">
        <label for="name">请输入您的真实姓名:
</label>
</p>
<p class="submit">
        <input type="submit" value="下一步">
</p>
</form>
```

step 2　在<head>标签内添加<style type="text/css">标签，为文本框设计特效：

```
<style type="text/css">
input {
    padding: 4px;
    border: solid 1px #ee9;
    outline: 0;
    font: normal 13px/100% Verdana, Tahoma, sans-serif;
    width: 200px;
    background: #FFFFFF;
    box-shadow: rgba(0, 0, 0, 0.1) 0px 0px 8px;
    /*兼容 Mozilla 浏览器*/
    -moz-box-shadow: rgba(0, 0, 0, 0.1) 0px 0px 8px;
    /*兼容 WebKit 引擎*/
    -webkit-box-shadow: rgba(0, 0, 0, 0.1) 0px 0px 8px;
}
input:hover, textarea:hover, input:focus,
textarea:focus { border-color: #C9C9C9; }
```

```
/*定义标签样式*/
label {
    margin-left: 10px;
    color: #999999;
    display: block; /*以块状显示，实现分行显示*/
}
.submit input {
    width: auto;
    padding: 9px 15px;
    background: #617798;
    border: 0;
    font-size: 14px;
    color: #FFFFFF;
}
</style>
```

在浏览器中预览网页，效果如下。

2. HSL

HSL 通过色调(H)、饱和度(S)和亮度(L)三色通道的叠加来表现各种颜色，表现力丰富，应用比较广泛。用法如下：

hsla(<length>,<percenage>,<percenage>,<opacity>)

参数说明如下表所示。

HTML5+CSS3 网页设计案例教程

HSL 颜色模式的参数说明

参　　数	说　　明
<length>	用于确定颜色(任意数值)，其中 0(或 360、-360)表示红色，60 表示黄色，120 表示绿色，180 表示青色，240 表示蓝色，300 表示洋红
<percentage>(第 1 个)	表示饱和度(Saturation)，取值范围为 0%~100%。其中 0%表示灰度，说明没有使用颜色；100%时饱和度最高，此时颜色最鲜艳
<percentage>(第 2 个)	表示亮度(Lightness)。取值范围为 0%~100%。其中 0%最暗，显示为黑色；50%表示均值；100%最亮，显示为白色

【例 6-29】 使用 HSL 设计颜色表。素材

step 1 创建 HTML5 文档，在<body>标签中设计如下表格(具体参见素材)：

```
<table class="hslexample">
    <tbody>
        <tr>
            <th> </th>
            <th colspan="5">色相: H=0 Red </th>
        </tr>
        <tr>
            <th> </th>
            <th colspan="5">饱和度 (→)</th>
        </tr>
        <tr>
            <th>亮度 (↓)</th>
            <th>100% </th>
            <th>75% </th>
            <th>50% </th>
            <th>25% </th>
            <th>0% </th>
        </tr>
        <tr>
            <th>100 </th>
            <td> </td>
            <td> </td>
            <td> </td>
            <td> </td>
            <td> </td>
        </tr>
        ...
```

```
        </tbody>
</table>
```

step 2 在<head>标签内添加<style type="text/css">标签，在内部样式表中初始化表格样式：

```css
<style type="text/css">
/*设计表格的边框样式，并增加内部间距*/
table{border: solid 1px red; background:#eee;
    padding:6px;}
/*设计列标题的字体样式*/
th{color:red; font-size:12px;
    font-weight:normal;}
/*设计单元格的大小*/
td{width:80px; height:30px;}
</style>
```

step 3 在内部样式表中设计每个单元格色块的背景色(具体参见素材)：

```css
/*第 1 行*/
tr:nth-child(4)
td:nth-of-type(1){background:hsl(0,100%,100%);}
/*第 1 列*/
tr:nth-child(4)
td:nth-of-type(2){background:hsl(0,75%,100%);}
/*第 2 列*/
tr:nth-child(4)
td:nth-of-type(3){background:hsl(0,50%,100%);}
/*第 3 列*/
```

```
tr:nth-child(4)
td:nth-of-type(4){background:hsl(0,25%,100%);}
/*第 4 列*/
tr:nth-child(4)
td:nth-of-type(5){background:hsl(0,0%,100%);}
/*第 5 列*/
/*第 2 行*/
…
```

在浏览器中预览网页,效果如下。

3. HSLA

HSLA 在色相、饱和度、亮度三要素的基础上增加了不透明度参数。用法如下:

hsla(<length>,<percentage>,<percentage>,<opacity>)

其中,前 3 个参数与 hsl()函数的参数相比,含义和用法相同;第 4 个参数<opacity>表示不透明度,取值在 0 到 1 之间。

【例6-30】为网站的登录页面设计透明效果。

step 1 创建 HTML5 文档,设计如下表单:

```
<form class="form">
    <p>
    <input type="text" id="login" name="login"
        placeholder="身份证">
    <input type="password" name="password"
        id="password" placeholder="密码">
    </p>
</form>
```

step 2 在<head>标签内添加<style type="text/css">标签,设计表单样式:

```
<style type="text/css">
body{
    background: #1a6 url(images/bg.jpg) no-repeat center top;
    -webkit-background-size: cover;
    -moz-background-size: cover;
    background-size: cover;
}
.form { /*设计表单样式*/
    width: 300px;                                    /*固定表单的宽度*/
    margin: 30px auto;                               /*居中显示*/
    border-radius: 5px;                              /*设计圆角效果*/
    box-shadow: 0 0 5px rgba(0,0,0,0.1),             /*设计边框效果*/
                0 3px 2px rgba(0,0,0,0.1);           /*设计阴影效果*/
}
.form p {
    width: 100%;
```

```css
    float: left;
    border-radius: 5px;
    border: 1px solid #fff;
}
.form input[type=text],
.form input[type=password] {
    width: 100%;
    height: 50px;
    padding: 0;
    /*增加修饰*/
    border: none;                                          /*移除默认的边框样式*/
    background: rgba(255,255,255,0.2);                     /*增加半透明的白色背景*/
    box-shadow: inset 0 0 10px rgba(255,255,255,0.5);      /*为表单对象设计高亮效果*/
    text-indent: 10px;
    font-size: 16px;
    color:hsla(0,0%,100%,0.9);
    text-shadow: 0 -1px 1px rgba(0,0,0,0.4);               /*为文本添加阴影立体效果*/
}
.form input[type=text] {
    /*设计用户名文本框的底部边框样式与顶部圆角*/
    border-bottom: 1px solid rgba(255,255,255,0.7);
    border-radius: 5px 5px 0 0;
}
.form input[type=password] {
    /*设计密码域文本框的顶部边框样式与底部圆角*/
    border-top: 1px solid rgba(0,0,0,0.1);
    border-radius: 0 0 5px 5px;
}
/*定义表单对象被激活时增亮背景色以清除轮廓线*/
.form input[type=text]:hover,
.form input[type=password]:hover,
.form input[type=text]:focus,
.form input[type=password]:focus {
    background: rgba(255,255,255,0.4);
    outline: none;
}
}
</style>
```

在浏览器中预览网页，效果如右上图所示。

4. opacity

使用 opacity 属性可以定义不透明度，用法如下：

opacity:<alphavalue>|inherit;

参数说明如下表所示。

参数说明

参　　数	说　　明
<alphavalue>	介于 0 和 1 之间的浮点数，默认值为 1。取值为 1 时，表示完全不透明；取值为 0 时，表示完全透明
<inherit>	继承不透明性

【例6-31】设计窗口遮罩特效。

step1 创建 HTML5 文档，设计遮罩层：

```
<div class="web"><img src="images/bg.png" />
</div>
<div class="bg">
</div>
<div class="login"><img src="images/login.png" />
</div>
```

step2 在<head>标签内添加<style type="text/css">标签，在内部样式表中设计遮罩层的样式：

```
<style type="text/css">
body {
    margin: 0;
    padding: 0;
}
div { position: absolute; }
.bg {
    width: 100%;
    height: 100%;
    background: #000;
    opacity: 0.7;
    filter: alpha(opacity=70);
}
.login {
    text-align:center;
    width:100%;
    top: 20%;
}
</style>
```

在浏览器中预览网页，效果如下。

6.8 动态内容

动态内容模块是 CSS3 新增加的模块，详见：

http://www.3w.org/TR/css3-content/

该模块用于在 CSS 中为 HTML 临时添加非结构性内容。下面将具体介绍。

1. 定义动态内容

使用 content 属性可以定义动态内容。具体用法如下：

content: normal | string | attr() | url() | counter() | none;

取值说明如下表所示。

content 属性的取值说明

取 值	说 明
normal	默认值，表现与 none 相同
string	插入文本内容
attr()	插入元素的属性值
url()	插入外部资源，如图像、音频、视频或浏览器支持的其他任何资源
counter()	计数器，用于插入排序标识
none	无任何内容

【例 6-32】使用 content 属性将超链接的 URL 字符串动态显示在页面中。

step 1 创建 HTML5 文档，定义如下超链接：

```
<a href="http://www.sina.com/">新浪</a>
```

step 2 在 <head> 标签内添加 <style type="text/css"> 标签，定义内部样式表：

```
<style type="text/css">
a:after {
    content: attr(href);
}
</style>
```

在浏览器中预览网页，效果如下。

2. 设计目录索引

【例 6-33】设计动态目录索引效果。

step 1 创建 HTML5 文档，设计如下多层嵌套的列表结构：

```
<h1>网站导航</h1>
<ol>
    <li>新闻
        <ol>
            <li>滚动</li>
            <li>国际</li>
            <li>国内
                <ol>
                    <li>点击排行</li>
                    <li>评论排行</li>
                </ol>
            </li>
        </ol>
    </li>
    <li>财经</li>
    <li>科技</li>
</ol>
```

step 2 在 <head> 标签内添加 <style type="text/css"> 标签，设计如下动态目录索引效果：

```
<style type="text/css">
ol { list-style:none;}                              /*清除默认的序号*/
li:before {color:#f00; font-family:Times New Roman;} /*设计层级目录序号的字体样式*/
li{counter-increment:a 1;}                          /*设计递增函数 a，递增起始值为 1 */
li:before{content:counter(a)". ";}                  /*把递增值添加到列表项的前面*/
li li{counter-increment:b 1;}                       /*设计递增函数 b，递增起始值为 1 */
li li:before{content:counter(a)"."counter(b)". ";}  /*把递增值添加到二级列表项的前面*/
```

```
li li li{counter-increment:c 1;}              /*设计递增函数 c，递增起始值为 1 */
li li li:before{content:counter(a)."."counter(b)."."counter(c)". ";}   /*把递增值添加到三级列表项的前面*/
</style>
```

在浏览器中预览网页，效果如下。

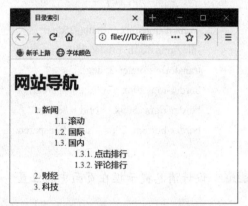

3. 设计引号

【例 6-34】设计动态引号效果。素材

step 1 创建 HTML5 文档，设计如下三段引文：

```
<p lang="no"><q>HTML5+CSS3 网页设计案
    例教程</q></p>
<p lang="en"><q>HTML5+CSS3</q></p>
<p lang="ch"><q>案例教程</q></p>
```

step 2 在<head>标签内添加<style type="text/css">标签，设计内部样式表：

```
<style type="text/css">
p {font-size:24px;}
/* 为不同语言指定引号的表现形式 */
:lang(en) > q {quotes:'"' '"';}
:lang(no) > q {quotes:"«" "»";}
:lang(ch) > q {quotes:""" """;}
/* 在<q>标签的前后插入引号 */
q:before {content:open-quote;
padding-right:6px;}
q:after   {content:close-quote; padding-left:6px;}
</style>
```

在浏览器中预览网页，效果如右上图所示。

4. 动态引入外部资源

【例 6-35】使用 content 属性，配合 url()函数为动图内容加载外部图像资源，显示在链接文本的前面。素材

step 1 创建 HTML5 文档，设计以下超链接：

```
<a href="http://tupwk.com.cn/1.book">
《HTML5+CSS3 网页设计案例教程》</a><br>
<a href="http://tupwk.com.cn/" rel="external">
《HTML5+CSS3 网页设计案例教程》</a>
```

step 2 在<head>标签内添加<style type="text/css">标签，在内部样式表中定义动态图标，使其显示在链接文本的前面：

```
<style type="text/css">
a[href $=".book"]:before {
    content:url(images/icon-1.png);
}
a[rel = "external"]:before {
    content:url(images/icon-2.png);
}
</style>
```

在浏览器中预览网页，效果如下。

5. 动态绘制图形

【例 6-36】 设计纯 CSS 消息提示框。

step 1 创建 HTML5 文档，在 `<body>` 标签中设计消息提示框：

```
<div class="bubble bubble-left">消息提示框(左侧)<br>这里是提示框中显示的内容</div>
```

step 2 在 `<head>` 标签内添加 `<style type="text/css">` 标签，在内部样式表中设计消息提示框的基本框架样式：

```
.bubble {
    width: 200px;
    height: 50px;
    background: #e1e1e1;
    padding: 12px;
    position: relative;
    -moz-border-radius: 8px;
    -webkit-border-radius: 8px;
    border-radius: 8px;
}
```

step 3 使用 CSS3 的 content 属性生成箭头基本样式：

```
.bubble:before {
    content: "";
    width: 0;
    height: 0;
    position: absolute;
    z-index:-1;
}
```

step 4 设计消息提示框的扩展样式：

```
.bubble.bubble-left:before {
    right: 90%;
    top: 50%;
    -webkit-transform: rotate(-25deg);
    -moz-transform: rotate(-25deg);
    transform: rotate(-25deg);
    border-top: 20px    solid transparent;
    border-right: 80px    solid    #e1e1e1;
    border-bottom: 20px    solid transparent;
}
```

step 5 设计消息提示框在页面中的位置：

```
div {
    margin:50px;
}
```

在浏览器中预览网页，效果如下。

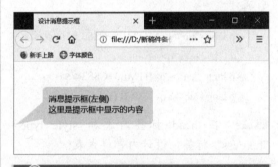

知识点滴

通过调整消息提示框箭头的方向，可以在页面中设计出指向各种不同方向的消息提示框。

6.9 自定义字体

CSS3 增加了字体模块，允许使用 @font-face 规则加载外部字体文件，方便自定义字体类型。下面将详细介绍。

1. 定义字体

@font-face 命令用来引用网络字体文件。用法如下：

```
@font-face {<font-description>}
```

`<font-description>` 是属性名/值对，用法如下：

```
description:value;
```

取值说明如左下表所示。

取值说明

取 值	说 明
font-family	设置字体名称
font-style	设置文本样式
fon-variant	设置文本是否大小写
font-weight	设置文本的粗细
font-stretch	设置文本是否横向拉伸变形
font-size	设置文本字体大小
src	设置字体文件路径(注意：只能用在@font-face 命令中)

【例 6-37】使用外部字体文件，模拟百度 logo 样式。素材

step 1 创建 HTML5 文档，设计如下简单的网页：

```
<p><span class="g1">Bai</span><img src="images/baidu.png" border="0"><span class="g2">百度</span></p>
```

step 2 在<head>标签内添加<style type="text/css">标签，使用@font-face 命令导入外部字体文件：

```
@font-face {
    /* 选择默认的字体类型 */
    font-family: "bai";
    src: url(fonts/Handel.eot);
    src: local("bai"), url(fonts/Handel.ttf)
        format("truetype");
}
@font-face {
    font-family: "du";
    src: url(fonts/方正新综艺简体.eot);
    src: local("du"), url(fonts/方正新综艺简
        体.ttf) format("truetype");
}
```

step 3 设计第一个<span>标签的样式：

```
.g1 {
    font-size: 60px;
```

```
    font-family: bai, MS Ui Gothic, Arial, sans-serif;
    letter-spacing: 1px;
    font-weight: bold;
}
```

step 4 设计第二个<span>标签的样式：

```
.g2 {
    font-size: 50px;
    font-family: du, MS Ui Gothic, Arial, sans-serif;
    letter-spacing: 1px;
    font-weight: 900;
}
```

在浏览器中预览网页，效果如下。

2. 定义字体图标

【例 6-38】在网页中设计字体图标。素材

step 1 创建 HTML5 文档，使用<ul>列表结构设计如下导航条：

```
<ul>
    <li><span class="home"></span> <a href="#">主页</a></li>
    <li><span class="news"></span> <a href="#">新闻</a></li>
    <li><span class="user"></span> <a href="#">登录</a></li>
    <li><span class="search"></span> <a href="#">搜索</a></li>
</ul>
```

step 2 在<head>标签内添加<style type="text/css">标签,使用@font-face命令导入外部字体文件:

```css
<style type="text/css">
@font-face {
    font-family: 'Glyphicons Halflings';
    src: url('fonts/glyphicons-halflings-regular.eot');
    src: url('fonts/glyphicons-halflings-regular.eot?#iefix') format('embedded-opentype'),
        url('fonts/glyphicons-halflings-regular.woff2') format('woff2'),
        url('fonts/glyphicons-halflings-regular.woff') format('woff'),
        url('fonts/glyphicons-halflings-regular.ttf') format('truetype'),
        url('fonts/glyphicons-halflings-regular.svg#glyphicons_halflingsregular') format('svg');
}
```

step 3 定义字体图标类样式:

```css
.glyphicon {
    position: relative;
    top: 1px;
    display: inline-block;
    font-family: 'Glyphicons Halflings';
    font-style: normal;
    font-weight: normal;
    line-height: 1;
    -webkit-font-smoothing: antialiased;
    -moz-osx-font-smoothing: grayscale;
}
```

step 4 应用自定义字体,使用 content 属性将字体图标动态添加到导航文本的前面。

```css
.glyphicon-home:before { content: "\e021"; }
.glyphicon-user:before { content: "\e008"; }
.glyphicon-search:before { content: "\e003"; }
.glyphicon-plus:before { content: "\e081"; }
```

step 5 定义页面的基本格式:

```css
span {
    font-size: 12px;
    color: red;
}
```

```css
ul {
    margin: 0;
    padding: 0;
    list-style: none;
}
li {
    float: left;
    padding: 6px 12px;
    margin: 3px;
    border: solid 1px #666;
    border-radius: 6px;
}
li a {
    font-size: 12px;
    color: blue;
    text-decoration: none;
}
```

在浏览器中预览网页,效果如下。

6.10 案例演练

本章的案例演练部分将帮助用户通过设计网页版式,巩固所学的知识。

【例6-39】使用 CSS3 设计网页版式。

step 1 创建 HTML5 文档，设计网页结构：

```
<article>
    <h1>《人工智能》</h1>
    <h2>科学百科</h2>
    <h3>计算机科学的一个分支</h3>
    <p>人工智能(Artificial Intelligence)，英文缩写为 AI。它是研究、开发用于模拟、延伸和扩展人的智能的理论、方法、技术及应用系统的一门新的技术科学。</p>
    <p>人工智能是计算机科学的一个分支，它试图了解智能的实质，并生产出一种新的能以人类智能相似的方式做出反应的智能机器，该领域的研究包括机器人、语言识别、图像识别、自然语言处理和专家系统等。人工智能从诞生以来，理论和技术日益成熟，应用领域也不断扩大，可以设想，未来人工智能带来的科技产品，将会是人类智慧的"容器"。人工智能是对人的意识、思维的信息过程的模拟。人工智能不是人的智能，但能像人那样思考，也可能超过人的智能。</p>
    <h3>定义详解</h3>
    <p>人工智能是一门极富挑战性的科学，从事这项工作的人必须懂得计算机知识、心理学和哲学。人工智能是包括十分广泛的科学，它由不同的领域组成，如机器学习、计算机视觉等。总的来说，人工智能研究的一个主要目标是使机器能够胜任一些通常需要人类智能才能完成的复杂工作。但不同的时代、不同的人对这种"复杂工作"的理解是不同的。 [1] 2017 年 12 月，人工智能入选"2017 年度中国媒体十大流行语"。</p>
    <h3>研究价值</h3>
    <p>繁重的科学和工程计算本来是要人脑承担的，如今计算机不但能完成这种计算，而且能够比人脑做得更快、更准确，因此人们已不再把这种计算看作"需要人类智能才能完成的复杂任务"，可见复杂工作的定义是随着时代的发展和技术的进步而变化的，人工智能这门科学的具体目标也自然随着时代的变化而发展。它一方面不断获得新的进展，另一方面又转向更有意义、更加困难的目标。</p>
</article>
```

step 2 在 <head> 标签内添加 <style type="text/css"> 标签，定义内部样式表。设计网页的背景颜色、字体颜色、字体大小以及字体：

```
body {
    background: #666;
    color: #fff;
    font-size: 1em;
    font-family: "新宋体", Arial, Helvetica, sans-serif;
}
```

step 3 定义标题居中显示，并适当调整标题的底边距：

```
h1, h2 {
    text-align: center;
    margin-bottom: 1em;
}
```

step 4 定义二级标题的样式：

```
h2 {
    color: #999;
    text-decoration: underline;
}
```

step 5 定义三级标题的样式：

```
h3 {
    font-family: "新宋";
    font-size: 1.5em;
    float: right;
    writing-mode: tb-rl;    /*上-下，右-左*/
}
```

step 6 定义段落文本的样式：

```
p {
    text-indent: 2em;
    line-height: 1.8em;
    margin-right: 3em;
}
```

step ⑦ 定义首字下沉效果：

```
p:first-of-type:first-letter {
    font-size: 38px;
    font-family: "黑体";
    float: left;
    margin-right: 6px;
    padding: 6px;
    font-weight: bold;
    line-height: 1em;
    background: red;
```

```
    color: #fff;
}
```

在浏览器中预览网页，效果如下。

第 7 章

CSS3 图像样式

使用 CSS3 既可以控制图像的大小、边框样式，也可以设计圆角、半透明、阴影等特殊效果。同时 CSS3 还允许设计师为网页设计多重背景图，控制背景图像的大小、坐标原点，并应用渐变色以增强背景图像的效果。本章将通过实例操作，具体介绍这些 CSS3 功能的使用方法。

7.1 设计图像

使用 CSS3，设计人员可以对网页中图像的大小、边框、阴影等效果进行设置，从而通过图文混排制作出复杂版式的页面。

7.1.1 图像大小

<img>标签包含 width 和 height 属性，使用它们可以控制图像的大小。同时，使用 CSS 的 width 和 height 属性可以灵活地调整图像在网页中的大小。

另外，针对移动端网页浏览设备，以下几个属性适用于弹性布局。

- min-width：定义最小宽度。
- max-width：定义最大宽度。
- min-height：定义最小高度。
- max-height：定义最大高度。

【例 7-1】设计一个简单的图文混排网页(使文字环绕显示在图片四周)。素材

step 1 创建 HTML5 文档，在<body>标签内输入以下代码：

```
<div class="pic_news">
    <h2>HTML 历史</h2>
    <p><img src="images/xtml.png" alt="" /></p>
    <p>到了 2000 年，Web 标准项目(Web Standards Project)的开展如火如荼，开发人员对浏览器里包含的各种专有特性已经忍无可忍。当时 CSS 有了长足的发展，而且与 XHTML 1.0 的结合也很紧密，CSS + XHTML 1.0 基本上算是最佳实践了。</p>
    <p>虽然 HTML 4.01 与 XHTML 1.0 没有本质上的不同，但是大部分开发人员接受了 CSS + XHTML 1.0 这个组合。专业的开发人员能做到元素全部小写，属性全部小写，属性值也全部加引号。此时，由于专业人员起到带头作用，越来越多的人也都开始支持并使用这种语法。</p>
    <p>XHTML 1.0 之后出现了 XHTML 1.1，XHTML 1.1 与 XHTML 1.0 相比，本身并没有什么新东西，元素也都基本相同(属性也相同)，唯一的变化就是必须把文档标记为 XML 文档。但是，这样做带来了一些问题。</p>
</div>
```

step 2 在<head>标签内添加<style type="text/css">标签，定义如下内部样式表，然后输入以下代码，设置图片属性：

```
<title>图文混排</title>
<style type="text/css">
.pic_news{width: 600px;}            /*控制内容区域的宽度，此处应根据实际情况设置*/
.pic_news h2 {
    font-family: "仿宋";
    font-size: 26px;
    text-align: center;
}
.pic_news img {
    float: right;                   /*使图片旁边的文字产生浮动效果*/
    margin-right: 16px;
```

```
    margin-bottom: 16px;
    height: 250px;
}
pic_news p{text-indent: 2em;}        /*首行缩进两个字符*/
</style>
```

step 3 在浏览器中预览以上代码,效果如下图所示。

知识点滴

如果只为图像定义高度或宽度,那么浏览器会自动根据宽度或高度调整图像的纵横比,使得图像的纵横比得以协调缩放。但是,如果同时为图像定义宽度和高度,就应注意图像的纵横比,以避免图像变形。

7.1.2 图像边框

网页中的图像在默认状态下不会显示边框,但在为图像定义超链接时会自动显示2px~3px 宽的蓝色粗边框。使用 border 属性可以清除这个边框,代码如下:

```
<a href="#"><img src="images/xtml.png" alt="XHTML" border="0" /></a>
```

使用 CSS3 的 border 属性可以更灵活地定义图像边框,同时设计更丰富的样式,如边框的粗细、颜色等。

【例 7-2】为网页中的背景图像设计镶边效果。
素材

step 1 准备一幅渐变阴影图像(参考本例提供的素材文件)。

step 2 创建 HTML5 文档,在<head>标签内添加<style type="text/css">标签(为图片添加镶边效果):

```
img {
    background: white;                                           /*白色背景*/
    padding: 5px 5px 9px 5px;                                    /*增加内边距*/
    background: white url(images/shad_bottom.gif) repeat-x bottom left;   /*底边阴影*/
    border-left: 2px solid #dcd7c8;                              /*左侧阴影*/
    border-right: 2px solid #dcd7c8;                             /*右侧阴影*/
}
```

step 3 在<body>标签中输入以下代码,在网页中插入 3 张图片:

```
<img src="images/p1.png" width="100">
<img src="images/p2.png" width="200">
<img src="images/p3.png" width="300">
```

在浏览器中预览网页,效果如右图所示。

7.1.3 半透明图像

下面举例说明如何设计图像半透明显示。

【例7-3】 设计图片水印。

step 1 创建 HTML5 文档，在 `<body>` 标签内输入以下代码，插入一个包含框，从而为水印图片提供定位参考（插入的第一张图片为照片，第二张图片为水印图片）：

```html
<div class="watermark">
    <img src="images/bg-1.png" class="img"
        width="500">
    <img src="images/logo.png" class="logo"
        width="100">
</div>
```

step 2 在 `<head>` 标签内添加 `<style type="text/css">` 标签，在内部样式表中定义包含框使用相对定位：

```css
.watermark {
    position: relative;
    float: left;
    display: inline;
}
```

step 3 让水印图片半透明显示，并精确定位到照片的右下角：

```css
.logo {
    filter: alpha(opacity=40);
    -moz-opacity: 0.4;
    opacity: 0.4;
    position: absolute;   /*绝对定位*/
    right: 20px;          /*定位到照片右侧*/
    bottom: 20px;         /*定位到照片底部*/
}
```

step 4 设计边框效果：

```css
.img {
    background: white;
```

```
    padding: 5px 5px 9px 5px;
    background: white
url(images/shad_bottom.gif) repeat-x bottom left;
    border-left: 2px solid #dcd7c8;
    border-right: 2px solid #dcd7c8;
}
```

在浏览器中预览网页，效果如下。

7.1.4 圆形图像

使用 CSS3 新增的 border-radius 属性可以在网页中设计圆角样式的图片。用法如下：

border-radius:none | <length>{1,4} [/ <length>{1,4}>]?;

该属性适用于所有元素，取值说明如下表所示。

border-radius 属性的取值说明

参数	说明
none	默认值，表示元素没有圆角
<length>	长度值，不可为负值

使用下面几个子属性，可以单独定义元素的 4 个顶角。

▶ border-top-right-radius：定义右上角的圆角。

▶ border-bottom-right-radius：定义右下角的圆角。

第7章 CSS3 图像样式

▶ border-bottom-left-radius：定义左下角的圆角。

▶ border-top-left-radius：定义左上角的圆角。

【例 7-4】设计圆形图像。素材

step 1 创建 HTML5 文档，在<body>标签中输入以下代码：

```
<img class="r1" src="images/p4.png"
    title="圆角图像" />
<img class="r2" src="images/p5.png"
    title="椭圆图像" />
```

step 2 在<head>标签内添加<style type="text/css">标签，在内部样式表中定义两个圆形样式类：

```
<style type="text/css">
img { width:300px;border:solid 1px #eee;}
.r1 {
    -moz-border-radius:12px;
    -webkit-border-radius:12px;
    border-radius:12px;
.r2 {
    -moz-border-radius:50%;
    -webkit-border-radius:50%;
    border-radius:50%;
</style>
```

在浏览器中预览网页，效果如下：

border-radius 属性可以包含两个参数值，其中第一个参数值表示圆角的水平半径，第二个参数值表示圆角的垂直半径，两个参数值以中间斜线分开。如果仅包含一个参数值，那么第 2 个参数值与第 1 个参数值相同，这

表示四分之一的圆角。如果参数值包含 0，那就是矩形，不会显示为圆角。

7.1.5 阴影图像

使用 CSS3 的 box-shadow 属性可以为图像设计阴影效果。用法如下：

box-shadow:none | <shadow> [, <shadow>]*;

该属性适用于所有元素，取值说明如下表所示。

box-shadow 属性的取值说明

取值	说明
none	默认值，表示元素没有阴影
<shadow>	这个取值可以使用公式表示为 inset&&[<length>]{2,4}&&<color>?]，其中：inset 表示阴影的类型为内阴影，默认为外阴影；<length>是长度值，可取正负值，用于定义阴影的水平偏移、垂直偏移以及阴影大小（也就是阴影模糊度）、阴影扩展；<color>表示阴影颜色

【例 7-5】在网页中设计两个阴影样式，其中一个定义圆角阴影效果，另一个定义多重阴影效果。素材

step 1 创建 HTML5 文档，在<body>标签中输入以下代码：

```
<img class="r1" src="images/p6.png"
    title="阴影图像" />
<img class="r2" src="images/p6.png"
    title="多重阴影图像" />
```

step 2 在<head>标签内添加<style type="text/css">标签，定义内部样式表：

```
<style type="text/css">
img { width:300px; margin:6px;}
.r1 {
    -moz-border-radius:8px;
```

```
        -webkit-border-radius:8px;
        border-radius:8px;
        -moz-box-shadow:8px 8px 14px #cc1;
        -webkit-box-shadow:8px 8px 14px #c1c;
        box-shadow:8px 8px 14px #ccc;
}
.r2 {
        -moz-border-radius:12px;
        -webkit-border-radius:12px;
        border-radius:12px;
        -moz-box-shadow:-10px 0 12px red,
        10px 0 12px blue,
        0 -10px 12px yellow,
        0 10px 12px green;
        -webkit-box-shadow:-10px 0 12px red,
        10px 0 12px blue,
        0 -10px 12px yellow,
        0 10px 12px green;
        box-shadow:-10px 0 12px red,
        10px 0 12px blue,
        0 -10px 12px yellow,
        0 10px 12px green;
}
</style>
```

在浏览器中预览网页，效果如下。

7.2 图像背景

CSS3 提供了多个 background 子属性来修饰网页背景图像的效果。

7.2.1 定义背景图像

使用 background-image 属性定义网页背景图像的方法如下：

```
background-image: none | <url>
```

默认值为 none，表示无背景图；<url> 表示使用绝对或相对地址指定背景图像。

使用 background-repeat 属性可以控制背景图像的显示，用法如下：

```
background-repeat: repeat-x | repeat-y | [repeat | space | round | no-repeat] {1,2}
```

该属性的取值说明如下表所示。

background-repeat 属性的取值说明

取值	说明
repeat-x	横向平铺
repeat-y	纵向平铺
repeat	横向和纵向平铺

(续表)

取值	说明
space	以相同的间距平铺并填满整个容器或某个方向
round	自动缩放，直到适应并填满整个容器
no-repeat	不平铺

【例 7-6】设计公告栏，宽度固定，高度会根据内容文本进行动态调整。 素材

step 1 创建 HTML5 文档，在 <body> 标签中输入以下代码：

```
<div id="call">
    <div id="call_tit">网站公告</div>
    <div id="call_mid" class="a">
    高:120px</div>
    <div id="call_btm"></div>
</div>
```

```html
<div id="call">
    <div id="call_tit">网站公告</div>
    <div id="call_mid" class="b">
    高:160px</div>
    <div id="call_btm"></div>
</div>
<div id="call">
    <div id="call_tit">网站公告</div>
    <div id="call_mid" class="c">
    高:220px</div>
    <div id="call_btm"></div>
</div>
```

step 2 在 `<head>` 标签内添加 `<style type="text/css">` 标签，定义内部样式表。使用平铺显示方式：

```css
<style type="text/css">
#call {
    width: 218px;
    font-size: 14px;
    float: left;
    margin: 4px;
    text-align: center;
}
#call_tit {
    background: url(images/top.png);
    background-repeat: no-repeat;
    height: 43px;
    color: #fff;
    font-weight: bold;
    line-height: 43px;
}
#call_mid {
    background-image: url(images/mid.png);
    background-repeat: repeat-y;
    height: 160px;
}
#call_btm {
    background-image: url(images/btm.png);
    background-repeat: no-repeat;
```

```
    height: 11px;
}
#call .a { height: 120px; }
#call .b { height: 160px; }
#call .c { height: 220px; }
</style>
```

在浏览器中预览网页，效果如下。

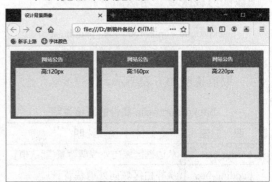

7.2.2 背景原点/位置/裁剪

背景图像默认显示在左上角，使用 background-position 属性可以改变显示位置。用法如下：

> background-position：[left | center | right | top | bottom | \<percentage> | \<length>] | [left | center | right | \<percentage> | \<length>] [top | center | bottom | \<percentage> | \<length>] | [center |[left | right] [\<percentage> | \<length>]?] &&[center | [top | bottom] [\<percentage> | \<length>]?]

该属性的取值有两个，分别用于指定背景图像在 x、y 轴的偏移值，默认为 0% 0%，等效于 left top。使用 background-origin 属性可以定义 background-position 的定位原点。用法如下：

> background-origin:border-box | padding-box | content-box;

取值说明如下表所示。

background-origin 属性的取值说明

取值	说明
border-box	从边框区域开始显示背景
padding-box	从补白区域开始显示背景(默认值)
content-box	仅在内容区域显示背景

使用 background-clip 属性可以定义背景图像的剪裁区域。用法如下：

```
background-clip:border-box | padding-box | content-box | text;
```

取值说明如下表所示。

background-clip 属性的取值说明

取值	说明
border-box	从边框区域向外裁剪背景(默认值)
padding-box	从补白区域向外剪裁背景
content-box	从内容区域向外剪裁背景
text	从前景内容(如文字)区域向外裁剪背景

【例 7-7】设计多重背景图像。 素材

step 1 创建 HTML5 文档，在 `<body>` 标签中输入以下代码：

```
<div class="demo multipleBg"></div>
```

step 2 在 `<head>` 标签内添加 `<style type="text/css">` 标签，定义内部样式表：

```
<style type="text/css">
.demo {
    width: 410px;height: 610px;
    border: 5px solid rgba(104, 104, 142,0.5);
    border-radius: 5px;
    padding: 30px 30px;
    color: #f36; font-size: 80px;
    font-family:"隶书";
    line-height: 1.5;
    text-align: center;
}
.multipleBg {
```

```
background: url("images/bg-bl.png")
no-repeat left bottom,
  url("images/bg-tr.png") no-repeat right top,
  url("images/bg-tl.png") no-repeat left top,
  url("images/bg-br.png") no-repeat right
bottom;
/*改变背景图片的 position 起始点*/
-webkit-background-origin: border-box,
border-box, border-box, border-box,
padding-box;
-moz-background-origin: border-box,
border-box, border-box, border-box,
padding-box;
-o-background-origin: border-box,
border-box, border-box, border-box,
padding-box;
background-origin: border-box, border-box,
border-box, border-box, padding-box;
/*控制背景图片的显示区域，对于背景图片，超出外边缘的所有部分将被剪切掉*/
-moz-background-clip: border-box;
-webkit-background-clip: border-box;
-o-background-clip: border-box;
background-clip: border-box;
}
</style>
```

在浏览器中预览网页，效果如下。

7.2.3 控制大小

使用 background-size 属性可以控制背景图像的显示大小。用法如下：

```
background-size:[<length> | <percenage> |
auto ]{1,2} | cover | contain;
```

取值说明如下表所示。

background-size 属性的取值说明

取 值	说 明
<length>	长度值，不可为负值
<percenage>	取值为 0%~100%
cover	保持宽高比，将图片缩放到正好完全覆盖背景区域
contain	保持宽高比，将图片缩放到宽度或高度正好适应背景区域

【例 7-8】设计圆角栏目。

step 1 创建 HTML5 文档，在<body>标签中输入以下代码：

```
<div class="roundbox">
    <h1>什么是 CSS3</h1>
    <p>CSS3 是 CSS 规范的最新版本，它在 CSS 2.1 的基础上增加了很多强大的新功能，可以帮助网页开发人员解决一些实际面临的问题，并且不需要非语义标签、复杂的 JavaScript 脚本以及图片。</p>
    <h2>CSS 历史</h2>
    <p>早期的 HTML 只包含少量的显示属性，用于设置网页的字体效果。随着互联网的发展，为了满足日益丰富的网页设计需求，HTML 不断添加各种显示标签和样式属性，由此带来了一个问题：网页结构和样式混用让网页代码变得混乱不堪，代码冗余增加了带宽负担，代码维护也变得苦不堪言。</p>
    <p>1994 年年初，哈坤•利提出了 CSS 最初的建议，当时伯特•波斯正在设计一个名为 Argo 的浏览器，于是他们决定一起设计 CSS。</p>
</div>
```

step 2 在 <head> 标签内添加 <style type="text/css">标签，定义内部样式表。设计包含框的背景图像样式：

```
<style type="text/css">
    .roundbox {
        padding: 2em;
        background-image: url(images/tl.gif),
                          url(images/tr.gif),
                          url(images/bl.gif),
                          url(images/br.gif),
                          url(images/right.gif),
                          url(images/left.gif),
                          url(images/top.gif),
                          url(images/bottom.gif);
        background-repeat: no-repeat,
                           no-repeat,
                           no-repeat,
                           no-repeat,
                           repeat-y,
                           repeat-y,
                           repeat-x,
                           repeat-x;
        background-position: left 0px,
                             right 0px,
                             left bottom,
                             right bottom,
                             right 0px,
                             0px 0px,
                             left 0px,
                             left bottom;
        background-color: #ccc;
    }
</style>
```

在浏览器中预览网页，效果如下页左图所示。

HTML5+CSS3 网页设计案例教程

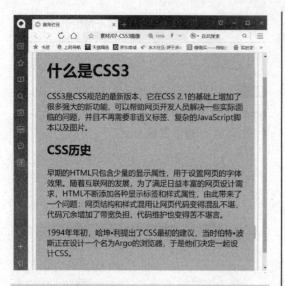

7.2.4 固定显示

默认情况下，背景图像会跟随对象中包含的内容上下滚动。用户可以使用 background-attachment 属性定义背景图像在窗口内固定显示。用法如下：

```
background-attachment: fixed | local | scroll
```

取值说明如下。

background-attachment 属性的取值说明

取值	说明
fixed	背景图像相对于浏览器窗口固定
local	背景图像相对于元素内容固定
scroll	背景图像相对于元素固定

【例7-9】为<body>标签设置背景图片。当滚动浏览网页时，背景图片始终显示。 素材

step 1 创建 HTML5 文档，在<body>标签中输入以下代码：

```
<div id="box">
    <h1>人工智能 </h1>
    <h2>什么是人工智能</h2>
```

```
<pre>
人工智能(Artificial Intelligence)
英文缩写为 AI
……(参见素材)
</pre>
</div>
```

step 2 在<head>标签内添加<style type="text/css">标签，定义内部样式表。设计网页背景图像并固定显示：

```
<style type="text/css">
body {
    background-image: url(images/bg-2.png);
    background-repeat: no-repeat;
    background-position: left center;
    background-attachment: fixed;
    height: 1200px; }
#box {
    float:right;
    width:400px;
}
</style>
```

在浏览器中预览网页，效果如下。

7.3 渐变背景

W3C 于 2010 年 11 月正式支持渐变背景，背景图像也可以定义为渐变背景，包括线性渐变和径向渐变两种类型。

7.3.1 线性渐变与重复线性渐变

1. 线性渐变

创建线性渐变时，至少需要两个颜色，也可以选择设置起点或渐变方向，用法如下：

linear-gradient(angle,color-stop1,color-stop2,…)

参数说明如下。

线性渐变的参数说明

参数	说明
angle	渐变方向，取值为角度或关键字，关键字包括以下 4 个。 ▶ to left：设置从右到左渐变，相当于 270deg。 ▶ to right：设置从左到右渐变，相当于 90geg。 ▶ to top：设置从下到上渐变，相当于 0deg。 ▶ to bottom：设置从上到下渐变，相当于 180deg(此为默认值)。
color-stop	指定渐变的色点，包括颜色值和起点位置，颜色的起点位置以空格分隔。起点位置可以为长度值(不可为负值)，也可以为百分比值。如果是百分比值，可参考渐变对象的尺寸，但最终会被转换为具体的长度值

【例 7-10】为网页设计渐变背景。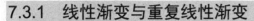

step 1 创建 HTML5 文档，在<body>标签中输入以下代码：

```
<div class="box">
    <h1>CSS3 文本模块概述</h1>
    <p>CSS3 规范从起草到发布经历了漫长的演化过程，前后制定了 3 个主要版本的工作草案。最新版本的文本模块，与 2003 年的版本相比有了较大的改动。为了方便参考和学习，下面简单介绍 CSS3 新增的文本属性。</p>
    <p class="right">更多<a href="http://www.w3.org/TR/css3-text">参考内容</a></p>
</div>
```

step 2 在<head>标签内添加<style type="text/css">标签，定义内部样式表。在内部样式表中设计线性渐变：

```
body {
    /*让渐变背景填满整个页面*/
    padding: 15em;
    margin: 0;
    background:
    -webkit-linear-gradient(#FF6666, #ffffff);
    background: -o-linear-gradient(#FF6666, #ffffff);
    background: -moz-linear-gradient(#FF6666, #ffffff);
    background: linear-gradient(#FF6666, #ffffff);
    filter:
    progid:DXImageTransform.Microsoft.Gradient(gradientType=0,
    startColorStr=#FF6666,
    endColorStr=#ffffff);
}
```

step 3 在内部样式表中，为标题添加背景图像并禁止平铺，然后固定在左侧的居中位置：

```
/* 定义标题样式 */
h1 {
    color: white;
    font-size: 18px;
    height: 45px;
    padding-left: 3em;
    line-height: 50px;
```

```
        border-bottom: solid 2px red;
        background: url(images/pe1.png) no-repeat
left center;
}
p { text-indent: 2em; }
```

在浏览器中预览网页,效果如下。

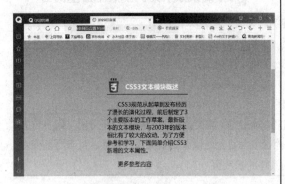

相同的线性渐变设计效果可以有不同的实现方法,例如:

▶ 设置从上到下覆盖默认值:

```
linear-gradient( to bottom #fff #333);
```

▶ 设置反向渐变从下到上,同时调整起止颜色位置:

```
linear-gradient( to top #fff #333);
```

▶ 使用角度值设置方向:

```
linear-gradient(180deg, #fff, #333);
```

▶ 明确起止颜色的具体位置:

```
linear-gradient(to bottom, #fff 0%,#333 100%)
```

以【例 7-10】创建的网页为例,将如下代码

```
body {
    background: linear-gradient(#FF6666,
#ffffff);
}
```

改为

```
body {
```

```
        background: linear-gradient(to bottom, #fff
0%,#333 100%);
}
```

在浏览器中预览网页,效果如下。

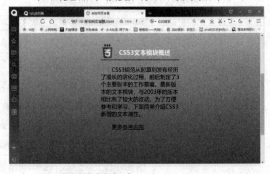

2. 重复线性渐变

使用 repeating-linear-gradient() 函数可以定义重复线性渐变,用法与 linear-gradient() 函数相同。

【例 7-11】为网页设计渐变背景。 素材

step 1 创建 HTML5 文档,在<body>标签中输入以下代码:

```
<div id="demo"></div>
```

step 2 在 <head> 标签内添加 <style type="text/css">标签,定义内部样式表。使用重复线性渐变创建对角条纹背景:

```
<style type="text/css">
#demo {
    height:600px;
    width: 500px;
    background:
    repeating-linear-gradient(60deg, #cc1, #cd6 5%, #ff6 0, #f17 10%);
}
</style>
```

在浏览器中预览网页,效果如左下图所示。

第 7 章　CSS3 图像样式

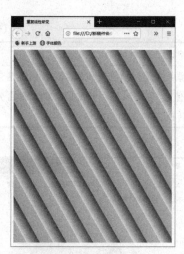

在内部样式表中将以下代码

```
#demo {
    repeating-linear-gradient(60deg, #cc1, #cd6 5%, #ff6 0, #f17 10%);
}
```

改为

```
#demo {
    background: repeating-linear-gradient(#f00, #00f 10%, #f00 30%);
}
```

效果将如上图所示。
也可改为

```
#demo {
    background:
    repeating-linear-gradient(115deg, #cc0, #ff0 20px, #eee 50px);
}
```

效果将如下图所示。

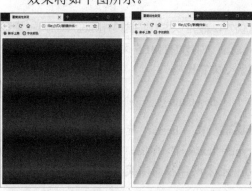

7.3.2　径向渐变与重复径向渐变

1．径向渐变

创建径向渐变时至少需要定义两个颜色，同时可以指定渐变的中心点位置、形状类型（圆形或椭圆形）和半径大小。用法如下：

radial-gradient(shape size at position, color-stop1, color-stop2,......);

参数说明如下表所示：

径向渐变的参数说明

参　　数	说　　明
shape	用于指定渐变的类型，包括 circle(圆形)和 ellipse(椭圆)两种
size	如果渐变类型为 circle，就指定一个值来设置圆的半径；如果渐变类型为 ellipse，就指定两个值来分别设置椭圆的 x 轴和 y 轴半径。取值包括长度值、百分比、关键字，其中关键字的说明如下。 ▶ closest-side：指定径向渐变的半径长度为从中心点到最近的边。 ▶ closest-corner：指定径向渐变的半径长度为从中心点到最近的角。 ▶ farthest-side：指定径向渐变的半径长度为从中心点到最远的边。 ▶ farthest-corner：指定径向渐变的半径长度为从中心点到最远的角。
position	用于指定中心点的位置。如果提供两个参数，那么第 1 个表示 x 轴坐标，第 2 个表示 y 轴坐标；如果只提供一个参数，那么第 1 个默认为 50%

(续表)

参　数	说　明
color-stop	用于指定渐变的色点，包括颜色值和起点位置，颜色值和起点位置以空格分隔。起点位置可以为具体的长度值(不可为负值)，也可以是百分比值。如果是百分比值，可参考渐变对象的尺寸，但最终会被转换为具体的长度值

【例7-12】使用CSS3径向渐变制作圆形球体。素材

step 1 创建HTML5文档，在<body>标签中输入以下代码：

```
<div></div>
```

step 2 在<head>标签内添加<style type="text/css">标签，定义内部样式表。为div元素设计径向渐变：

```
<style type="text/css">
* {
    margin: 0;
    padding: 0;
}
div {
    width: 200px;
    height: 200px;
    border-radius: 100%;
    margin: 30px auto;
    background-image:
    -webkit-radial-gradient(8em circle at top,
        hsla(220,89%,100%,1),
        hsla(30,60%,60%,.9));
    background-image: radial-gradient(8em
        circle at top, hsla(210,89%,100%,1),
        hsla(330,60%,60%,.9));
}
</style>
```

在浏览器中预览网页，效果将如右上图所示。相同的径向渐变设计效果，还可以有其他不同的实现方法。例如：

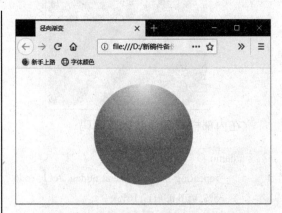

▶ 设置径向渐变的形状类型，默认值为ellipse。

```
background: radial-gradient(ellipse, red, blue, yellow);
```

▶ 设置径向渐变的中心点坐标，默认为对象中心点。

```
background: radial-gradient(ellipse at center 50%, red, blue, yellow);
```

▶ 设置径向渐变的大小，例如定义填充整个对象。

```
background: radial-gradient(farthest-corner, red, green, blue);
```

2. 重复径向渐变

使用 repeating-radial-gradient()函数可以定义重复线性渐变，用法与 radial-gradient()函数相同。

【例7-13】设计重复显示的径向渐变。素材

step 1 创建HTML5文档，在<body>标签中输入以下代码：

```
<div id="demo"></div>
```

step② 在<head>标签内添加<style type="text/css">标签，定义内部样式表。

```
<style type="text/css">
#demo {
    height:200px;
    background: -webkit-repeating-radial-gradient(red, #fff 10%, #cc1 15%);
    background: -o-repeating-radial-gradient(red, #fff 10%, #cc1 15%);
    background: -moz-repeating-radial-gradient(red, #fff 10%, #cc1 15%);
    background: repeating-radial-gradient(red, #fff 10%, #cc1 15%);
}
</style>
```

在浏览器中预览网页，效果将如下面的左图所示。使用径向渐变同样可以创建条纹背景，方法与线性渐变类似，将上面的内部样式表修改为：

```
#demo {
    height:200px;
    background: -webkit-repeating-radial-gradient(center bottom, circle, red, blue 20px, yellow 20px, #d8ffe7 40px);
    background: -o-repeating-radial-gradient(center bottom, circle, red, blue 20px, yellow 20px, #d8ffe7 40px);
    background: -moz-repeating-radial-gradient(center bottom, circle, red, blue 20px, yellow 20px, #d8ffe7 40px);
    background: repeating-radial-gradient(circle at center bottom, red, blue 20px, yellow 20px, #d8ffe7 40px);
}
</style>
```

此时，在浏览器中预览网页，效果将如下面的右图所示。

7.4 案例演练

本章的案例演练部分将主要通过实例介绍使用 CSS3 设计渐变图像效果的技巧。

【例 7-14】定义简单的条纹背景。 素材

如果为多个色点设置相同的起点位置，它们将产生从一种颜色到另一种颜色的急剧转换。这样可以在网页中设计出条纹背

景效果。

step 1 创建 HTML5 文档，输入以下代码：

```html
<!doctype html>
<html>
<head>
<meta charset="utf-8">
<title>定义条纹背景</title>
<style type="text/css">
    #demo {
      height: 200px;
      background: linear-gradient(#2cc 50%, #c2c 50%);
    }
</style>
</head>
<body>
<div id="demo"></div>
</body>
</html>
```

在浏览器中预览网页，效果如下。

step 2 利用背景的重复机制，可以设计出更多的条纹。例如，将内部样式表修改为：

```html
<style type="text/css">
    #demo {
     height: 200px;
     background: linear-gradient(#2cc 50%,
         #c2c 50%);
     background-size: 100% 25%;   /*定义单
         个条纹仅显示高度的四分之一*/
    }
```

</style>

在浏览器中预览网页，效果如下。

step 3 要想每个条纹的高度不同，只要改变比例即可。例如，将内部样式表修改为：

```html
<style type="text/css">
    #demo {
     height: 200px;
     background: linear-gradient(#2cc 80%,
         #c2c 0%); /*定义每个条纹位置占比*/
     background-size: 100% 25%;
    }
</style>
```

在浏览器中预览网页，效果如下。

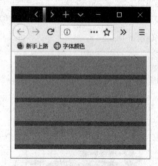

step 4 参考以下代码，设计多色条纹背景：

```html
<style type="text/css">
    #demo {
     height: 200px;
     background: linear-gradient(#2cc 33%,
         #c2c 0%, #cf1 66%, #565 0);
     background-size: 100% 30%;
    }
</style>
```

第 7 章 CSS3 图像样式

在浏览器中预览网页，效果如下。

step 5 参考以下代码，设计密集条纹效果：

```
<style type="text/css">
    #demo {
      height: 200px;
      background: linear-gradient(#fff 3px, #1c1
        1px);
      background-size: 20% 10px;
    }
</style>
```

在浏览器中预览网页，效果如下。

step 6 参考右上方代码，只需要转换宽和高的设置方式，即可设计垂直条纹背景：

```
<style type="text/css">
    #demo {
      height: 200px;
      background: linear-gradient(to right, #ccc
        50%, #111 0);
      background-size: 50% 100%;
    }
</style>
```

在浏览器中预览网页，效果如下。

【例 7-15】参考以下代码设计渐变边框。 素材

```
<!doctype html>
<html>
<head>
<meta charset="utf-8">
<title>定义渐变边框</title>
<style type="text/css">
div {
    width: 400px;
    height: 200px;
    margin: 30px;
    border: solid #000 50px;
    -webkit-border-image: -webkit-linear-gradient(#fff, #111 60%, #fff) 50;
    -o-border-image: -o-linear-gradient(#fff, #111 60%, #fff) 50;
    -moz-border-image: -moz-linear-gradient(#fff, #111 60%, #fff) 50;
```

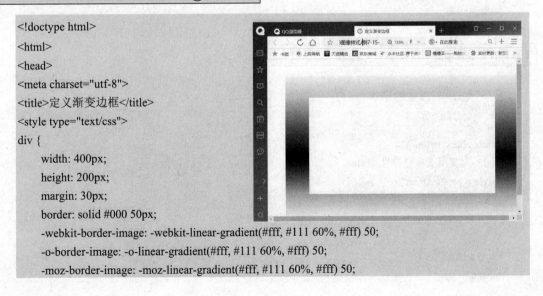

139

```
    border-image: linear-gradient(#fff, #111 60%, #fff) 50;
}
</style>
</head>
<body><div></div></body>
</html>
```

【例 7-16】 参考以下代码设计渐变填充。

```
<!doctype html>
<html>
<head>
<meta charset="utf-8">
<title>定义渐变填充色</title>
<style type="text/css">
.div1 {
    width: 400px;
    height: 200px;
    border: 10px solid #ccc;
}
.div1:before {
    content: -webkit-radial-gradient(right bottom, farthest-side, yellow, #f99 160px, #005);
    content: -o-radial-gradient(right bottom, farthest-side, yellow, #f99 160px, #005);
    content: -moz-radial-gradient(right bottom, farthest-side, yellow, #f99 160px, #005);
    content: radial-gradient(farthest-side at right bottom, yellow, #f99 160px, #005);
}
</style>
</head>
<body><div class="div1"></div></body>
</html>
```

【例 7-17】 设计渐变项目符号。

```
<!doctype html>
<html>
<head>
<meta charset="utf-8">
<title>定义渐变项目符号</title>
<style type="text/css">
ul {
    list-style-image: linear-gradient(red 50%, blue 50%);
}
</style>
</head>
```

```
<body>
<ul>
    <li>max-width</li>
    <li>min-width</li>
    <li>min-height</li>
    <li>max-height</li>
</ul>
</body>
</html>
```

【例7-18】设计密集点背景。

```
<!doctype html>
<html>
<head>
<meta charset="utf-8">
<title>密集点背景</title>
<style type="text/css">
html, body{ height:100%;}
body {
    background-color: #80807B;
    background-image:
        -webkit-radial-gradient(black 15%, transparent 16%),
        -webkit-radial-gradient(black 15%, transparent 16%),
        -webkit-radial-gradient(rgba(255, 255, 255, 0.1) 15%, transparent 20%),
        -webkit-radial-gradient(rgba(255, 255, 255, 0.1) 15%, transparent 20%);
    background-image:
        radial-gradient(black 15%, transparent 16%),
        radial-gradient(black 15%, transparent 16%),
        radial-gradient(rgba(255, 255, 255, 0.1) 15%, transparent 20%),
        radial-gradient(rgba(255, 255, 255, 0.1) 15%, transparent 20%);
    background-position:
        0 0px,
        8px 8px,
        0 1px,
        8px 9px;
    background-size: 16px 16px;
}
</style>   </head>
<body></body>
</html>
```

【例7-19】定义动态按钮效果。

```
<!doctype html>
```

```html
<html>
<head>
<meta charset="utf-8">
<title>定义动态按钮</title>
<style type="text/css">
.button {
    -moz-box-shadow:inset 0px 1px 0px 0px #ffffff;
    -webkit-box-shadow:inset 0px 1px 0px 0px #ffffff;
    box-shadow:inset 0px 1px 0px 0px #ffffff;
    background:-webkit-gradient(linear, left top, left bottom, color-stop(0.05, #222), color-stop(1, #dfdfdf));
    background:-moz-linear-gradient(top, #222 5%, #dfdfdf 100%);
    background:-webkit-linear-gradient(top, #222 5%, #dfdfdf 100%);
    background:-o-linear-gradient(top, #222 5%, #dfdfdf 100%);
    background:-ms-linear-gradient(top, #222 5%, #dfdfdf 100%);
    background:linear-gradient(to bottom, #222 5%, #dfdfdf 100%);
    filter:progid:DXImageTransform.Microsoft.gradient(startColorstr='#222',
    endColorstr='#dfdfdf',GradientType=0);
    background-color:#222;
    -moz-border-radius:6px;
    -webkit-border-radius:6px;
    border-radius:6px;border:1px solid #dcdcdc;display:inline-block;
    cursor:pointer; color:#777777; font-family:arial;
    font-size:16px; font-weight:bold; padding:12px 26px;
    text-decoration:none; text-shadow:0px 1px 0px #fff;
}
.button:hover {
    background:-webkit-gradient(linear, left top, left bottom, color-stop(0.05, #dfdfdf), color-stop(1, #ededed));
    background:-moz-linear-gradient(top, #dfdfdf 5%, #ededed 100%);
    background:-webkit-linear-gradient(top, #dfdfdf 5%, #ededed 100%);
    background:-o-linear-gradient(top, #dfdfdf 5%, #ededed 100%);
    background:-ms-linear-gradient(top, #dfdfdf 5%, #ededed 100%);
    background:linear-gradient(to bottom, #dfdfdf 5%, #ededed 100%);
    filter:progid:DXImageTransform.Microsoft.gradient(startColorstr='#dfdfdf',
    endColorstr='#ededed',GradientType=0);
    background-color:#dfdfdf;
}
.button:active {
    position:relative;
    top:1px;
```

```
}
</style>
</head>
<body><a href="#"   class="button">下一步</a></body>
</html>
```

【例7-20】设计单击后翻转渐变的按钮。

```
<!doctype html>
<html>
<head>
<meta charset="utf-8">
<title>立体按钮</title>
<style type="text/css">
.icon {
    width: 60px;
    height: 60px;
    display:inline-block;
    border: none;
    border-radius: 50%;
    box-shadow: 0 1px 5px rgba(255,255,255,.5) inset, 0 -2px 5px rgba(0,0,0,.3) inset, 0 3px 8px rgba(0,0,0,.8);
    background: -webkit-radial-gradient( circle at top center, #f28fb8, #e982ad, #ec568c);
    background: radial-gradient(circle at top center, #fff, #666, #fff);
    font-size: 32px;
    color: #000;
    text-align:center;
    line-height:60px;
    text-shadow: 0 3px 10px #a1a1a1, 0 -3px 10px #111;
}
</style>
</head>
<body>
<div class="icon">A</div>
<span class="icon">B</span>
<p class="icon">C</p>
</body>
</html>
```

【例7-21】设计纹理图案。

step 1 创建HTML5文档，在<body>标签中输入以下代码，构建网页结构：

```
<div class="patterns pt1"></div>
```

step 2 在<head>标签内添加<style type="text/css">标签，设计内部样式表：

```
.patterns {
    width: 200px;
    height: 200px;
    float: left;
    margin: 10px;
    box-shadow: 0 1px 8px #666;
}
```

step 3 定义以下纹理样式(第一个为基本类样式，第二个为配色类样式)：

```
.pt1 {
    background-size: 50px 50px;
    background-color: #666;
    background-image:
    -webkit-linear-gradient(#bbb 50%,
        transparent 50%, transparent);
    background-image: linear-gradient(#bbb
        50%, transparent 50%, transparent);
}
```

此时，在浏览器中预览网页，效果如下。

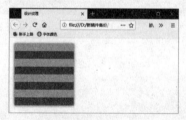

step 4 在<body>标签中添加如下代码：

```
<div class="patterns pt2"></div>
```

step 5 在内部样式表中相应地定义以下纹理样式：

```
.pt2 {
    background-size: 50px 50px;
    background-color: #666;
    background-image:
    -webkit-linear-gradient(0deg, #bbb 50%,
        transparent 50%, transparent);
    background-image: linear-gradient(0deg,
        #bbb 50%, transparent 50%, transparent);
}
```

在浏览器中预览网页，效果如下。

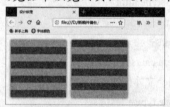

step 6 在<body>标签中添加如下代码：

```
<div class="patterns pt3"></div>
```

step 7 在内部样式表中相应地定义以下纹理样式：

```
.pt3 {
    background-size: 50px 50px;
    background-color: white;
    background-image:
    -webkit-linear-gradient(to top, transparent
        50%, #333 50%, #333),
    -webkit-linear-gradient(to left, transparent
        50%, #111 50%, #111);
    background-image: linear-gradient(to top,
        transparent 50%, #bbb 50%, #bbb),
    linear-gradient(to left, transparent 50%,
        #bbb 50%, #bbb);
}
```

在浏览器中预览网页，效果如下。

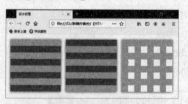

step 8 在<body>标签中添加如下代码：

```
<div class="patterns pt4"></div>
```

step 9 在内部样式表中相应地定义以下纹理样式：

```
.pt4 {
    background-size: 50px 50px;
    background-color: #fff;
    background-image:
    -webkit-linear-gradient(45deg, #bbb 25%,
        transparent 25%, transparent 50%, #bbb
        50%, #bbb 75%, transparent 75%,
        transparent);
    background-image: linear-gradient(45deg,
        #bbb 25%, transparent 25%, transparent
        50%, #bbb 50%, #bbb 75%, transparent
        75%, transparent);
}
```

在浏览器中预览网页，效果如下。

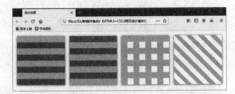

step 10 在<body>标签中添加如下代码：

`<div class="patterns pt5"></div>`

step 11 在内部样式表中相应地定义以下纹理样式：

```
.pt5 {
    background-color: #eee;
    background-size: 60px 60px;
    background-position: 0 0, 30px 30px;
    background-image:
    -webkit-linear-gradient(45deg, #666 25%,
        transparent 25%, transparent 75%, #666
        75%, #666),
    -webkit-linear-gradient(45deg, #666 25%,
        transparent 25%, transparent 75%, #666
        75%, #666);
    background-image: linear-gradient(45deg,
```

#666 25%, transparent 25%, transparent 75%, #666 75%, #666),
linear-gradient(45deg, #666 25%, transparent 25%, transparent 75%, #666 75%, #666);
}

在浏览器中预览网页，效果如下。

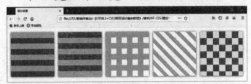

step 12 在<body>标签中添加如下代码：

`<div class="patterns pt6"></div>`

step 13 在内部样式表中相应地定义以下纹理样式：

```
.pt6 {
    background-color: #ff1;
    background-image:
    -webkit-radial-gradient(circle at 0% 50%,
        rgba(96, 16, 48, 0) 9px, #661133 10px,
        rgba(96, 16, 48, 0) 11px),
    -webkit-radial-gradient(circle at 100%
        100%, rgba(96, 16, 48, 0) 9px, #661133
        10px, rgba(96, 16, 48, 0) 11px), none;
    background-image: radial-gradient(circle at
        0% 50%, rgba(96, 16, 48, 0) 9px,
        #661133 10px, rgba(96, 16, 48, 0) 11px),
        radial-gradient(circle at 100% 100%,
        rgba(96, 16, 48, 0) 9px, #661133 10px,
        rgba(96, 16, 48, 0) 11px), none;
    background-position: 0 10px, 0 0%, 0 0;
    background-size: 20px 20px;
}
```

在浏览器中预览网页，效果如下。

HTML5+CSS3 网页设计案例教程

【例7-22】设计网站优惠券。 素材

step 1 创建 HTML5 文档，在<body>标签中输入以下代码，构建网页结构：

```
<div class="stamp stamp_yellow">
    <div class="par">
        <p>宋钱之美</p>
        <sub class="sign">￥</sub>
        <span>75.00</span>
        <sub>优惠券</sub>
        <p>订单满 2000.00 元</p>
    </div>
    <div class="copy">副券
        <p>2028-06-01<br>
        2028-06-18</p>
        <a href="#">立即使用</a></div>
    <i></i></div>
```

step 2 在<head>标签内添加<style type="text/css">标签，设计内部样式表：

```
<style type="text/css">
/*通用类样式*/
.stamp {
    width: 387px;
    height: 160px;
    padding: 0 10px;
    position: relative;
    overflow: hidden;
}
.stamp:before {
    content: ''; position: absolute;
    top: 0; bottom: 0;
    left: 10px; right: 10px; z-index: -1;
}
.stamp:after {
    content: '';
    position: absolute;
    left: 10px;
    top: 10px;
    right: 10px;
```

```
    bottom: 10px;
    box-shadow: 0 0 20px 1px rgba(0, 0, 0, 0.5);
    z-index: -2;
}
.stamp i {
    position: absolute;
    left: 20%;
    top: 45px;
    height: 190px;
    width: 390px;
    background-color: rgba(255,255,255,.15);
    transform: rotate(-30deg);
}
.stamp .par {
    float: left;
    padding: 16px 15px;
    width: 220px;
    border-right: 2px dashed
    rgba(255,255,255,.3);
    text-align: left;
}
.stamp .par p { color: #fff; margin:6px 0; }
.stamp .par span {
    font-size: 50px;
    color: #fff;
    margin-right: 5px;
}
.stamp .par .sign { font-size: 34px; }
.stamp .par sub {
    position: relative;
    top: -5px;
    color: rgba(255,255,255,.8);
}
.stamp .copy {
    display: inline-block;
    padding: 21px 14px;
    width: 100px;
    vertical-align: text-bottom;
    font-size: 30px;
    color: rgb(255,255,255);
```

第7章 CSS3图像样式

```css
    padding: 10px 6px 10px 12px;
    font-size: 24px;
}
.stamp .copy p {
    font-size: 13px;
    margin-top: 12px;
    margin-bottom: 16px;
}
.stamp .copy a {
    background-color: #fff;
    color: #333;
    font-size: 14px;
    text-decoration: none;
    text-align:center;
    padding: 5px 10px;
    border-radius: 4px;
    display: block;
}
/*设计风格*/
.stamp_yellow {
    background: #c11;
    background: radial-gradient(rgba(0, 0, 0, 0) 0, rgba(0, 0, 0, 0) 5px, #c11 5px);
    background-size: 15px 10px;
    background-position: 19px 2px;
}
.stamp_yellow:before {
    background-color: #c11;
}
</style>
```

在浏览器中预览网页，效果如下。

【例7-23】在栏目右上角设计折角效果。素材

step 1 创建 HTML5 文档，在<body>标签中输入以下代码，构建网页结构：

```html
<div class="box">
    <h1>人工智能</h1>
    <p>人工智能(Artificial Intelligence)，英文缩写为 AI。它是研究、开发用于模拟、延伸和扩展人的智能的理论、方法、技术及应用系统的一门新的技术科学。</p>
    <p class="right">更多<a href="https://baike.baidu.com/item/人工智能/9180?fr=aladdin" target="_blank">详细内容</a></p>
</div>
```

step 2 在<head>标签内添加<style type="text/css">标签，设计内部样式表：

```html
<style type="text/css">
.box {
    background: linear-gradient(-135deg, transparent 35px, #666 35px);
    color: #fff;
    padding: 12px 26px;
}
</style>
```

在浏览器中预览网页，效果如下。

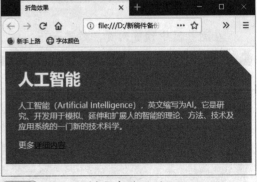

step 3 将内部样式表修改为：

```html
<style type="text/css">
.box {
```

```
    background: linear-gradient(-135deg, #f00
30px, #666 30px, #666 32px);
    color: #fff;
    padding: 12px 26px;
}
</style>
```

在浏览器中预览网页,效果如下。

step ④ 将内部样式表修改为:

```
<style type="text/css">
body { background:#ccc;}
.box {
    background: linear-gradient(-135deg, red
30px, #fff 30px, #666 32px);
    color: #fff;
    padding: 12px 26px;
    box-shadow: 0 0 1px 1px #fff inset;
}
</style>
```

在浏览器中预览网页,效果如下。

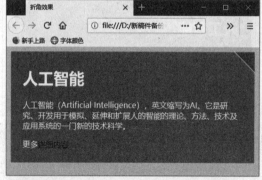

step ⑤ 将内部样式表修改为:

```
<style type="text/css">
body { background: #ccc; }
.box {
    background: #666;
    color: #fff;
    padding: 12px 24px;
    position: relative;
    border: 1px solid    #fff;
}
.box:before {
    content: '';
    border: solid transparent;
    position: absolute;
    border-width: 30px;
    border-top-color: #fff;
    border-right-color: #fff;
    right: 0px;
    top: 0px;
}
.box:after {
    content: '';
    border: solid transparent;
    position: absolute;
    border-width: 30px;
    border-top-color: #ccc;
    border-right-color: #ccc;
    top: -1px; right: -1px;
}
</style>
```

在浏览器中预览网页,效果如下。

第 8 章

CSS3 盒子模型

在 CSS 中，盒子模型(Box Model，简称"盒模型")这一术语常常在构建网页布局时使用。CSS 盒模型在本质上是将所有 HTML 元素看作盒子，用以封装周围的 HTML 元素(包括边距、边框、填充和实际内容)。盒模型允许网页设计人员在元素和周围元素的边框之间的空间内放置元素，是 CSS 的基础。

CSS3 规范增加了 UI 模块，用以控制与用户界面相关效果的呈现方式，详情可参阅 http://www.w3.org/TR/css3-ui/。UI 模块改善了传统盒模型的结构，增强了盒子构成要素的功能。本章将对这些新增的属性和功能进行详细介绍。

8.1 显示方式

CSS3 定义了 box-sizing 属性，该属性能够事先定义盒模型的尺寸解析方式。box-sizing 属性的基本语法如下：

box-sizing : content-box | border-box | inherit;

box-sizing 属性的初始值为 content-box，适用于所有能够定义宽度和高度的元素。取值说明如下表所示。

box-sizing 属性的取值说明

取值	说明
content-box	用于维持 CSS 2.1 盒模型的组成模式：width/height=border+padding+content
border-box	用于重新定义 CSS 2.1 盒模型的组成模式：width/height=content

【例 8-1】设计一个三行两列的网页模板，通过定义显示方式，使其中的栏目可以浮动显示。素材

step 1 创建 HTML5 文档，在 <head> 标签内添加 <style type="text/css"> 标签，定义如下内部样式表：

```
<style type="text/css">
* {
    margin: 0;
    padding: 0;
}
.wrapper {/*页面包含框样式：固定宽度、居中显示*/
    width: 960px;
    margin-left: auto;
    margin-right: auto;
    color: #fff;
    font-size: 30px;
    text-align: center;
}
#header {/*标题栏样式：100%宽度，增加边界、补白和边框*/
    height: 100px;
    width: 100%;
    margin-bottom: 10px;
    background: hsla(31,71%,67%,1.00);
    box-sizing: border-box;
    border:10px solid red;
}
.sidebar {/*侧栏样式：向左浮动，宽度固定，增加边界、补白和边框*/
    float: left;
    width: 220px;
    margin-right: 20px;
    margin-bottom: 10px;
    height: 300px;
    background: hsla(359,50%,60%,1.00);
    box-sizing: border-box;
    border:10px solid red;
}
.content {/*侧栏样式：向左浮动，宽度固定，增加边界、补白和边框*/
    float: left;
    width: 720px;
    height: 300px;
    background: hsla(230,65%,62%,1.00);
    margin-bottom: 10px;
    border:10px solid red;
    box-sizing: border-box;
}
#footer{/*侧栏样式：100%宽度，增加边界、补白和边框*/
```

```
            width: 100%;
            clear: both;
            border:10px solid red;
            padding: 10px;
        ▶   box-sizing: border-box;
            background: hsla(31,71%,67%,1.00);
        }
    </style>
```

step 2 在<body>标签中输入如下代码：

```
<body>
    <div class="wrapper">
        <div id="header">导航栏</div>
        <div class="sidebar">侧边栏</div>
        <div class="content">主要内容</div>
        <div id="footer">页脚栏</div>
    </div>
</body>
```

step 3 在浏览器中预览网页，效果如下。

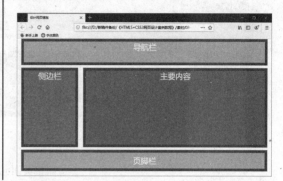

8.2 可控大小

为了增强用户体验，CSS3 增加了很多新的属性，其中一个重要的属性是 resize，它允许用户通过拖动的方式改变元素的尺寸，目前主要用于可以使用 overflow 属性的任何容器元素。

resize 属性的基本语法如下：

resize : none | both | horizontal | vertical | inherit;

resize 属性的初始值为 none，适用于所有 overflow 属性不为 visible 的元素。取值说明如下表所示。

resize 属性的取值说明

取 值	说 明
none	浏览器不提供尺寸调整机制，用户不能调节元素的尺寸
both	浏览器提供双向尺寸调整机制，允许用户调节元素的宽度和高度
horizontal	浏览器提供单向水平尺寸调整机制，允许用户调节元素的宽度
vertical	浏览器提供单向垂直尺寸调整机制，允许用户调节元素的高度
inherit	默认继承

【例 8-2】演示使用 resize 属性设计可以自由调整大小的图片。 素材

step 1 创建 HTML5 文档，在<head>标签内添加<style type="text/css">标签，定义如下内部样式表：

```
<style type="text/css">
#resize {
```

```
/*以背景方式显示图像*/
background: url("images/tp.png") no-repeat
    center;
/*设计背景图像仅在内容区域显示*/
background-clip: content;
/*设计元素的最小和最大显示尺寸*/
width: 200px;height: 120px;
max-width: 800px;max-height: 600px;
```

```
            padding: 6px;border: 1px solid red;
        /*定义 overflow 和 resize，否则 resize 声明无效*/
            resize: both;
            overflow: auto;
        }
    </style>
```

step 2 在<body>标签中输入如下代码：

```
<div id="resize"></div>
```

step 3 在浏览器中预览网页，效果如下图所示。使用鼠标拖动图片边缘，可以调整页面中的图片的大小。

调整页面元素的大小

8.3 内容溢出

使用 text-overflow 属性可以设置文本溢出时的显示方式。基本语法如下：

text-overflow : clip | ellipsis

text-overflow 属性的取值说明如下表所示。

text-overflow 属性的取值说明

取值	说明
clip	当内联内容溢出块容器时，将溢出部分剪切掉(默认值)
ellipsis	当内联内容溢出块容器时，将溢出部分替换为...

【例 8-3】演示使用 text-overflow 属性避免列表中的内容溢出时超出版块或自动换行。 素材

添加<style type="text/css">标签，定义如下内部样式表：

step 1 创建 HTML5 文档，在<head>标签内

```
<style type="text/css">
dl {
    width: 400px;border: solid 1px #ccc;
}
dt {
    padding: 8px 8px;background: #7fecad url("images/bj.png") repeat-x;
    font-size: 13px;text-align: left;font-weight: bold;
    color:blue;margin-bottom: 12px;border-bottom: solid 1px #efefef;
}
dd {
    /*为添加项目符号空出空间*/
```

```
    padding: 2px 2px 2px 18px;
/*以背景方式添加项目符号*/
    background: url("images/icon.png") no-repeat 1px 40%;
/*为应用 text-overflow 作准备，禁止换行*/
    white-space: nowrap;
/*为应用 text-overflow 作准备，禁止文本溢出显示*/
    overflow: hidden;
    -o-text-overflow:ellipsis;              /*兼容 Opera 浏览器*/
    text-overflow: ellipsis;                /*兼容 IE、Safari 浏览器*/
    -moz-binding:url('images/ellipsis.xml#ellipsis');   /*兼容 Firefox 浏览器*/
}
</style>
```

step 2 在<body>标签中输入如下代码：

```
<body>
<dl>
    <dt>定义搜索引擎的关键字，应注意：
    </dt>
     <dd>不同的关键字之间，应用半角逗号隔开(英文输入状态下)，不要使用空格或"|"进行间隔；</dd>
     <dd>是 keywords，而不是 keyword；</dd>
     <dd>关键字标签中的内容应该是一个个的短语，而不是一段话。</dd>
</dl>
</body>
```

step 3 在浏览器中预览网页，效果如下。

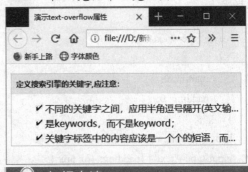

> **知识点滴**
> 最新修订的 W3C 规范放弃了对 text-overflow 属性的支持。因此，建议慎重使用该属性。

8.4 轮廓线

轮廓线与边框线不同，轮廓线不占用布局空间，并且不一定为矩形。轮廓线属于动态样式，只有当对象获取焦点或被激活时才会呈现出来。

使用 outline 属性可以定义块元素的轮廓线。该属性在 CSS 2.1 规范中已被明确定义，但是并未得到各主流浏览器的广泛支持。CSS3 增强了该属性。

在元素的周围绘制一条轮廓线，可以起到突出元素的作用。例如，可以在原本没有边框的 radio 单选按钮的外围加上一条轮廓线，使其在页面上显得更加突出；也可以在一组 radio 单选按钮中只对某个单选按钮加上轮廓线，使其有别于其他的单选按钮。

outline 属性的基本语法如下：

outline : <'outline-color'> || <'outline-style'> || <'outline-width'> || <'outline-offset'> | inherit

outline 属性的初始值可根据具体的元素而定，适用于所有元素。取值说明如下表所示。

HTML5+CSS3 网页设计案例教程

outline 属性的取值说明

属　　性	说　　明
<'outline-color'>	定义轮廓线的颜色
<'outline-style'>	定义轮廓线的样式
<'outline-width'>	定义轮廓线的宽度
<'outline-offset'>	定义轮廓线的偏移位置
inherit	默认继承

【例 8-4】演示使用 outline 属性设计用户登录界面，当其中的文本框获得焦点时，在其周围显示一条轮廓线。

素材

step 1　创建 HTML5 文档，在<head>标签内添加<style type="text/css">标签，定义如下内部样式表：

```
<style type="text/css">
* {
    margin: 0;
    padding: 0;
}
body {text-align: center; }
input[type="text"] {padding: 4px 6px;}
#login {
    margin: 10px auto 10px;
    text-align: left;
}
fieldset {
    width: 230px;margin: 20px auto;
    font-size: 12px;padding: 8px 24px;
}
legend {
    font-weight: bold;
    font-size: 20px;
    margin-bottom: 12px;
}
label{
    width: 200px;height: 26px;
    line-height: 26px;text-indent: 6px;
    display: block;font-weight: bold;
}
```

```
#name, #password {
    border: 1px solid #ccc;
    width: 160px;
    height: 22px;
    margin-left: 6px;
    padding-left: 28px;
    line-height: 20px;
}
#name {background: url("images/name.png")
    no-repeat 2px center;}
#password {
    background: url("images/password.png")
    no-repeat 2px center;
}
.button_div {
    text-align: center;
    margin: 6px auto;
}
/*设计表单中的文本框在被激活和获取焦点状态时轮廓线的线宽、样式和颜色*/
input[type="text"]:focus {
    outline: thick solid hsla(359,47%,51%,1.00)
}
input[type="text"]:active {
    outline: thick solid hsla(229,67%,54%,1.00)
}
</style>
```

step 2　在<body>标签中输入以下代码，然后在浏览器中预览网页，将光标置于页面中的【昵称】或【密码】文本框中，在文本框的周围将显示一条粗的轮廓线。

```
<body>
<form action="" method="post" class="form" id="login">
  <fieldset>
    <legend>登录</legend>
    <label for="name">昵称</label>
        <div><input name="name" type="text" id="name" value=""></div>
    <label for="password">密码</label>
        <div><input name="password" type="text" id="password" value=""></div>
        <div class="button_div"><input type="image" src="images/login.png"></div>
  </fieldset>
</form>
</body>
```

文本框周围的轮廓线

8.5 圆角边框

使用 CSS3 的 border-radius 属性可以设计圆角边框样式。基本语法如下：

border-radius : [<length> | <percentage>] {1,4} [/ [<length> | <percentage>] {1,4}]?

border-radius 属性的取值说明如下表所示。

border-radius 属性的取值说明

取值	说明
<length>	用长度值设置对象的圆角半径(不允许为负值)
<percentage>	用百分比设置对象的圆角半径(不允许为负值)

border-radius 属性还派生了以下 4 个子属性。

▶ border-top-right-radius：定义右上角的圆角。

▶ border-bottom-right-radius：定义右下角的圆角。

▶ border-bottom-left-radius：定义左下角的圆角。

▶ border-top-left-radius：定义左上角的圆角。

【例 8-5】演示使用 border-radius 属性在网页中设计圆形、椭圆和圆角矩形效果的图片。素材

step 1 创建 HTML5 文档，在<head>标签内添加<style type="text/css">标签，定义如下内

部样式表：

```
<style type="text/css">
img {
    border: solid 1px red;
    -moz-border-radius: 50%;
    -webkit-border-radius: 50%;
    border-radius: 50%;
}
.r1 {
    width: 300px;
    height: 300px;
}
.r2 {
    width: 300px;
    height: 200px;
}
.r3 {
    width: 200px;
    height: 150px;
    border-radius: 20px;
}
</style>
```

step 2 在<body>标签中输入如下代码：

```
<body>
    <img class="r1" src="images/tp.png"
        title="圆角图像">
    <img class="r2" src="images/tp.png"
        title="椭圆图像">
    <img class="r3" src="images/tp.png"
        title="圆形图像">
</body>
```

step 3 在浏览器中预览网页，效果如下。

知识点滴

border-radius 属性不允许圆角彼此重叠，当相邻两个圆角的半径之和大于元素的宽度或高度时，在浏览器中会呈现椭圆或正圆效果。

8.6 图像边框

使用 border-image 属性能够通过模拟 background-image 属性来定义图像边框，用法如下：

border-image : < 'border-image-source '> || < 'border-image-slice '>[/< 'border-image-width '> | / 'border-image-width '>? /< 'border-image-outset '>]? || < ' border-image-repeat'>

border-image 属性的取值说明如下表所示。

border-image 属性的取值说明

属　　性	说　　明
< 'border-image-source'>	设置对象的边框图像的来源
< 'border-image-slice'>	设置边框图像的分割方式
< 'border-image-width'>	设置对象的边框图像的宽度
< 'border-image-outset'>	设置对象的边框图像的扩展方式
< ' border-image-repeat'>	设置对象的边框图像的平铺方式

【例8-6】演示使用 border-image 属性为网页设计图像边框。

```
<!doctype html>
<html>
<head>
<meta charset="utf-8">
<title>定义图像边框</title>
<style type="text/css">
div {
    height:260px;
    border:solid 18px;
    /*设置边框背景图像*/
    -webkit-border-image: url(images/border1.png) 27;
    -moz-border-image: url(images/border1.png) 27;
    -o-border-image: url(images/border1.png) 27;
    border-image: url(images/border1.png) 27;
}
</style>
</head>
<body>
<div></div>
</body>
</html>
```

border1.png

在浏览器中预览网页，效果如下。

以上代码使用了一幅 71px×71px 大小的图像，这幅图像被等分为右上图所示的方块，每个方块的大小都是 21px×21px。

border-image 包含多个子属性，具体说明如下。

border-image-repeat

border-image-repeat 子属性设置对象的边框图像的平铺方式，包括 stretch(拉伸填充)、repeat(平铺填充)、round(平铺填充，根据边框动态调整大小直至铺满整个边框)、space(平铺填充，根据边框动态调整图像间距直至铺满整个边框)。例如，如下代码中 border-image-repeat 为 round。

```
<style type="text/css">
div {
    height:260px;
    background:#ccc;
    border:solid 28px red;
    /*设置边框背景图像*/
    -webkit-border-image-source: url(images/border1.png);
    -moz-border-image-source: url(images/border1.png);
    -o-border-image-source: url(images/border1.png);
    border-image-source: url(images/border1.png);
    -webkit-border-image-repeat:round;
    -moz-border-image-repeat:round;
```

```
        -o-border-image-repeat:round;
        border-image-repeat:round;
}
</style>
```

border-image-width

border-image-width 子属性用于设置对象的边框图像的宽度。

border-image-slice

border-image-slice 子属性用于设置对象的边框图像的分割样式。例如，如下代码中 borer-image-slice 为 10。

```
<style type="text/css">
div {
    height:260px;
    background:#ccc;
    border:solid 28px red;
    /*设置边框图像*/
    -webkit-border-image-source: url(images/border1.png);
    -moz-border-image-source: url(images/border1.png);
    -o-border-image-source: url(images/border1.png);
    border-image-source: url(images/border1.png);
    -webkit-border-image-repeat: round;
    -moz-border-image-repeat: round;
    -o-border-image-repeat: round;
    border-image-repeat: round;
    -webkit-border-image-slice: 10;
    -moz-border-image-slice: 10;
    -o-border-image-slice: 10;
    border-image-slice: 10;
}
</style>
```

border-image-outset

border-image-outset 子属性用于设置对象的边框图像的扩展。

8.7 盒子阴影

使用 box-shadow 属性可以为对象定义阴影效果，类似于 text-shadow 属性。用法如下：

box-shadow : none | inset? &&<length>{2,4} &&<color>?

box-shadow 属性的取值说明如下表所示。

第8章 CSS3盒子模型

box-shadow 属性的取值说明

取 值	说 明
none	无阴影
inset	设置对象的阴影类型为内阴影。为空时，对象的阴影类型为外阴影
<length>(第1个)	第1个长度值用来设置阴影的水平偏移值(可为负值)
<length>(第2个)	第2个长度值用来设置阴影的垂直偏移值(可为负值)
<length>(第3个)	如果提供了第3个长度值，那么第3个长度值用来设置对象的阴影模糊值(不允许为负值)
<length>(第4个)	如果提供了第4个长度值，那么第4个长度值用来设置对象的阴影外延值(可为负值)
<color>	设置对象的阴影颜色

【例8-7】演示使用 box-shadow 属性。 素材

step 1 创建 HTML5 文档，设计如下简单的盒子，并定义基本形状：

```
<!doctype html>
<html>
<head>
<meta charset="utf-8">
<title>box-shadow 示例</title>
<style type="text/css">
.box {
    width: 100px;
    height: 100px;
    text-align: center;
    line-height: 100px;
    background-color: #CCCCCC;
    border-radius: 10px;
    padding: 10px;margin: 10px;
}
</style>
</head>
<body>
<div class="box bs1">box-shadow</div>
</body>
</html>
```

step 2 阴影是对原有对象的复制，包括内边距和边框在内都属于盒子的占位范围。阴影也包括对内边距和边框的复制，但是阴影本身不占据布局空间。在内部样式表中添加如下代码：

`.bs1{box-shadow:200px 0px #666;}`

在浏览器中预览网页，效果如下。

step 3 在内部样式表中修改刚才输入的代码为：

`.bs1{box-shadow:0 0 20px #666;}`

以上代码实现了四周都有模糊效果的阴影，在浏览器中预览网页，效果如下页左图所示。

step 4 进一步修改代码：

.bs1{box-shadow:0 0 0 2px #666;}

可以定义 2px 的扩展阴影。在浏览器中预览网页，效果如下。

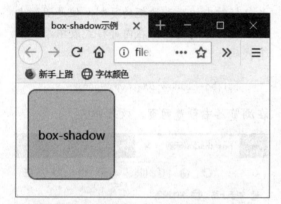

step 5 定义扩展为负值的阴影效果：

.bs1{box-shadow:0 15px 20px -10px #666;
    border: none;}

在浏览器中预览网页，效果如下。

step 6 定义内阴影：

.bs1{
    background-color: #666;
    box-shadow: 0 0 80px #fff inset;
}

在浏览器中预览网页，效果如下。

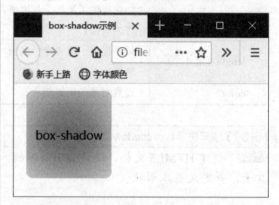

step 7 定义多个阴影：

.bs1{
    box-shadow: 40px 40px #1ff,
        80px 80px #666;
    border-radius: 0;
}

在浏览器中预览网页，效果如下。

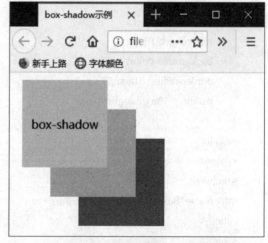

阴影也有层叠关系，前面的阴影层级更高，会挡住后面的阴影。阴影之间的透明度可见，而主体对象的透明度对阴影不

起作用。

下面再通过几个实例进一步介绍 box-shadow 属性的应用。

1. 照片的阴影边框

【例 8-8】使用 box-shadow 设计照片的阴影边框效果。

step 1 创建 HTML5 文档，在 `<body>` 标签中输入以下代码，设计照片列表结构：

```
<ul class="box">
    <li><img src="images/p1.png" /></li>
    <li><img src="images/p2.png" /></li>
    <li><img src="images/p3.png" /></li>
</ul>
<ul class="box">
    <li><img src="images/p4.png" /></li>
    <li><img src="images/p5.png" /></li>
    <li><img src="images/p6.png" /></li>
</ul>
```

step 2 在 `<head>` 标签内添加 `<style type="text/css">` 标签，定义内部样式表。使用 CSS 伪类 :before 和 :after，分别在照片包含框的前面和后面动态插入空的内容。使用 z-index 属性设置元素的堆叠顺序，然后使用 skew() 和 rotate() 函数将阴影内容倾斜并旋转：

```
<style type="text/css">
* {
    margin: 0; padding: 0;
}
ul { list-style: none; }
.box {
    width: 980px; clear: both;
    overflow: hidden; height: auto;
    margin: 20px auto;
}
.box li {
    background: #fff; float: left;
    position: relative; margin: 20px 10px;
    border: 2px solid #efefef;
```

```
    -webkit-box-shadow: 0 1px 4px rgba(0,0,0,0.27), 0 0 4px rgba(0,0,0,0.1) inset;
    -moz-box-shadow: 0 1px 4px rgba(0,0,0,0.27), 0 0 4px rgba(0,0,0,0.1) inset;
    -o-box-shadow: 0 1px 4px rgba(0,0,0,0.27), 0 0 4px rgba(0,0,0,0.1) inset;
    box-shadow: 0 1px 4px rgba(0,0,0,0.27), 0 0 4px rgba(0,0,0,0.1) inset;
}
.box li img {
    width: 290px; height: 200px; margin: 5px;
}
.box li:before {
    content: ""; position: absolute;
    width: 90%; height: 80%; bottom: 13px;
    left: 21px; background: transparent;
    z-index: -2;
    box-shadow: 0 8px 20px rgba(0,0,0,0.8);
    -webkit-box-shadow: 0 8px 20px rgba(0,0,0,0.8);
    -o-box-shadow: 0 8px 20px rgba(0,0,0,0.8);
    -moz-box-shadow: 0 8px 20px rgba(0,0,0,0.8);
    transform: skew(-12deg) rotate(-6deg);
    -webkit-transform: skew(-12deg) rotate(-6deg);
    -moz-transform: skew(-12deg) rotate(-6deg);
    -os-transform: skew(-12deg) rotate(-6deg);
    -o-transform: skew(-12deg) rotate(-6deg);
}
.box li:after {
    content: ""; position: absolute;
    width: 90%; height: 80%;
    bottom: 13px; right: 21px;
    z-index: -2; background: transparent;
    box-shadow: 0 8px 20px rgba(0,0,0,0.8);
    transform: skew(12deg) rotate(6deg);
    -webkit-transform: skew(12deg) rotate(6deg);
```

```
        -moz-transform: skew(12deg) rotate(6deg);
        -os-transform: skew(12deg) rotate(6deg);
        -o-transform: skew(12deg) rotate(6deg);
}
</style>
```

在浏览器中预览网页，效果如下。

2. 文章阴影块

【例8-9】使用box-shadow、text-shadow和border-radius等属性，设计栏目中的阴影块效果。 素材

step① 创建HTML5文档，在<body>标签中输入以下代码，构建网页结构：

```
<div class="box">
    <h1>人工智能(计算机科学的一个分支)
    </h1>
    <p>人工智能(Artificial Intelligence)，英文缩写为AI。它是研究、开发用于模拟、延伸和扩展人的智能的理论、方法、技术及应用系统的一门新的技术科学。</p>
    <p>人工智能是计算机科学的一个分支，它试图了解智能的实质，并生产出一种新的能以人类智能相似的方式做出反应的智能机器，该领域的研究包括机器人、语言识别、图像识别、自然语言处理和专家系统等。人工智能自诞生以来，理论和技术日益成熟，应用领域也不断扩大，可以设想，未来人工智能带来的科技产品，将会是人类智慧的"容器"。人工智能是对人的意识、思维的信息过程的模拟。人工智能不是人的智能，但能像人那样思考、也可能超过人的智能。</p>
    <p>人工智能是一门极富挑战性的科学，从事这项工作的人必须懂得计算机知识、心理学和哲学。人工智能是包括十分广泛的科学，它由不同的领域组成，如机器学习、计算机视觉等。总的来说，人工智能研究的一个主要目标是使机器能够胜任一些通常需要人类智能才能完成的复杂工作。但不同的时代、不同的人对这种"复杂工作"的理解是不同的。2017年12月，人工智能入选"2017年度中国媒体十大流行语"。</p>
    <p class="right">更多<a href="http://baike.baidu.com/item/人工智能/9180?fr=aladdin">详细内容</a></p>
</div>
```

step② 在<head>标签内添加<style type="text/css">标签，定义内部样式表，设计包含框的样式：

```
<style type="text/css">
body {background-color: #666; }
.box {/*设计包含框的样式*/
    border-radius: 10px;
    box-shadow: 0 0 12px 1px #ccc;
    border: 1px solid black;
    padding: 10px;
    margin: 24px auto;
    width: 90%;
    text-shadow: black 1px 2px 2px;
    /* 设计包含文本阴影 */
    color: white;
    /* 设计直线渐变背景 */
    background-image:
-moz-linear-gradient(bottom, black, #166);
    background-image: linear-gradient(to bottom, black, #166);
    background-color: #666;
}
</style>
```

第 8 章 CSS3 盒子模型

step 3 在内部样式表中添加以下代码,设计当光标经过时提高阴影亮度:

```css
.box:hover { box-shadow: 0 0 12px 5px #666; }
```

step 4 添加以下代码,设计标题样式。在标题前使用 content 属性生成一个图标:

```css
h1 {
    font-size: 120%;
    font-weight: bold;
    text-decoration: underline;
    margin-bottom:34px;
}
/* 在标题前添加修饰 */
h1:before { content: url(images/ai.png);
position:relative; top:16px; margin-right:12px; }
```

step 5 设计正文段落样式。调整段落文本的行高、间距并定义首行缩进显示:

```css
p {
    text-indent: 2em;
    line-height: 1.2em;
    font-size: 12px;
}
```

在浏览器中预览网页,当光标位于文章块内时,效果如下。

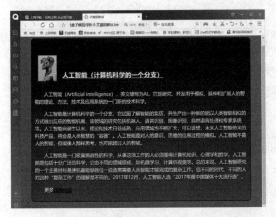

当光标移出文章块时,页面效果将如右上图所示。

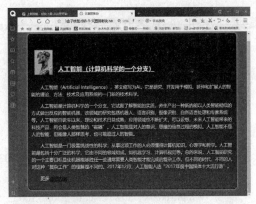

3. 系统界面效果

【例 8-10】使用 box-shadow、border-radius、text-shadow、border-color、border-image 等属性设计系统界面效果。素材

step 1 创建 HTML5 文档,在<body>标签中输入以下代码,设计界面结构:

```html
<div id="desktop">
    <div id="bgWindow" class="window secondary">
    <span>对话框</span>
    <div class="content"></div>
    </div>
    <div id="frontWindow" class="window">
    <span>用户留言</span>
    <div id="winInput"><input type="text" value="用户名"><input type="text" value="电子邮件"></div>
        <div id="winContent" class="content">请输入你的留言信息……</div>
    </div>
    <div id="startmenu">
<button id="winflag">开始</button>
<span id="toolBtn">
    <button class="application">AI</button>
    <button class="application">PS</button>
    <button class="application">3D</button>
    <button class="application">管</button>
</span>
    </div>
</div>
```

step 2 在<head>标签内添加<style type="text/css">标签，定义内部样式表。设计桌面效果：

```css
#desktop {
    background: #2c609b;
    height:100%;
    font: 12px "Segoe UI", Tahoma, sans-serif;
    position: relative;
    -moz-box-shadow: inset 0 -200px 100px #032b5c, inset -100px 100px 100px #2073b5, inset 100px 200px 100px #1f9bb1;
    -webkit-box-shadow: inset 0 -200px 100px #032b5c, inset -100px 100px 100px #2073b5, inset 100px 200px 100px #1f9bb1;
    box-shadow: inset 0 -200px 100px #032b5c, inset -100px 100px 100px #2073b5, inset 100px 200px 100px #1f9bb1;
    overflow: hidden;
}
```

step 3 设计"开始"菜单按钮和任务栏：

```css
#startmenu button {
    font-size: 1.6em; color: #fff;
    text-shadow: 1px 2px 2px #00294b;
}
#startmenu #winflag {
    float: left; margin: 2px; height: 34px; width: 80px; margin-right: 10px; border: none;
    background: #034a76;
    -moz-border-radius: 40px; -webkit-border-radius: 40px;
    border-radius: 40px;
    -moz-box-shadow: 0 0 1px #fff, 0 0 3px #000, 0 0 3px #000, inset 0 1px #fff, inset 0 12px rgba(255, 255, 255, 0.15), inset 0 4px 10px #cef, inset 0 22px 5px #0773b4, inset 0 -5px 10px #0df;
    -webkit-box-shadow: 0 0 1px #fff, 0 0 3px #000, 0 0 3px #000;
    box-shadow: 0 0 1px #fff, 0 0 3px #000, 0 0 3px #000, inset 0 1px #fff, inset 0 12px rgba(255, 255, 255, 0.15), inset 0 4px 10px #cef, inset 0 22px 5px #0773b4, inset 0 -5px 10px #0df;
}
#startmenu .application {
    position: relative; bottom: 1px; height: 38px; width: 52px;
    background: rgba(14, 59, 103, 0.25); border: 1px solid rgba(0, 0, 0, 0.8);
-o-transition: .3s all;
-webkit-transition: .3s all;
-moz-transition: .3s all;
    -moz-border-radius: 4px;
    -webkit-border-radius: 4px;
```

```css
        border-radius: 4px;
        -moz-box-shadow: inset 0 0 1px #fff, inset 4px 4px 20px rgba(255, 255, 255, 0.33), inset -2px -2px 10px rgba(255, 255, 255, 0.25);
        box-shadow: inset 0 0 1px #fff, inset 4px 4px 20px rgba(255, 255, 255, 0.33), inset -2px -2px 10px rgba(255, 255, 255, 0.25);
}
#startmenu .application:hover { background-color: rgba(255, 255, 255, 0.25); }
```

step 4 设计窗口效果:

```css
.window {
        -webkit-border-radius: 8px;
        -webkit-box-shadow: 0 2px 16px #000, 0 0 1px #000, 0 0 1px #000;
        -moz-border-radius: 8px;
        -moz-box-shadow: 0 2px 16px #000, 0 0 1px #000, 0 0 1px #000;
        position: absolute;
        left: 150px; top: 75px; width: 400px; padding: 7px;height: 400px;
        border: 1px solid rgba(255, 255, 255, 0.6);
        background: rgba(178, 215, 255, 0.75);
        border-radius: 8px; box-shadow: 0 2px 16px #000, 0 0 1px #000, 0 0 1px #000;
        text-shadow: 0 0 15px #fff, 0 0 15px #fff;
}
.window span { display: block; }
.window input {
        -webkit-border-radius: 2px; -webkit-box-shadow: 0 0 2px #fff, 0 0 1px #fff;
        -moz-border-radius: 2px;-moz-box-shadow: 0 0 2px #fff, 0 0 1px #fff, inset 0 0 3px #fff;
        font-size: 1em; display: inline-block; margin: 30px 0 10px 0;
        border: 1px solid rgba(0, 0, 0, 0.5);
        padding: 4px 8px; border-radius: 2px; background: rgba(255, 255, 255, 0.75); width: 44%;
        box-shadow: 0 0 2px #fff, 0 0 1px #fff, inset 0 0 3px #fff
}
.window input + input { margin-left: 12px; }
.window.secondary {
        left: 300px; top: 95px; opacity: 0.66;
}
.window.secondary span { margin-bottom: 85px; }
.window .content {
        -webkit-border-radius: 2px;
        -webkit-box-shadow: 0 0 5px #fff, 0 0 1px #fff;
        -moz-box-shadow: 0 0 5px #fff, 0 0 1px #fff, inset 0 1px 2px #aaa;
```

```
box-shadow: 0 0 5px #fff, 0 0 1px #fff, inset 0 1px 2px #aaa;
-moz-border-radius: 2px;
background: #fff;
border: 1px solid #000;
border-radius: 2px;
padding: 10px;
height: 279px;
text-shadow: none;
}
```

在浏览器中预览网页,效果如右上图所示。

8.8 布局方式

CSS3 提供了流动布局、浮动布局和定位布局三种布局方式,下面将分别介绍。

8.8.1 流动布局

流动布局是 HTML 默认的布局方式。默认状态下,HTML 元素都是根据流动模型分布的,并随着文档流自上而下按顺序动态分布。流动布局只能根据元素排列的先后顺序决定显示位置。如果要改变元素的显示位置,只能通过改变 HTML 文档结构来实现。

流动布局有以下两个典型的特征:

▶ 块状元素都会在包含元素内自上而下按顺序堆叠分布。默认状态下,块状元素的宽度为 100%,占据整行(不管这个元素是否包含内容以及宽度是否为 100%)。

▶ 行内元素会在包含元素内从左到右水平分布显示,类似于文本流,超出一行后会自动换行,然后继续从左到右按顺序流动(以此类推)。

【例 8-11】定义 strong 元素为相对定位,通过相对定位调整标题在页面顶部的显示。 ◎素材

step 1 创建 HTML5 文档,在<body>标签中输入以下代码,设计界面结构:

```
<p><span><strong>人工智能 </strong>计算机
科学的一个分支</span> <br>人工智能
(Artificial Intelligence), <br>英文缩写为 AI.
<br>它是研究、开发用于模拟、延伸和扩展人
的智能的<br>理论、方法、技术及应用系统的
```

一门新的技术科学。
人工智能是计算机科学的一个分支,
它试图了解智能的实质,
并生产出一种新的能以人类智能相似的方式做出反应的智能机器,
该领域的研究包括机器人、语言识别、图像识别、自然语言处理和专家系统等。</p>

此时,在浏览器中预览网页,效果如下。

step 2 在 <head> 标签内添加 <style type="text/css">标签,定义内部样式表:

```
<style type="text/css">
p {
    margin: 60px; font-size: 12px;
}
p span { position: relative; }
p strong {/*[相对定位]*/
    position: relative; left: 120px;
    top: -50px; font-size: 28px;
}
```

在浏览器中预览网页，效果如下。

采用相对定位的元素遵循流动布局模型，存在于正常的文档中，但是位置可以根据原来的位置进行偏移。由于采用相对定位的元素占有自己的空间(原来的位置保持不变)，因此不会挤占其他元素的位置，但可以在其他元素之上显示。

8.8.2 浮动布局

浮动布局不同于流动布局，浮动布局能够脱离文档流，让内容在包含框内靠左或靠右并列显示。当然，浮动对象不仅不能完全脱离文档流，而且还会受文档流的影响。

默认情况下，元素不能浮动显示，使用 CSS3 的 float 属性可以定义浮动显示。用法如下：

```
float: none | left | right
```

其中：left 表示向左浮动，right 表示向右浮动，none 表示消除浮动，默认值为 none。浮动布局有以下 4 个典型特征。

▶ 可以为浮动元素设置 width 和 height 属性，以明确占据的网页空间。如果没有定义宽度和高度，则会自动收缩到仅能包裹住内容为止。

▶ 浮动元素与流动元素可以混合使用，显示的内容不会重叠，但边界在特定情况下会出现重叠。浮动元素与流动元素都遵循先上后下的结构顺序并依次排列，都受到文档流的影响。与普通元素一样，浮动元素始终位于包含元素内，不会脱离包含框，这与定位元素不同。

▶ 浮动布局仅能改变相邻元素的水平显示关系，不能改变垂直显示顺序。流动元素总会以流动的形式环绕上面相邻的浮动元素来显示。浮动元素不会强迫前面的流动元素环绕其周围流动，而是自己换行浮动显示。

▶ 浮动元素可以并列显示，如果浏览器的窗口大小发生变化，或者包含框不固定，则会出现错行显示问题(此类问题容易破坏整体布局效果)。

使用 CSS3 的 clear 属性可以清除浮动效果，强制元素换行显示。clear 属性的取值说明如下表所示。

clear 属性的取值说明

取值	说明
left	清除左边的浮动元素，如果左边存在浮动元素，则当前元素会换行显示
right	清除右边的浮动元素，如果右边存在浮动元素，则当前元素会换行显示
both	清除左右两边的浮动元素，不管哪边存在浮动元素，当前元素都会换行显示
none	允许两边都可以存在浮动元素，当前元素不会主动换行显示

【例 8-12】设计一个包含多个栏目的页面。◎素材

step 1 创建 HTML5 文档，在<body>标签中输入以下代码，设计页面结构：

```
<div id="container">
    <div id="header">
        <h1>页眉</h1>
    </div>
    <div id="wrapper">
        <div id="content">
            <p><strong>1.主体内容</strong></p>
        </div>
    </div>
    <div id="navigation">
        <p><strong>2.导航栏</strong></p>
    </div>
```

```
        <div id="extra">
            <p><strong>3.栏目</strong></p>
        </div>
        <div id="footer">
            <p>页脚</p>
        </div>
    </div>
```

step 2 在 <head> 标签内添加 <style type="text/css"> 标签，定义内部样式表：

```
<style type="text/css">
html, body { margin:0;padding:0; }
body { font: 76% arial, sans-serif; }
p {
    margin:0 10px 10px;
}
a {
    display:block; color: #006; padding:10px
}
div#header {
    position:relative;
}
div#header h1 {
    height:80px; line-height:80px;
    margin:0; padding-left:10px;
    background: #666; color: #fff
}
div#header a {
    position:absolute;
    right:0;
    top:23px;
}
div#content p { line-height:1.4; }
div#navigation { background:#ddd; }
div#extra {
    background:#eee
}
div#footer {
    background: #333;
    color: #FFF
}
div#footer p { margin:0; padding:5px 10px; }
div#footer a {
    display:inline;
    padding:0;
    color: #ccc
}
div#wrapper {
    float:left; width:100%; margin-left:-200px
}
div#content { margin-left:200px;}
div#navigation { float:right; width:200px;}
div#extra { float:right; clear:right; width:200px;}
div#footer { clear:both; width:100%;}
</style>
```

在浏览器中预览网页，效果如下。

在 <body> 标签中输入主题内容、导航栏和栏目内容，网页效果如下。

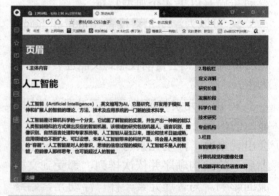

8.8.3 定位布局

定位布局可以精确控制网页对象的显示位置。使用 CSS3 的 position 属性可以实现定位显示。用法如下：

```
position: static | relative | absolute | fixed
```

position 属性的取值说明如下表所示。

position 属性的取值说明

取值	说明
static	默认值，表示不定位，遵循流动布局
absolute	表示绝对定位，脱离文档流，需要配合 left、right、top、bottom 才可以精确定位。如果不设置 x 轴和 y 轴偏移值，那么在对应的轴方向上依然受文档流的影响
fixed	表示固定定位，始终位于浏览器窗口内的某个位置，不受文档流的影响，与 background-attachment: fixed 的功能相同
relative	表示相对定位，可相对自身初始位置进行偏移，需要配合 left、right、top、bottom 才可以精确定位，定位后的初始位置依然保留

使用 CSS3 的 z-index 属性可以设置定位元素的层叠顺序。值越大，层叠级别就越高。如果值相同，则根据结构顺序进行层叠，靠后的叠加在上面。一般 z-index 属性值为正数的元素，将会压在文档流的下面显示。

【例8-13】设计一个三行两列的页面。 素材

step① 创建 HTML5 文档，在<body>标签中输入以下代码，设计界面结构：

```
<div id="header">标题栏</div>
<div id="contain">
    <div id="sub_contain1">左侧内容栏</div>
    <div id="sub_contain2">右侧内容栏</div>
</div>
<div id="footer">页脚</div>
```

step② 在 <head> 标签内添加 <style type="text/css">标签，定义内部样式表：

```
<style type="text/css">
body {
/*定义窗体属性*/
    margin: 0; padding: 0; text-align: center;
}
#contain {
/*定义父元素为相对定位，定位包含框*/
    width: 100%; height: 310px;
    position: relative;
    background: #eee;
    margin: 0 auto;
}
#header, #footer {
/*定义头部和脚部区域属性，采用默认的流动布局模型*/
    width: 100%;
    height: 50px;
    background: #ff1;
    margin: 0 auto;
}
#sub_contain1 {
/*定义左侧子元素为绝对定位*/
    width: 30%;
    position: absolute;
    top: 0; left: 0;
    height: 310px;
    background: #c52;
}
#sub_contain2 {
/*定义右侧子元素为绝对定位*/
    width: 70%;
    position: absolute;
    top: 0; right: 0;
    height: 200px;
    background: #ddd;
```

```
    }
    </style>
```

在浏览器中预览网页,效果如下。

在以上实例中,由于包含框的高度不会随子元素的高度而变化,因此要实现合理布局,就必须为父元素定义明确的高度才能显示包含框,后面的布局元素也才能跟随绝对定位元素正常显示。

与相对定位元素不同,绝对定位元素已完全脱离正常文档流的空间,并且原来的空间将不再保留,而被相邻元素挤占。

8.9 案例演练

本章的案例演练部分将通过实例操作帮助用户巩固所学的知识。

【例 8-14】设计网页内容居中显示。 素材

step 1 创建 HTML5 文档,在<body>标签中输入以下代码:

```
<div id="page">
<img src="images/p7.png">
</div>
```

此时,在浏览器中预览网页,效果如下。

step 2 在 <head> 标签内添加 <style type="text/css">标签,定义内部样式表:

```
<style type="text/css">
body {text-align: center;}
div#page {
    margin: 5px auto;
    width: 1210px;
    height: 100%;
    border: solid #666 1px;
```

```
    }
    </style>
```

在浏览器中预览网页,效果如下。

【例 8-15】定义弹性布局页面。 素材

step 1 创建 HTML5 文档,在<body>标签中输入以下代码:

```
<div id="box">
<h1>人工智能(计算机科学的一个分支)</h1>
<p id="content">人工智能是计算机科学的一
```
个分支,它试图了解智能的实质,并生产出一种新的能以人类智能相似的方式做出反应的智能机器,该领域的研究包括机器人、语言识别、图像识别、自然语言处理和专家系统等。人工智能从诞生以来,理论和技术日益成熟,应用领域也不断扩大,可以设想,未来人工智能带来的科技产品,将会是人类智慧的"容

器"。人工智能是对人的意识、思维的信息过程的模拟。人工智能不是人的智能,但能像人那样思考,也可能超过人的智能。</p>
<p id="content">人工智能是一门极富挑战性的科学,从事这项工作的人必须懂得计算机知识、心理学和哲学。人工智能是包括十分广泛的科学,它由不同的领域组成,如机器学习、计算机视觉等。总的来说,人工智能研究的一个主要目标是使机器能够胜任一些通常需要人类智能才能完成的复杂工作,但不同的时代、不同的人对这种"复杂工作"的理解是不同的。[1]2017年12月,人工智能入选"2017年度中国媒体十大流行语"。</p>
</div>

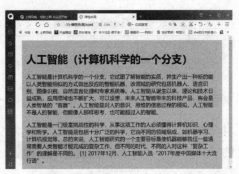

step 2 在 \<head\> 标签内添加 \<style type="text/css"\>标签,定义内部样式表:

```
<style type="text/css">
#box {
  /*定义文本框属性*/
  margin: 2%;
  padding: 2%;
  background: #ccc;
}
#box content: {
  margin: 4%;
  line-height: 1.8em;
  font-size: 12px;
  color: #003333;
}
#box .center {
  margin: 4%;
  text-align: center;
  font-weight: bold;
}
</style>
```

在浏览器中预览网页,效果如右上图所示。

调整浏览器窗口的宽度,效果将如下图所示。

【例8-16】为元素的不同方向的边框定义不同的颜色。 素材

step 1 创建HTML5文档,在\<body\>标签中输入以下代码:

```
<div id="box"><img src="images/p8.png"
    width="450" alt=""/></div>
```

step 2 在 \<head\> 标签内添加 \<style type="text/css"\>标签,定义内部样式表:

```
<style type="text/css">
#box {
    /*定义边框颜色*/
    height: 300px; width: 450px;
    padding: 5px;
    font-size: 16px;
    line-height: 32px;
    text-align: center;
    border-style: solid;
    border-width: 10px;
    border-top-color: #666;
```

```
        border-right-color: green;
        border-bottom-color: red;
        border-left-color: auto;
    }
</style>
```

在浏览器中预览网页,效果如下。

【例8-17】为页面中的内容设计下画线。素材

step 1 创建 HTML5 文档,在<body>标签中输入以下代码:

```
<ol id="box">
<h2>CSS3 结构伪类的类型及其说明</h2>
<li>:first-child:匹配第一个子元素</li>
<li>:last-child:匹配最后一个子元素</li>
<li>:nth-child():按正序匹配特定子元素</li>
<li>:nth-last-child():按倒序匹配特定子元素</li>
</ol>
```

step 2 在<head>标签内添加<style type="text/css">标签,定义内部样式表:

```
<style type="text/css">
#box {
    width: 500px;
    height: 230px;
    padding: 8px 24px;
    margin: 6px;
    border-style: outset;
    border-width: 4px;
    border-color: #aaa;
    font-size: 14px;
    color: #666;
    list-style-position: inside;
}
#box h2 {
    padding-bottom: 12px;
    border-bottom-style: double;
    border-bottom-width: 6px;
    border-bottom-color: #999;
    text-align: left;
    color: #000000;
}
#box li {
    padding: 6px 0;
    border-bottom-style: dotted;
    border-bottom-width: 1px;
    border-bottom-color: #66cc66;
}
</style>
```

在浏览器中预览网页,效果如下。

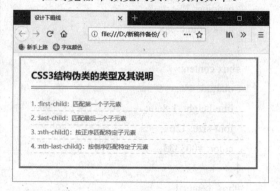

第 9 章

CSS3 移动布局

　　相比 CSS2，CSS3 新增了一些布局模式。使用这些布局模式，除了可以修改 CSS2 布局存在的问题以外，还能够帮助设计人员灵活设计页面版式。本章将通过一些具体的实例，帮助用户深入理解多列流动布局和弹性盒布局这两种布局模式。

9.1 多列布局

使用 CSS3 的参见布局模块(http://www.w3.org/TR/css3-multicol/)可以设计多列布局，将内容按指定的列数排列，适合纯文本版式设计。

columns 是 CSS3 多列布局特性的基本属性，该属性可以同时定义列的数目和每列的宽度。columns 属性的基本语法如下：

columns : <column-width> || <column-count>;

columns 属性的初始值可根据元素的个别属性而定，适用于不可替换的块元素、行内块元素、单元格，但是表格元素除外。取值说明如下。

- <column-width>：定义每列的宽度。
- <column-count>：定义列数。

9.1.1 定义列宽

使用 column-width 属性可以定义列的宽度。该属性既可以与其他多列布局属性配合使用，也可以单独使用。column-width 属性的基本语法如下：

column-width : <length> | auto;

column-width 属性的初始值为 auto，适用于不可替换的块元素、行内块元素、单元格，但是表格元素除外。取值说明如下。

- <length>：由浮点数和单位标识符组成的长度值(不可为负值)。
- auto：根据浏览器自动设置。

column-width 属性可以与其他多列布局属性配合使用，设计指定了列数和列宽的布局效果；也可以单独使用，限制模块的单列宽度，当超出宽度时，自动以多列进行显示。

【例 9-1】练习在多列布局中应用 column-width 属性，设计 body 元素的列宽为 300 像素。如果网页内容能够以单列显示，就以单列显示；如果窗口够宽，并且网页内容很多，则以多列显示页面内容。

step 1 创建 HTML5 文档，在<head>标签内添加<style type="text/css">标签，定义如下内部样式表：

```
<style type="text/css">
body {
    -WebKit-column-width: 300px;
    -moz-column-width: 300px;
    column-width: 300px;
}
h1 {
    color: :#333333; padding: 5px 8px; font-size: 20px; text-align: center; padding: 12px;
}
h2 {
    font-size: 16px;text-align: center;
}
p {
    color: #333333; font-size: 14px; line-height: 180%; text-indent: 2em;
}
</style>
```

step② 在<body>标签中输入网页内容(参见素材文件)，然后在浏览器中预览网页，效果如下图所示。

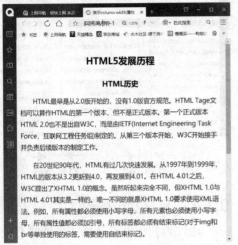

浏览器会根据窗口大小的变化调整显示的列数

9.1.2 定义列数

使用 column-count 属性可以定义显示的列数。基本语法如下：

column-count : <integer> | auto;

column-count 属性的初始值为 auto，适用于不可替换的块元素、行内块元素、单元格，但是表格元素除外。取值说明如下。

▶ <integer>：定义栏目的列数，取值为大于 0 的整数。

▶ auto：可根据浏览器自动设置。

【例 9-2】继续【例 9-1】，定义无论网页窗口的宽度如何调整都以三列显示内容。 素材

step① 如下修改【例 9-1】中的内部样式表：

```
<style type="text/css">
body {
    -WebKit-column-count: 3;
    -moz-column-count: 3;
    column-count: 3;
}
</style>
```

step② 在浏览器中预览网页，效果如下。

9.1.3 定义列间距

使用 column-gap 属性可以定义两栏之间的间距。基本语法如下：

column-gap : normal | <length>;

column-gap 属性的初始值为 normal，适用于多列布局元素。取值说明如下：

▶ normal：根据浏览器的默认设置进行解析，一般为 1em。

➤ <length>：由浮点数和单位标识符组成的长度值(不可为负值)。

【例9-3】继续【例9-2】，在页面中结合使用column-gap 和 line-height 属性，使页面更方便阅读(列间距为3em，行高为2.5em)。

step 1 如下修改【例9-2】中的内部样式表：

```
<style type="text/css">
body {
    /*定义页面内容显示为三列*/
    -WebKit-column-count: 3;
    -moz-column-count: 3;
    column-count: 3;
    /*定义列间距为3em，默认为1em*/
    -WebKit-column-gap: 3em;
    -moz-column-gap: 3em;
    column-gap: 3em;
    /*定义页面文本行高为2.5em*/
    line-height: 2.5em;
}
</style>
```

step 2 在浏览器中预览网页，效果如右上图所示。

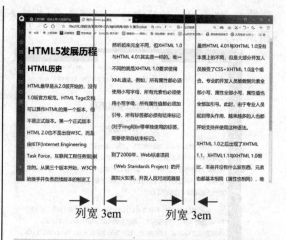

9.1.4 定义列边框

通过为列边框设计样式，能够有效区分各个栏目列之间的关系，以便浏览者更清晰地阅读网页内容。使用 column-rule 属性可以定义每列之间边框的宽度、样式和颜色。基本语法如下：

column-rule | <length> | <style> | <color> | <transparent>;

➤ <length>：由浮点数和单位标识符组成的长度值(不可为负值)。功能与 column-rule-width 属性相同。

➤ <style>：定义列边框的样式。功能与 column-rule-style 属性相同。

➤ <color>：定义列边框的颜色。功能与 column-rule-color 属性相同。

➤ <transparent>：设置列边框透明显示。

CSS3 在 column-rule 属性的基础上派生了三个列边框属性，如下表所示。

CSS3 从 column-rule 派生的列边框属性

属性	说明
column-rule-color	定义列边框的颜色。column-rule-color 属性能接收所有的颜色
column-rule-width	定义列边框的宽度。column-rule-color 属性能接收任意浮点数(但不可为负值)
column-rule-style	定义列边框的样式。column-rule-color 属性的取值与 border-style 属性相同，包括 none、hidden、dotted、dashed、solid、double、groove、ridge、inset、outset

【例9-4】继续【例9-3】，在页面中为每列之间的边框定义一条虚线作为分隔线，线宽为 2 像素，灰色。

🔘素材

step 1　如下修改【例9-3】中的内部样式表：

```
<style type="text/css">
body {
    /*定义页面内容显示为三列*/
    -WebKit-column-count: 3;
    -moz-column-count: 3;
    column-count: 3;
    /*定义列间距为3em，默认为1em*/
    -WebKit-column-gap: 3em;
    -moz-column-gap: 3em;
    column-gap: 3em;
    /*定义文本的行高为 2.5em*/
    line-height: 2.5em;
    /*定义列边框为2 像素的灰色虚线*/
    -WebKit-column-rule: dashed 2px gray;
    -moz-column-rule: dashed 2px gray;
    column-rule: dashed 2px gray;
}
```

step 2　在浏览器中预览网页，效果如下。

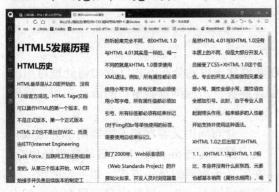

9.1.5　定义跨列显示

在纸质的杂志中，你经常会看到文章标题跨列居中显示。使用 column-span 属性可以实现跨列显示，也可以实现单列显示。语法如下：

column-span : none | all;

column-span 属性的初始值为 none，适用于静态的非浮动元素。取值为 none 将横跨所有列。

【例9-5】继续【例9-4】，使用 column-span 属性设置一级和二级标题跨列显示。🔘素材

step 1　修改【例9-4】中的内部样式表，添加以下代码：

```
body {
……
}
/*设置一级标题跨所有列显示*/
h1 {
    color: #333333;
    font-size: 20px;
    ext-align: center;
    padding: 12px;
    -WebKit-column-span: all;
    -moz-column-span: all;
    column-span: all;
}
/*设置二级标题跨所有列显示*/
h2 {
    font-size: 16px;
    text-align: center;
    -WebKit-column-span: all;
    -moz-column-span: all;
    column-span: all;
}
/*设置段落文本样式*/
p {
    color: #333333;
    font-size: 14px;
    line-height: 180%;
    text-indent: 2em;
}
```

step 2　在浏览器中预览网页，效果如下页左图所示。

HTML5+CSS3 网页设计案例教程

```
/*定义页面内容显示为三列*/
-WebKit-column-count: 3;
-moz-column-count: 3;
column-count: 3;
/*定义列间距为 3em，默认为 1em*/
-WebKit-column-gap: 3em;
-moz-column-gap: 3em;
column-gap: 3em;
/*定义页面中文本的行高为 2.5em*/
line-height: 2.5em;
/*定义列边框为 2 像素的灰色虚线*/
-WebKit-column-rule: dashed 2px gray;
-moz-column-rule: dashed 2px gray;
column-rule: dashed 2px gray;
/*统一各列的高度*/
-WebKit-column-fill: balance;
-moz-column-fill: balance;
column-fill: balance;
}
```

9.1.6 定义列的高度

使用 column-fill 属性可以定义栏目的高度是否统一。语法如下：

```
column-fill : auto | balance
```

column-fill 属性的初始值为 balance，适用于多列布局元素。取值说明如下。

▶ auto：各列的高度随内容的变化而自动变化。

▶ balance：各列的高度将会根据内容最多的那一列的高度进行统一。

【例 9-6】继续【例 9-5】的操作，使用 column-fill 属性统一页面中各列的高度。

body {

9.2 盒布局模型

CSS3 引入了盒模型，用于定义一个盒子在其他盒子中的分布方式以及如何处理可用的空间。使用盒模型，网页设计人员可以轻松地创建能够自适应浏览器窗口的流动布局，或创建能够自适应字体大小的弹性盒布局。

启动弹性盒模型后，用户只需要设置拥有子盒子的那个盒子的 display 属性值为 box(或 inline-box)即可。

display : box;

盒布局由父容器和子容器两部分组成。父容器可通过 display : box 启动盒布局功能，并定义子容器的显示方式，如下表所示；子容器通过 box-flex 属性定义布局宽度，指定如何对父容器的宽度进行分配。

定义子容器的显示方式

属 性	说 明
box-orient	定义父容器中子容器的排列方式(水平或垂直)，取值包括 horizontal、vertical、inline-axis、block-axis、inherit
box-direction	定义父容器中子容器的排列顺序，取值包括 normal、reverse、inherit

(续表)

属　性	说　明
box-align	定义父容器中子容器的垂直对齐方式，取值包括 start、end、center、baseline、stretch
box-pack	定义父容器中子容器的水平对齐方式，取值包括 start、end、center、justify

9.2.1 定义宽度

使用盒布局时只要使用 box-flex 属性，就可以把默认布局变为盒布局。默认情况下，盒布局不具备弹性。当 box-flex 属性至少为 1 时，才能使盒布局具备弹性。如果盒布局不具备弹性，就尽可能拉宽，使内容可见，并且没有任何溢出，大小由 width 和 height 属性值决定，或由 min-height、min-width、max-width 和 max-height 属性值决定。

如果盒布局具备弹性，大小将按下面的方式计算：

▶ 具体的大小声明(width、height、min-width、min-height 和 max-height 属性值)。

▶ 父盒子的大小和所有余下的可利用的内部空间。

如果盒子没有任何大小声明，那么其大小将完全取决于父盒子的大小。换言之，子盒子的大小等于父盒子的大小乘以其 box-flex 在所有子盒子的 box-flex 总和中所占的百分比。用公式可表示为：

子盒子的大小=父盒子的大小*子盒子的 box-flex/所有子盒子的 box-flex 总和

如果一个或多个盒子拥有具体的大小声明，那么余下的弹性盒子将按照以上原则分享剩下的可利用空间。

【例 9-7】在网页代码中添加 box-flex 属性，在样式代码中使用盒布局。将作为页面左侧边栏和右侧边栏的两个 div 元素的宽度保留为 200px，在作为页面中间内容的 div 元素的样式代码中去除原来的指定宽度为 300px 的样式代码，并加入 box-flex 属性。

素材

step① 创建 HTML5 文档，在<head>标签内添加<style type="text/css">标签，定义如下内部样式表：

```
<style type="text/css">
#container {
    /*定义盒布局样式*/
    display: -moz-box;
    display: -WebKit-box;
}
#left-sidebar {
    width: 200px;
    padding: 20px;
    background-color: hsla(359,69%,77%,1.00);
}
#contents {
    /*定义中间列的宽度为自适应显示*/
    -moz-box-flex: 1;
    -WebKit-box-flex: 1;
    padding: 20px;
    background-color: wheat;
}
#right-sidebar {
    width: 200px;
    padding: 20px;
    background-color: hsla(359,69%,77%,1.00);
}
#left-sidebar, #contents, #right-sidebar{
    /*定义盒样式*/
    -moz-box-sizing: border-box;
    -WebKit-box-sizing: border-box;
}
</style>
```

step② 在<body>标签中输入以下代码：

```
<body>
<div id="container"
```

```
<div id="left-sidebar">
<h2>内容导航</h2>
<ul>
  <li>什么是 HTML</li>
  <li>HTML5 发展历程</li>
  <li>HTML5 文档结构</li>
  <li>HTML5 文档编写</li>
  <li>案例演练</li>
  </ul>
</div>
<div id="contents">
<h2>什么是 HTML5</h2>
<p>HTML 是用来描述网页的一种语言，是一种标记语言(包含一套标签，HTML 使用标签来描述网页)而不是编程语言。HTML 是制作网页的基础语言，主要用于描述超文本中内容的显示方式。</p>
<p>HTML5 是用于取代于 1999 年制定的 HTML 4.01 和 XHTML 1.0 标准的 HTML 标准
```

版本。HTML5 当前对多媒体的支持更强，新增了以下功能：</p>
<p>......</p>
</div>
<div id="right-sidebar">
<h2>其他章节</h2>
<ul>
  <li>设计网页文本</li>
  <li>设计网页图像</li>
  <li>设计超链接</li>
  <li>CSS3 概述</li>
  <li>CSS3 文本样式</li>
  </ul>
</div>
</div>
</body>

step❸ 在浏览器中预览以上代码，效果如下。

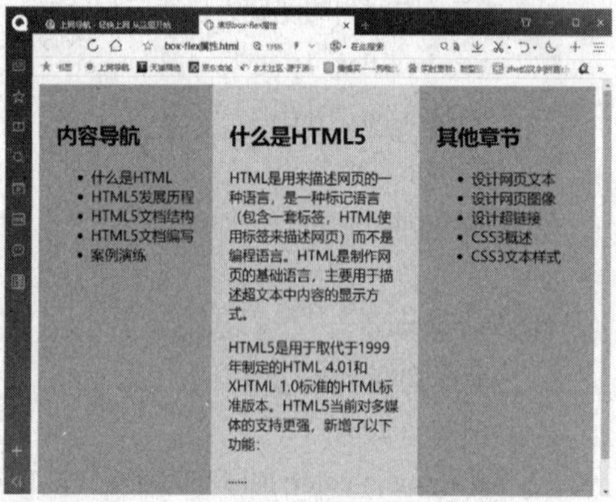

盒布局窗口变窄后的效果

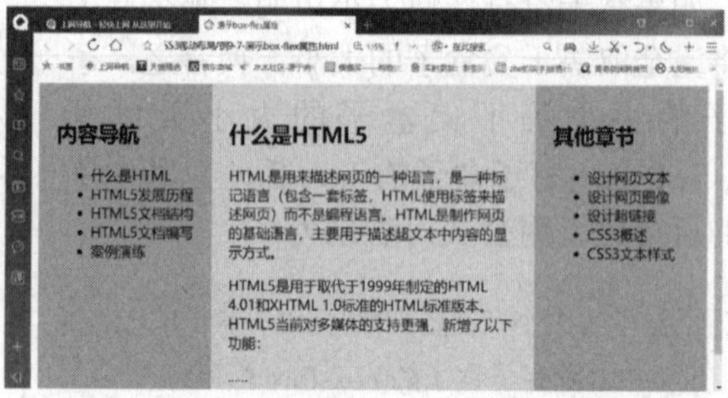

盒布局窗口变宽后的效果

9.2.2 定义顺序

在盒布局中使用 box-ordinal-group 属性还可以改变各元素的显示顺序。取值是一个表示序号的整数，浏览器在显示页面的时候根据序号从小到大来显示页面元素。

【例9-8】继续【例9-7】，修改网页代码，演示 box-ordinal-group 属性的效果。 素材

step❶ 继续【例9-7】，在<head>标签中修改中部样式表：

```
<style type="text/css">
#container {
    display: -moz-box;
    display: -WebKit-box;
}
#left-sidebar {
```

```
        -moz-box-ordinal-group:3;
        -WebKit-box-ordinal-group:3;
        width: 200px;
        padding: 20px;
        background-color: hsla(359,69%,77%,1.00);
    }
    #contents {
        -moz-box-flex: 1;
        -WebKit-box-flex: 1;
        -moz-box-flex:1;
        -WebKit-box-flex:1;
        padding: 20px;
        background-color: wheat;
    }
    #right-sidebar {
        -moz-box-ordinal-group:2;
        -WebKit-box-ordinal-group:2;
        width: 200px;
        padding: 20px;
        background-color: #ccc;
    }
    #left-sidebar, #contents, #right-sidebar{
        -moz-box-sizing: border-box;
        -WebKit-box-sizing: border-box;
    }
</style>
```

step 2 在浏览器中预览网页，效果如下。

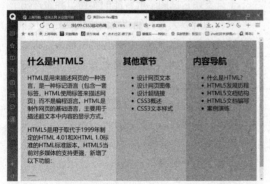

从以上实例可以看出，虽然没有改变 HTML5 页面的代码，但是通过应用盒布局并使用-box-ordinal-group 属性，同样可以改变元素的显示顺序，这样可以提高页面布局的工作效率。

9.2.3 定义方向

使用盒布局的时候，可以很轻松地将多个元素的排列方向从水平方向修改为垂直方向，或者从垂直方向修改为水平方向。在 CSS3 中，可使用 box-orient 属性来指定多个元素的排列方向。

【例 9-9】以【例 9-8】创建的网页为基础，在<div id=" container">标签样式中加入 box-orient 属性，并设定属性值为 vertical，从而定义内容以垂直方向排列。另外，将代表左侧边栏、中间内容、右侧边栏的 3 个 div 元素的排列方向从水平方向改变为垂直方向。 素材

```
<style type="text/css">
#container {
    display: -moz-box;
    display: -WebKit-box;
    -moz-box-orient:vertical;
    -WebKit-box-orient:vertical;
}
#left-sidebar {
    -moz-box-ordinal-group:3;
    -WebKit-box-ordinal-group:3;
    width: 200px;
    padding: 20px;
    background-color: hsla(359,69%,77%,1.00);
}
#contents {
    -moz-box-flex: 1;
    -WebKit-box-flex: 1;
    -moz-box-flex:1;
    -WebKit-box-flex:1;
    padding: 20px;
    background-color: wheat;
}
#right-sidebar {
    -moz-box-ordinal-group:2;
    -WebKit-box-ordinal-group:2;
    width: 200px;
```

```
        padding: 20px;
        background-color: #ccc;
}
#left-sidebar, #contents, #right-sidebar {
        -moz-box-sizing: border-box;
        -WebKit-box-sizing: border-box;
}
</style>
```

在浏览器中预览网页，效果如下。

9.2.4 自适应大小

使用盒布局时，元素大小(包括宽度和高度)具有自适应性，元素的宽度与高度可以根据排列方向的改变而改变。

【例9-10】定义一个包含3个div元素的容器。使用浏览器浏览网页时，当排列方向被指定为水平方向时，3个div元素的宽度为元素中内容的宽度，高度自动变为容器的高度；当排列方向被指定为垂直方向时，3个div元素的高度为元素中内容的高度，宽度自动变为容器的宽度。 素材

step 1 创建 HTML5 文档，输入以下代码：

```
<!doctype html>
<html>
<head>
<meta charset="utf-8">
<title>自适应大小</title>
<style type="text/css">
#container {
        display: -moz-box;
        display: -WebKit-box;
        border: solid 1px red;
        -moz-box-orient: horizontal;
        -Webkit-box-orient: horizontal;
        width: 800px;
        height: 200px;
}
#text-a {background-color: chartreuse;}
#text-b {background-color: aquamarine;}
#text-c {background-color: aqua;}
#text-a, #text-b, #text-c {
        -moz-box-sizing: border-box;
        -WebKit-box-sizing: border-box;
        font-size: 1 em;
        width: 200px;
}
</style>
</head>
<body>
<div id="container">
    <div id="text-a">人工智能(Artificial Intelligence)，英文缩写为AI。它是研究、开发用于模拟、延伸和扩展人的智能的理论、方法、技术及应用系统的一门新的技术科学。</div>
    <div id="text-b">人工智能是计算机科学的一个分支，它试图了解智能的实质，并生产出一种新的能以人类智能相似的方式做出反应的智能机器，该领域的研究包括机器人、语言识别、图像识别、自然语言处理和专家系统等。</div>
    <div id="text-c">人工智能从诞生以来，理论和技术日益成熟，应用领域也不断扩大，可以设想，未来人工智能带来的科技产品，将会是人类智慧的"容器"。</div>
</div>
</body>
</html>
```

在浏览器中预览网页,效果如下页左图所示。

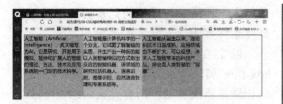

step 2 针对以上代码，在内部样式表中将排列方向改变为垂直方向，删除样式中的宽度定义代码，添加固定高度声明代码：

```
<style type="text/css">
#container {
    display: -moz-box;
    display: -WebKit-box;
    border: solid 1px red;
    -moz-box-orient: vertical;
    -Webkit-box-orient: vertical;
    width: 800px; height: 260px;
}
#text-a {background-color: chartreuse;}
#text-b {background-color: aquamarine;}
#text-c {background-color: aqua;}
#text-a, #text-b, #text-c {
    -moz-box-sizing: border-box;
    -WebKit-box-sizing: border-box;
    font-size: 1 em;
    height: 80px;
}
</style>
```

在浏览器中预览网页，效果将如下图所示。

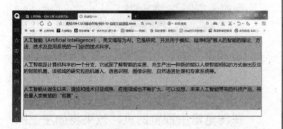

9.2.5 消除空白

在 9.2.4 节中，可以看到元素的大小并不能完全自适应网页布局。不过，如果改用盒布局，就可以让参与布局的元素的总宽度和总高度始终等于容器的宽度和高度。

【例 9-11】以【例 9-10】创建的网页为基础，通过修改内部样式表，将 div 元素的排列方向定义为水平方向，在每一个 div 子元素的样式代码中添加 box-flex 属性。素材

```
<style type="text/css">
#container {
    display: -moz-box;
    display: -WebKit-box;
    border: solid 1px red;
    -moz-box-orient: horizontal;
    -Webkit-box-orient: horizontal;
    width: 800px;
    height: 300px;
}
#text-a {
    background-color: chartreuse;
    width: 200px;
}
#text-b {
    background-color: aquamarine;
    -moz-box-flex: 1;
    -WebKit-box-flex: 1;
}
#text-c {
    background-color: aqua;
    width: 180px;
}
#text-a, #text-b, #text-c {
    -moz-box-sizing: border-box;
    -WebKit-box-sizing: border-box;
    font-size: 1 em;
}
</style>
```

在浏览器中预览网页，效果如下页左图所示。

HTML5+CSS3 网页设计案例教程

在以上代码中，修改<div id="container">容器的样式代码，将排列方向修改为垂直方向：

```
#container {
    display: -moz-box;
    display: -WebKit-box;
    border: solid 1px red;
    -moz-box-orient: vertical;
    -Webkit-box-orient: vertical;
    width: 800px;height: 300px;
}
#text-a {
  background-color: chartreuse;
  height: 80px;
}
#text-b {
  background-color: aquamarine;
    -moz-box-flex: 1;
    -WebKit-box-flex: 1;
}
#text-c {
  background-color: aqua;
    height: 60px;
}
```

网页的预览效果将如下图所示。

可以看到，如果使用盒布局，那么使用了 box-flex 属性的元素的宽度与高度总会自

动扩大，使得参与排列的元素的总宽度与总高度始终等于容器元素的高度与宽度。

以上实例都是只针对一个元素使用 box-flex 属性，使其宽度和高度自适应，从而让浏览器或容器中所有元素的总宽度或总高度等于浏览器或容器的宽度或高度。当然，也可以为多个元素使用 box-flex 属性。例如：

```
#container {
    display: -moz-box;
    display: -WebKit-box;
    border: solid 1px red;
    -moz-box-orient: vertical;
    -Webkit-box-orient: vertical;
    width: 800px;
    height: 300px;
}
#text-a {
    background-color: chartreuse;
    -moz-box-flex: 1;
    -WebKit-box-flex: 1;
}
#text-b {
    background-color: aquamarine;
    -moz-box-flex: 1;
    -WebKit-box-flex: 1;
}
#text-c {
    background-color: aqua;
}
#text-a, #text-b, #text-c {
    -moz-box-sizing: border-box;
    -WebKit-box-sizing: border-box;
    font-size: 1 em;
}
```

在浏览器中预览网页，效果将如左下图所示。从运行结果可以看出，前两个 div 元素的高度都自动扩大了，而且扩大后，前两个 div 元素的高度保持相等。第 3 个 div 元

素的高度仍旧保持元素内容的高度。

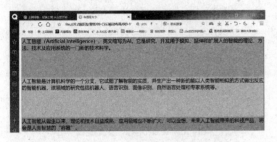

如果 3 个 div 元素的样式都使用 box-flex 属性，则每个 div 元素的高度就等于容器的高度除以 3。

到现在为止，样式中使用的 box-flex 属性的值都是 1。如果某个 div 元素的 box-flex 属性值大于 1，那么页面会自动成倍扩展，相当于使用 box-flex 属性定义了元素为自适应大小所需的空间。如果 a 元素的 box-flex 属性值为 1，而 b 元素的 box-flex 属性值为 3，则 a 元素的宽度(或高度)应该是容器宽度的 1/4，而 b 元素的宽度(或高度)应该为容器宽度的 3/4。

9.2.6 定义对齐方式

在盒布局中，可以使用 box-pack 和 box-align 属性来指定元素中的文字、图像等子元素在水平方向或垂直方向的对齐方式。

box-pack 和 box-align 属性的取值说明如下表所示。

box-pack 和 box-align 属性的取值说明

取值	说明
start(排列方式 horizontal)	针对 box-pack 属性，表示左对齐，文字、图像等子元素被放置在元素最左侧显示；针对 box-align 属性，表示顶部对齐，文字、图像等子元素被放置在元素顶部显示
center(排列方式 horizontal)	针对 box-pack 属性，表示中部对齐，文字、图像等子元素被放置在元素中部显示；针对 box-align 属性，表示中部对齐，文字、图像等子元素被放置在元素中部显示
end(排列方式 horizontal)	针对 box-pack 属性，表示右对齐，文字、图像等子元素被放置在元素最右侧显示；针对 box-align 属性，表示底部对齐，文字、图像等子元素被放置在元素底部显示
start(排列方式 vertical)	针对 box-pack 属性，表示左对齐，文字、图像等子元素被放在元素最左侧显示；针对 box-align 属性，表示顶部对齐，文字、图像等子元素被放置在元素顶部显示
center(排列方式 vertical)	针对 box-pack 属性，表示中部对齐，文字、图像等子元素被放置在元素中部显示；针对 box-align 属性，表示中部对齐，文字、图像等子元素被放置在元素中部显示
end(排列方式 vertical)	针对 box-pack 属性，表示右对齐，文字、图像等子元素被放置在元素最右侧显示；针对 box-align 属性，表示底部对齐，文字、图像等子元素被放置在元素底部显示

在 CSS3 出现以前，如果要让文字水平显示，只要使用 text-align 属性就可以了；但是，如果要让文字垂直居中，由于 div 元素不能使用 vertical-align 属性，因而很难做到。在 CSS3 中，只要让 div 元素使用 box-align 属性(排列方向默认为 horizontal)，文字就可

以垂直居中显示了。

【例9-12】定义一个div父元素，其中包含多个div子元素，这些div子元素中有一些文字，使用box-pack和box-align属性让文字位于div父元素的正中央。 素材

```
<!doctype html>
<html>
<head>
<meta charset="utf-8">
<title>定义对齐</title>
<style type="text/css">
div#container {
    display: -moz-box;
    display: -WebKit-box;
    -moz-box-align: center;
    -Webkit-box-align: center;
    -moz-box-pack: center;
    -Webkit-box-pack: center;
    width: 500px;
    height: 200px;
    background-color: #ccc;
}
#text-a {background-color: chartreuse;}
#text-b {background-color: aquamarine;}
#text-c {background-color: aqua;}
</style>
</head>
<body>
<div id="container">
    <div id="text-a">人工智能-1</div>
    <div id="text-b">人工智能-2</div>
    <div id="text-c">人工智能-3</div>
</div>
</body>
</html>
```

在浏览器中预览网页，效果如下。

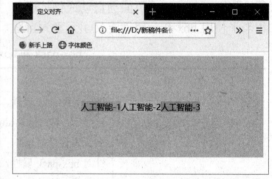

9.3 弹性盒布局

弹性盒布局是CSS3新增的一种布局模型。下面将通过实例进行详细介绍。

9.3.1 定义弹性盒

弹性盒由伸缩容器和伸缩项目组成。通过设置元素的display属性为flex或inline-flex，可以得到伸缩容器。设置为flex的容器被渲染为块级元素，而设置为inline-flex的容器则被渲染为行内元素。具体语法如下：

  display:flex | inline-flex;

以上语法定义了伸缩容器，属性值决定了伸缩容器采用行内显示还是块显示方式；其中的所有子元素将变成flex文档流，被称为伸缩项目。

此时，CSS的columns属性在伸缩容器上没有效果，float、clear和vertical-align属性在伸缩项目上也没有效果。

【例9-13】设计一个伸缩容器，其中包含4个伸缩项目。 素材

```
<!doctype html>
<html>
<head>
<meta charset="utf-8">
<title>伸缩容器</title>
<style type="text/css">
.flex-container{
    display: -WebKit-box;
```

```
    display: flex;
    width: 500px;
    height: 300px;
    border: solid 1px red;
}
.flex-item{
    background-color: aqua;
    width: 200px; height: 200px;margin: 10px;
}
</style>
</head>
<body>
<div class="flex-container">
    <div class="flex-item">伸缩项目-1</div>
    <div class="flex-item">伸缩项目-2</div>
    <div class="flex-item">伸缩项目-3</div>
    <div class="flex-item">伸缩项目-4</div>
</div>
</body>
</html>
```

在浏览器中预览网页，效果如下。

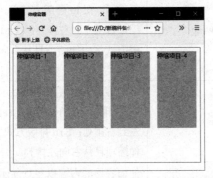

伸缩容器中的每一个子元素都是一个伸缩项目，伸缩项目的数量是任意的，伸缩容器外和伸缩项目内的一切元素都不受影响。伸缩项目沿着伸缩容器内的伸缩行定位，通常每个伸缩容器只有一个伸缩行。在上面的实例中，可以看到4个伸缩项目沿着一个水平伸缩行显示。默认情况下，伸缩行和文本方向一致——从左至右、从上到下。

常规布局基于块和文本流方向，弹性盒布局则基于 flex-flow 流。W3C 对弹性盒布局的解释如下图所示。

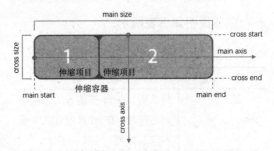

伸缩项目沿着主轴(main axis)从主轴起点(main-start)到主轴终点(main-end)排列，也可沿着侧轴(cross axis)从侧轴起点(cross-start)到侧轴终点(cross-end)排列。

▶ 主轴(main axis)：伸缩项目主要沿着主轴进行排列布局(注意，主轴不一定是水平方向的)。

▶ 主轴起点(main-start)和主轴终点(main-end)：伸缩项目被放置在伸缩容器内，从主轴起点(main-start)向主轴终点(main-end)方向排列。

▶ 主轴尺寸(main size)：伸缩项目在主轴方向的宽度或高度就是主轴尺寸。伸缩项目主要的大小属性要么是 width，要么是 hight(由哪一个对着主轴方向决定)。

▶ 侧轴(cross axis)：垂直于主轴，其方向主要取决于主轴方向。

▶ 侧轴起点(cross-start)和侧轴终点(cross-end)：伸缩行的配置是从容器的侧轴起点开始，在侧轴终点结束。

▶ 侧轴尺寸(cross size)：伸缩项目在侧轴方向的宽度或高度就是侧轴尺寸。

9.3.2 定义伸缩方向

使用 flex-direction 属性可以定义伸缩方向。该属性适用于伸缩容器，伸缩容器是伸缩项目的父元素。

flex-direction 属性主要用来创建主轴，从而定义伸缩项目在伸缩容器内的放置方向。具体语法如下：

flex-direction: row | row-reverse | column | column-reverse

取值说明如下表所示。

flex-direction 属性的取值说明

取值	说明
row	默认值，在 ltr 排版方式下从左向右排列，在 rtl 排版方式下从右向左排列
row-reverse	与 row 排版方向相反，在 ltr 排版方式下从右向左排列，在 rtl 排列方式下从左向右排列
column	类似于 row，不过是从上到下排列
column-reverse	类似于 row-reverse，不过是从下到上排列

主轴起点与主轴终点方向分别等同于当前书写模式的开始与结束方向，其中 ltr 指定文本书写方式是 left-to-right，也就是从左向右书写；rtl 刚好与 ltr 相反，书写方式是 right-to-left，也就是从右向左书写。

【例 9-14】在【例 9-13】的基础上修改内部样式表，设计一个伸缩容器，其中包含 4 个伸缩项目，定义伸缩项目从上往下排列。 素材

```
<style type="text/css">
.flex-cntainer{
    display: -WebKit-flex;
    display: flex;
    -WebKit-flex-direction: column;
    -WebKit-direction:column;
    width: 500px;height: 300px;
    border: solid 1px red;
}
.flex-item{
    background-color: aqua;
    width: 200px;height: 200px; margin: 10px;
}
</style>
```

在浏览器中预览网页，效果如下。

9.3.3 定义行数

flex-wrap 属性主要用于定义伸缩容器的内容以单行还是多行显示，侧轴的方向决定了新行堆放的方向。该属性适用于伸缩器，语法格式如下：

flex-wrap: nowrap | wrap | wrap-reverse

取值说明如下表所示。

flex-warp 属性的取值说明

取值	说明
nowrap	默认值，伸缩容器的内容以单行显示。在 ltr 排版方式下，伸缩项目从左到右排列；在 rtl 排版方式下，伸缩项目从右向左排列
wrap	伸缩容器的内容以多行显示。在 ltr 排版方式下，伸缩项目从左到右排列；在 rtl 排版方式下，伸缩项目从右向左排列
wrap-reverse	伸缩容器的内容以多行显示。与 wrap 相反，在 ltr 排版方式下，伸缩项目从右向左排列；在 rtl 排版方式下，伸缩项目从左向右排列

【例 9-15】在【例 9-14】的基础上设计一个伸缩容器，其中包含 4 个伸缩项目，定义伸缩项目以多行排列。 素材

```
<style type="text/css">
.flex-cntainer{
    display: -WebKit-flex;
    display: flex;
    -WebKit-flex-wrap: wrap;
    -WebKit-wrap:wrap;
    width: 500px;  height: 300px;
    border: solid 1px red;
}
.flex-item{
    background-color: aqua;
    width: 200px; height: 200px; margin: 10px;
}
</style>
```

在浏览器中预览网页，效果如下。

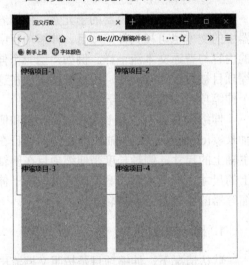

flex-flow 属性是 flex-direction 和 flex-wrap 属性的复合属性，适用于伸缩容器。使用 flex-flow 属性可以同时定义伸缩容器的主轴和侧轴，默认值为 row nowrap。语法如下：

flex-flow:<' flex-direction '>||<' flex-wrap' >

9.3.4 定义对齐方式

1. 主轴对齐

justify-content 属性用于定义伸缩项目沿主轴的对齐方式。该属性适用于伸缩容器。当一行中的所有伸缩项目都不能伸缩或虽可伸缩但却达到最大长度时，这一属性才会对多余的空间进行分配。当伸缩项目溢出某一行时，这一属性也会在伸缩项目的对齐方面施加一些控制。具体语法如下：

justify-content: flex-start | flex-end | center | space-between | space-around

取值说明如下表所示。

justify-content 属性的取值说明

取值	说明
flex-star	默认值，伸缩项目向一行的起始位置靠齐
flex-end	伸缩项目向一行的结束位置靠齐
center	伸缩项目向一行的中间位置靠齐
space-between	伸缩项目会平均地分布在一行中。第一个伸缩项目在一行中的开始位置，最后一个伸缩项目在一行中的终点位置
space-around	伸缩项目会平均地分布在一行中，但在两端保留一半的空间

2. 侧轴对齐

align-items 属性主要用于定义伸缩项目在伸缩容器的当前行的侧轴方向的对齐方式。该属性适用于伸缩容器，类似于侧轴(垂直于主轴)的 justify-content 属性。语法如下：

align-items: flex-start | flex-end | center | baseline | stretch

取值说明如下表所示。

align-items 属性的取值说明

取值	说明
flex-start	伸缩项目位于伸缩容器的开头
flex-end	伸缩项目位于伸缩容器的结尾
center	伸缩项目位于伸缩容器的中心

(续表)

取值	说明
baseline	伸缩项目根据它们的基线进行对齐
stretch	默认值，伸缩项目会拉伸填充整个伸缩容器

3. 伸缩行对齐

align-content 属性主要用于调整伸缩行在伸缩容器中的对齐方式，该属性适用于伸缩容器。类似于伸缩项目在主轴上使用 justify-content 属性一样，align-content 属性在只有一行的伸缩容器上没有效果。具体语法如下：

```
align-content: flex-start | flex-end | center | space-between | space-around | stretch
```

取值说明如下表所示。

align-content 属性的取值说明

取值	说明
flex-start	各行向伸缩容器的起点位置堆叠
flex-end	各行向伸缩容器的结束位置堆叠
center	各行向伸缩容器的中间位置堆叠
space-between	各行在伸缩容器中平均分布
space-around	各行在伸缩容器中平均分布，但在两端各有一半空间
stretch	默认值，各行将会伸展以占用剩余的空间

【例 9-16】在【例 9-15】的基础上修改内部样式表，定义伸缩行在伸缩容器中居中显示。◎素材

```
.flex-container{
    display: -WebKit-flex;
    display: flex;
    -WebKit-flex-wrap: wrap;
    -WebKit-wrap:wrap;
    align-content: center;
    width: 500px;
    height: 300px;
```

```
    border: solid 1px red;
}
```

在浏览器中预览网页，效果如下。

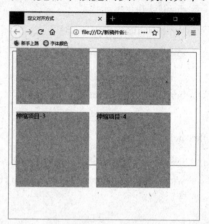

9.3.5 定义伸缩项目

伸缩项目是伸缩容器的子元素。伸缩容器中的文本也可视为伸缩项目。伸缩项目中的内容与普通文本流一样。例如，当一个伸缩项目被设置为浮动时，用户依然可以在这个伸缩项目中放置浮动元素。

伸缩项目都有主轴长度(main size)和侧轴长度(cross size)。主轴长度是伸缩项目在主轴上的尺寸，侧轴长度是伸缩项目在侧轴上的尺寸。伸缩项目的宽度或高度取决于伸缩容器的主轴长度或侧轴长度。

1. 显示位置

默认情况下，伸缩项目是按照文档流出现的先后顺序排列的。然而，order 属性可以控制伸缩项目在伸缩容器中出现的顺序。该属性适用于伸缩项目。具体语法如下：

```
order: <integer>
```

2. 扩展空间

flex-grow 属性可以根据需要定义伸缩项目的扩展能力。该属性适用于伸缩项目。具体语法如下：

flex-grow: <number>

默认值为 0,负值同样有效。

如果将所有伸缩项目的 flex-grow 属性值设置为 1,那么每个伸缩项目将占用大小相等的剩余空间。如果将其中一个伸缩项目的 flex-grow 属性值设置为 2,那么这个伸缩项目所占的剩余空间是其他伸缩项目所占剩余空间的两倍。

3. 收缩空间

与 flex-grow 属性相反,flex-shrink 属性可以根据需要定义伸缩项目的伸缩能力。该属性适用于伸缩项目。具体语法如下:

flex-shrink: <number>

默认值为 1,负值同样有效。

4. 伸缩比率

flex-basis 属性用于设置伸缩基准值,剩余的空间按比率进行伸缩。该属性适用于伸缩项目。具体语法如下:

flex-basis: <length> | auto

默认值为 auto,负值不合法。

5. 对齐方式

align-self 属性用于在单独的伸缩项目上覆写默认的对齐方式。具体语法如下:

align-self: auto | flex-start | flex-end | center | baseline | stretch

【例 9-17】在【例 9-16】的基础上修改内部样式表,定义伸缩项目在当前位置向右移一个位置,其中第 1 个伸缩项目位于第 2 个伸缩项目的位置,第 2 个伸缩项目位于第 3 个伸缩项目的位置,最后一个伸缩项目移至第 1 个伸缩项目的位置。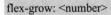

```
<style type="text/css">
.flex-container{
    display: -WebKit-flex;
    display: flex; width: 500px; height: 300px;
    border: solid 1px red;
}
.flex-item{
    background-color: aqua;
    width: 200px;height: 200px;margin: 10px;
}
.flex-item:nth-child(0){
    -WebKit-order: 4;order: 4;
}
.flex-item:nth-child(1){
    -WebKit-order: 1;order: 1;
}
.flex-item:nth-child(2){
    -WebKit-order: 2;order: 2;
}
.flex-item:nth-child(3){
    -WebKit-order: 3;order: 3;
}
</style>
```

在浏览器中预览网页,效果如下。

9.4 媒体查询

2017 年 9 月,W3C 发布了媒体查询功能。媒体查询可以根据设备特性(如屏幕宽度、高度、设备方向)为设备定义独立的 CSS 样式表。媒体查询由可选的媒体类型和零个或多个限制范围的表达式组成(如宽度、高度和颜色等)。

CSS3 使用@media 规则定义媒体查询。基本语法如下：

@media [only | not] ? <media_type>
[and<expression>]* | <expression>
[and<expression>]*{/*CSS 样式列表*/}

参数说明如下表所示。

@media 规则的参数说明

参数	说明
<media_type>	指定媒体类型
<expression>	指定媒体特性，放在一对圆括号中，如(min-width:400px)
逻辑运算符	包括 and(逻辑与)、not(逻辑否)、only(兼容设备)等 13 种逻辑运算符(要么接收单个的逻辑表达式作为值，要么没有值)

and 运算符用于符号两边都满足规则的情况，例如：

@media screen and (max-width:600px){
/*匹配宽度小于或等于 600px 的屏幕设备*/
}

not 运算符用于取非，所有不满足规则的均匹配，例如：

@media not print {
/*匹配除了打印机以外的所有设备*/
}

在媒体查询列表中，not 仅否定自身所在的媒体查询，而不影响其他的媒体查询。要在复杂的条件中使用 not 运算符，应添加小括号以避免歧义。

","(逗号)相当于 or 运算符，两边的规则只要满足其一就匹配，例如：

@media screen , (min-width:800px) {
/*匹配屏幕或界面宽度大于或等于 800px 的设备*/
}

在媒体类型中，all 是默认值，用于匹配所有设备，例如：

@media all {
/*可以过滤不支持媒体查询的浏览器*/
}

常用的媒体类型还有 screen(匹配屏幕显示器)、print(匹配打印输出)。

使用媒体查询时，必须加括号。一对括号就是一个查询，例如：

@media (max-width: 600px) {
/*匹配界面宽度小于或等于 600px 的设备*/
}
@media (min-width: 400px) {
/*匹配界面宽度大于或等于 400px 的设备*/
}
@media (max-device-width:800px){
/*匹配设备(非界面)宽度小于或等于 800px 的设备*/
}
@media (min-device-width: 600px) {
/*匹配设备(非界面)宽度小于或等于 600px 的设备*/
}

媒体查询允许互相嵌套，这样可以优化代码，避免冗余，例如：

@media not print {
　　/*通用样式*/
　　@media (max-width:600px){
　　/*匹配宽度小于或等于 600px 的非打印机设备*/
　　}
　　@media (min-width:600px){
　　/*匹配宽度大于或等于 600px 的非打印机设备*/
　　}
}

在设计响应式页面时，用户应根据实际需求，先确定自适应分辨率的阀值，也就是页面响应的临界点，例如：

```
@media (min-width:768px){
    /*≥768px 的设备*/
}
@media (min-width:992px){
    /*≥992px 的设备*/
}
@media (min-width:1200px){
    /*≥1200px 的设备*/
}
```

用户可以创建多个样式表，以适应不同媒体类型的宽度范围。在实际工作中，更有效的方法是将多个媒体查询整合到样式表文件中，这样可以减少请求的数量。例如：

```
@media only screen and
(min-device-width:320px) and
(max-device-width: 400px) {
```

```
    /*样式列表*/
}
@media only screen and (min-width:320px){
    /*样式列表*/
}
@media only screen and (max-width:320px){
    /*样式列表*/
}
```

使用 orientation 属性可以判断设备屏幕当前是横屏(值为 landscape)还是竖屏(值为 portrait)。

```
@media screen and {orientation: landscape} {
    .iPadLandscape {
        width: 30%;
        float: right;
    }
}
@media screen and (orientation: portrait) {
    .iPadPortrait {clear: both;}
}
```

9.5 案例演练

本章的案例演练部分将通过实例操作帮助用户巩固所学的知识。

【例 9-18】在 PC 端的浏览器中显示大图广告，在移动设备上显示广告图中的焦点信息。 素材

step 1 创建 HTML5 文档，在<body>标签中输入以下代码：

```
<picture>
    <source srcset="images/bg.png"
        media="(min-width: 800px)">
    <img srcset="images/small.png">
</picture>
```

step 2 在 PC 端的浏览器中预览网页，效果如右图所示。

step 3 在移动设备上预览网页，效果如下页左图所示。

【例9-19】利用媒体查询，让网页可以根据屏幕宽度的不同，显示不同大小的响应式图片。 素材

step 1 创建 HTML5 文档，在<body>标签内输入以下代码：

```
<div class="changeImg"></div>
```

step 2 在<head>标签内添加<style type="text/css">标签，定义内部样式表，在 CSS 中利用 media 关键字，设计当屏幕宽度大于或等于 640px 时显示 bg.png 图片，当屏幕宽度小于 640px 时，显示 small.png 图片：

```
<style type="text/css">
/*当屏幕宽度大于或等于 640 像素时*/
@media screen and (min-width:640px){
    .changeImg {
      background-image: url("images/bg.png");
      background-repeat: no-repeat;
      height: 100%;
    }
}
/*当屏幕宽度小于或等于 640 像素时*/
@media screen and (max-width:640px){
    .changeImg {
      background-image: url("images/small.png");
      background-repeat: no-repeat;
      height: 100%;
    }
}
</style>
```

【例9-20】定义当屏幕宽度为 1000px 以上时，网页内容以 3 栏并列显示。 素材

step 1 创建 HTML5 文档，在<body>标签内输入以下代码：

```
<div id="container">
    <div id="wrapper">
        <div id="main">
            <h1>人工智能</h1>
            <h2>计算机科学的一个分支</h2>
            <p>人工智能(Artificial Intelligence)，英文缩写为 AI。它是研究、开发用于模拟、延伸和扩展人的智能的理论、方法、技术及应用系统的一门新的技术科学。</p>
            <p>人工智能是计算机科学的一个分支，它试图了解智能的实质，并生产出一种新的能以人类智能相似的方式做出反应的智能机器，该领域的研究包括机器人、语言识别、图像识别、自然语言处理和专家系统等。人工智能从诞生以来，理论和技术日益成熟，应用领域也不断扩大，可以设想，未来人工智能带来的科技产品，将会是人类智慧的"容器"。人工智能是对人的意识、思维的信息过程的模拟。人工智能不是人的智能，但能像人那样思考，也可能超过人的智能。</p>
        </div>
        <div id="sub">
            <h2>目录</h2>
            <ul>
                <li><a href="">1-定义详解</a></li>
                <li><a href="">2-研究价值</a></li>
                <li><a href="">3-发展阶段</a></li>
                <li><a href="">4-科学介绍</a></li>
                <li><a href="">更多</a></li>
            </ul>
        </div>
    </div>
    <div id="sidebar">
        <h2>相关著作</h2>
        <ul>
            <li><a href="">《视读人工智能》</a></li>
```

```
        <li><a href="">《人工智能的未来》</a>
</li>
        <li><a href="">《人工智能哲学》</a></li>
        <li><a href="">《人工智能科学》</a></li>
            </ul>
        </div>
</div>
```

step 2 在<head>标签内添加<style type="text/css">标签,定义内部样式表,使页面能够自适应屏幕宽度:

```
<style type="text/css">
#container { width: 960px; margin: auto;}
#wrapper { width: 740px; float: left;}
#main { width: 520px; float: right;}
#sub { width: 200px; float: left;}
#sidebar { width: 200px; float: right;}
/* 窗口宽度在1000px 以上 */
@media screen and (min-width: 1000px) {
    /*三栏显示*/
    #container { width: 1000px; }
    #wrapper { width: 780px; float: left; }
    #main { width: 560px; float: right; }
    #sub { width: 200px; float: left; }
    #sidebar { width: 200px; float: right; }
}
/* 窗口宽度在640px 以上、1000px 以下 */
@media screen and (min-width: 640px) and (max-width: 1000px) {
    /* 两栏显示 */
    #container { width: 640px; }
    #wrapper { width: 640px; float: none; }
    .height { line-height: 300px; }
    #main { width: 420px; float: right; }
    #sub { width: 200px; float: left; }
    #sidebar { width: 100%; float: none; }
}
/* 窗口宽度在640px 以下 */
@media screen and (max-width: 640px) {
    /* 一栏显示 */
    #container { width: 100%; }
```

```
    #wrapper { width: 100%; float: none; }
    #main {width: 100%; float: none; }
    #sub { width: 100%; float: none; }
    #sidebar {width: 100%; float: none; }
}
</style>
```

在浏览器中预览网页,屏幕宽度大于或等于1000px 以上时效果如下。

屏幕宽度在640px 以上、1000px 以下时效果如下。

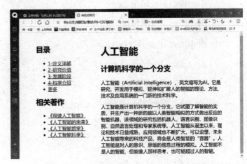

屏幕宽度小于或等于640px 时效果如下。

【例9-21】设计响应式菜单。 素材

step 1 创建HTML5文档,在<body>标签内输入以下代码:

```
<body>
<ul class="navigation">
    <li><a href="#">首页</a></li>
    <li><a href="#">新闻</a></li>
    <li><a href="#">教育</a></li>
    <li><a href="#">查询</a></li>
</ul>
</body>
```

step 2 在<head>标签内添加<style type="text/css">标签,定义内部样式表,使用CSS3的弹性盒定义伸缩布局:

```
.navigation {
    list-style: none;
    margin: 0;
    background: #c23;
    display: -webkit-box;
    display: -moz-box;
    display: -ms-flexbox;
    display: -webkit-flex;
    display: flex;
    -webkit-flex-flow: row wrap;
    justify-content: flex-end;
}
```

step 3 使用CSS3的媒体查询定义响应式菜单:

```
@media all and (max-width: 800px) {
    .navigation { justify-content: space-around; }
}

@media all and (max-width: 600px) {
    .navigation {
        -webkit-flex-flow: column wrap;
        flex-flow: column wrap;
        flex-flow: column wrap;
        padding: 0;
    }
    .navigation a {
        text-align: center;
```

```
        padding: 10px;
        border-top: 1px solid
            rgba(255,255,255,0.3);
        border-bottom: 1px solid
            rgba(0,0,0,0.1);
    }
    .navigation li:last-of-type a { border-bottom:
        none; }
}
```

在浏览器中预览网页,当屏幕宽度在600px和800px之间时,页面效果如下。

当屏幕宽度小于或等于600px时,页面效果如下。

当屏幕宽度大于或等于800px时,页面效果如下。

第 10 章

CSS3 变形和动画

　　CSS3 增加了 transition 和 animation 两种动画功能，可以通过改变 CSS 中的属性值来产生动画效果。本章将详细介绍 transform、transition 和 animation 等功能，通过实例介绍在网页中应用变形和动画的方法。

10.1 CSS3 变形

2009年3月，W3C组织发布了3D变形标准草案。同年，W3C在3D变形标准草案的基础上又发布了2D变形标准草案。这两个草案的核心内容基本相似，但针对的主体不同(一个针对3D，另一个针对2D)。下面将分别介绍。

transform 属性可以旋转、缩放、倾斜和移动元素。基本语法如下：

transform:none | <transform-function> [<transform-function>]*;

transform 属性的初始值是 none，适用于块元素和行内元素。

<transform-function>用于设置变形函数，可以设置一个或多个变形函数。常用的变形函数有 matrix()、translate()、scale()、scaleX()、scaleY()、rotate()、skewX()、skewY()、skew()等。这些常用变形函数的功能说明如下表所示。

常用变形函数的功能说明

变形函数	说明
matrix()	定义矩阵变换，基于 x 和 y 坐标重新定位元素的位置
translate()	移动元素对象，基于 x 和 y 坐标重新定位元素
scale()	缩放元素对象，可以使任意元素对象的尺寸发生变化，取值包括正数、负数以及小数
rotate()	旋转元素对象
skew()	倾斜元素对象

10.1.1 2D 旋转

rotate()函数能够旋转指定的元素对象，操作主要在二维空间内进行。该函数接收一个角度参数值，用来指定旋转的幅度。元素对象可以是内联元素和块级元素。语法格式如下：

rotate(<angle>)

其中：angle 参数表示角度值，取值单位可以是 deg(度)、grad(梯度)、rad(弧度)或 turn(圈)。

【例 10-1】演示 div 元素在光标经过时逆时针旋转 90°。素材

```
<!doctype html>
<html>
<head>
```

```
<meta charset="utf-8">
<style type="text/css">
div {
    margin: 10px auto;
    width: 700px;
    height: 700px;
    background: url("images/city.png") center;
}
div:hover {
/*定义动画状态*/
    -WebKit-transform: rotate(-90deg);
    -moz-transform: rotate(-90deg);
    -o-transform: rotate(-90deg);
    filter : progid :   DIXmageTransform.Microsoft.BasicImage (rotation=3);
}
```

```
</style>
</head>
<body>
<div></div>
</body>
</html>
```

在浏览器中预览网页，效果如下。

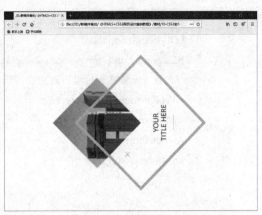

光标经过时图像旋转 90°

默认状态

将光标放置在页面中的图像上，页面中的图像将旋转 90°，效果如右上图所示。

10.1.2　2D 缩放

scale()函数能够缩放元素大小。该函数包含两个参数，分别用来定义宽度和高度的缩放比例。语法格式如下：

scale(<number>[, <number>])

<number>参数可以是正数、负数或小数。为正数时，基于指定的宽度和高度放大元素；为负数时，不会缩小元素，而是先翻转元素(如文字被翻转)，再缩放元素。使用小于 1 的小数(例如 0.5)可以缩小元素。如果省略第 2 个参数，则第 2 个参数的值等于第 1 个参数值。

【例 10-2】在导航菜单中添加缩放功能。 素材

```
<!doctype html>
<html>
<head>
<meta charset="utf-8">
<style type="text/css">
    .test ul {list-style: none;}
    .test li {float: left; width: 140px; background: #CCC; margin-left: 3px; line-height: 30px;}
    .test a {display: block; text-align: center; height: 30px;}
    .test a:link {color: #666; background: url("images/icon-1.png")#CCC no-repeat 5px 12px;
        text-decoration: none;}
    .test a:visited {color: #666; text-decoration: underline;}
    .test a:hover {
        color: #CCC;
```

```
            font-weight: bold;
            text-decoration: none;
            background: url("images/icon-2.png")#F00 no-repeat 5px 12px;
            /*设置a元素在光标经过时放大两倍*/
            -WebKit-transform: scale(1.2);
            -moz-transform: scale(1.2);
            -o-transform: scale(1.2);
            transform: scale(1.2);
        }
    </style>
</head>
<body>
<div class="test">
    <ul>
    <li><a href="">所有产品</a></li>
    <li><a href="">首页有惊喜</a></li>
    <li><a href="">店长推荐</a></li>
    <li><a href="">宝贝热销</a></li>
    <li><a href="">新品上市</a></li>
    <li><a href="">店铺热卖</a></li>
    <li><a href="">收藏店铺</a></li>
    </ul>
</div>
</body>
</html>
```

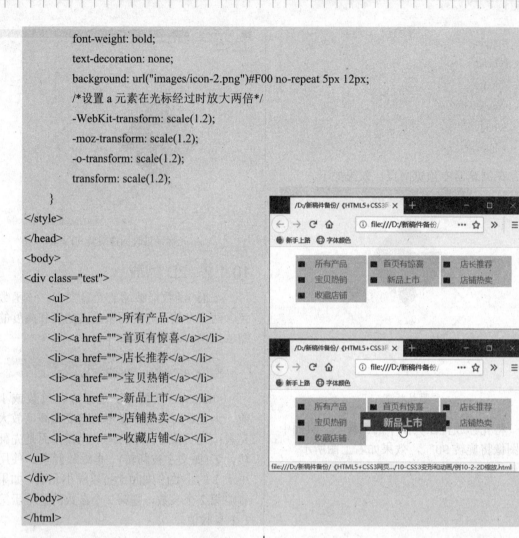

在浏览器中预览以上代码，效果如右上图所示。

10.1.3　2D 移动

translate()函数能够重新定位元素的坐标。该函数包含两个参数，分别用来定义 x 轴和 y 轴坐标。语法格式如下：

translate(<translation-value> [, <translation-value>])

<translation-value>参数表示坐标值，第 1 个参数表示相对于原始位置的 x 轴偏移距离，第 2 个参数表示相对于原始位置的 y 轴偏移距离。如果省略第 2 个参数，那么第 2 个参数默认为 0。

【例 10-3】修改【例 10-2】生成的代码，为导航栏添加定位功能。

```
<style type="text/css">
    .test ul {list-style: none;}
    .test li {float: left; width: 140px; background: #CCC; margin-left: 3px; line-height: 30px;}
    .test a {display: block; text-align: center; height: 30px;}
    .test a:link {color: #666; background: url("images/icon-1.png")#CCC no-repeat 5px 12px;
            text-decoration: none;}
```

```
.test a:visited {color: #666; text-decoration: underline;}
.test a:hover {
    color: #CCC;
    font-weight: bold;
    text-decoration: none;
    background: url("images/icon-2.png")#F00 no-repeat 5px 12px;
    /*设置 a 元素在光标经过时向右下角位置偏移 5 像素*/
    -WebKit-transform: translate(5px,5px);
    -moz-transform: translate(5px,5px);
    -o-transform: translate(5px,5px);
    transform: translate(5px,5px);
}
</style>
</head>
<body>
<div class="test">
    <ul>
        <li><a href="">所有产品</a></li>
        <li><a href="">首页有惊喜</a></li>
        <li><a href="">店长推荐</a></li>
    </ul>
</div>
</body>
</html>
```

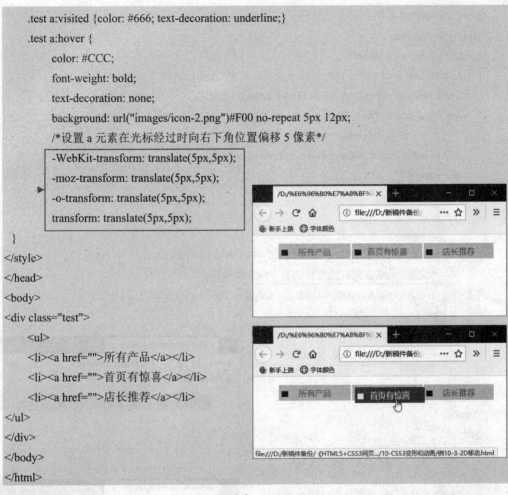

在浏览器中预览以上代码，效果如右上图所示。

10.1.4　2D 倾斜

skew()函数能够让元素倾斜显示。该函数包含两个参数，分别用来定义 x 轴和 y 轴坐标的倾斜角度。语法格式如下：

skew(<angle>[, <angle>])

其中：<angle>参数表示角度值，第 1 个参数表示相对于 x 轴进行倾斜，第 2 个参数表示相对于 y 轴进行倾斜。如果省略第 2 个参数，那么第 2 个参数默认为 0。

使用 skew()函数可以将对象围绕 x 轴和 y 轴按照一定的角度倾斜。这与旋转不同，ratate()函数只是旋转，而不会改变元素的形状，skew()函数则会改变元素的形状。

【例 10-4】修改【例 10-2】生成的代码，为导航栏中的选项添加倾斜变形效果。素材

```
<!doctype html>
<html>
<head>
```

```
<meta charset="utf-8">
<style type="text/css">
    .test ul {list-style: none;}
    .test li {float: left; width: 140px; background: #CCC; margin-left: 3px; line-height: 30px;}
    .test a {display: block; text-align: center; height: 30px;}
    .test a:link {color: #666; background: url("images/icon-1.png")#CCC no-repeat 5px 12px;
              text-decoration: none;}
    .test a:visited {color: #666; text-decoration: underline;}
    .test a:hover {
        color: #CCC;
        font-weight: bold;
        text-decoration: none;
        background: url("images/icon-2.png")#F00 no-repeat 5px 12px;
        /*设置 a 元素在光标经过时向左下角方向倾斜*/
        -WebKit-transform: skew(10deg,-10deg);
        -moz-transform: skew(10deg,-10deg);
        -o-transform: skew(10deg,-10deg);
        transform: skew(10deg,-10deg);
    }
</style>
</head>
<body>
<div class="test">
    <ul>
        <li><a href="">所有产品</a></li>
        <li><a href="">首页有惊喜</a></li>
        <li><a href="">店长推荐</a></li>
    </ul>
</div>
</body>
</html>
```

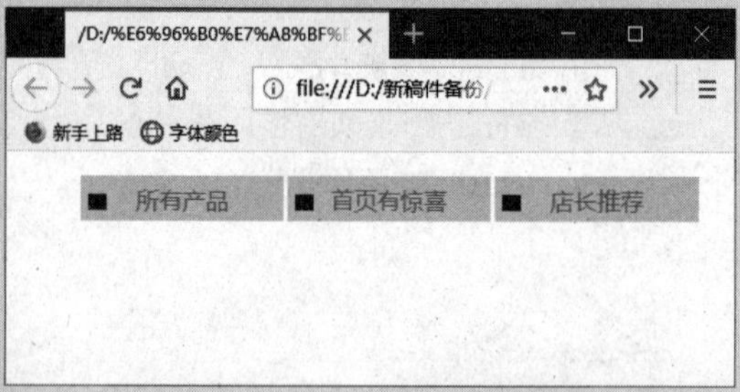

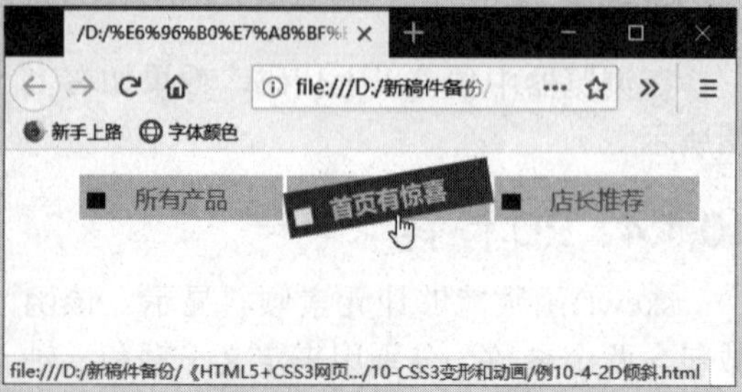

在浏览器中预览以上代码，效果如右上图所示。

10.1.5　2D 矩阵

matrix()是矩阵函数，可以用来灵活地实现各种变形效果，例如倾斜(skew)、缩放(scale)、旋转(rotate)以及位移(translate)。语法格式如下：

matrix(<number>, <number>, <number>, <number>, <number>, <number>)

其中，第 1 个参数控制 x 轴缩放，第 2 个参数控制 x 轴倾斜，第 3 个参数控制 y 轴倾斜，第 4 个参数控制 y 轴缩放，第 5 个参数控制 x 轴移动，第 6 个参数控制 y 轴移动。配合使用前 4 个参数，可以实现旋转效果。

【例 10-5】在【例 10-4】的基础上修改网页代码，利用 matrix() 函数实现特殊变形效果。素材

```
<!doctype html>
<html>
<head>
<meta charset="utf-8">
<style type="text/css">
    .test ul {list-style: none;}
    .test li {float: left; width: 140px; background: #CCC; margin-left: 3px; line-height: 30px;}
    .test a {display: block; text-align: center; height: 30px;}
    .test a:link {color: #666; background: url("images/icon-1.png")#CCC no-repeat 5px 12px;
                text-decoration: none;}
    .test a:visited {color: #666; text-decoration: underline;}
    .test a:hover {
        color: #CCC;
        font-weight: bold;
        text-decoration: none;
        background: url("images/icon-2.png")#F00 no-repeat 5px 12px;
        /*设置 a 元素在光标经过时向左下角方向倾斜*/
        -WebKit-transform: matrix(1,0.2,0,1,0,0);
        -moz-transform: matrix(1,0.2,0,1,0,0);
        -o-transform: matrix(1,0.2,0,1,0,0);
        transform: matrix(1,0.2,0,1,0,0);
    }
</style>
</head>
<body>
<div class="test">
    <ul>
        <li><a href="">所有产品</a></li>
        <li><a href="">首页有惊喜</a></li>
        <li><a href="">店长推荐</a></li>
    </ul>
</div>
</body>
</html>
```

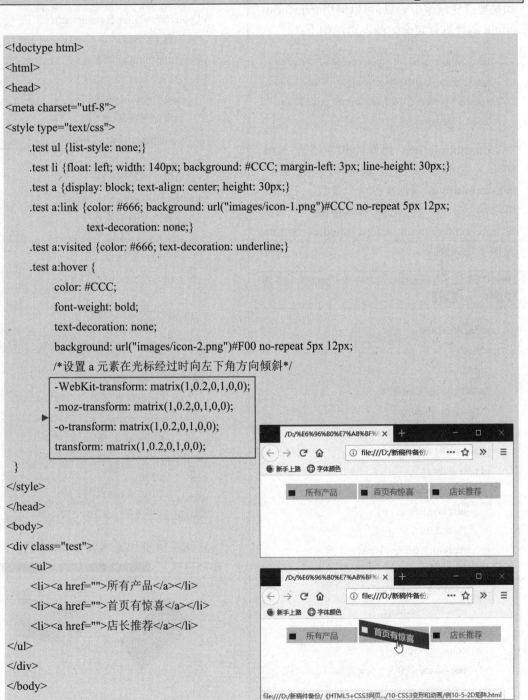

在浏览器中预览以上代码，效果如右上图所示。

10.1.6 变形原点

CSS 变形的原点默认为对象的中心点，如果要改变这个中心点，可以使用 transform-origin 属性进行定义。基本语法如下：

```
transform-origin : [[<percentage> | <length> | left | center | right] [<percentage> | <length> | top | center | bottom]? ] | [[left | center |right]||[top |center | bottom]]
```

transform-origin 属性的初始值为 50% 50%，适用于块状元素和内联元素。transform-origin 属性接收两个参数，它们既可以是百分比、em 或 px 等具体值，也可以是 left、center、right 或 top、middle、bottom 等描述性关键字。

【例 10-6】演示在网页中以图像的 4 个角点为原点旋转图像。素材

```
<!doctype html>
<html>
<head>
<meta charset="utf-8">
<style type="text/css">
ul.polaroids {margin-left: 120px;}
ul.polaroids li {display: inline;}
ul.polaroids a {
    background: #fff;
    display: inline;
    float: left;
    margin: 0 0 27px 30px;
    width: auto;
    padding: 10px 10px 15px;
    text-align: center;
    text-decoration: none;
    color: #333;
    box-shadow: 0 3px 6px rgba(0,0,0,.25);
}
ul.polaroids img {
    display: block;
    height: 140px;
    margin-bottom: 12px;
}
ul.polaroids a:after {content: attr(title);}
/*变形第 1 个对象*/
ul.polaroids li:nth-child(1) a {
    /*以左上角为原点*/
    transform-origin: 0 0;
    /*顺时针旋转45°*/
    transform: rotate(40deg);
}
/*变形第 2 个对象*/
ul.polaroids li:nth-child(2) a{
    /*以右上角为原点*/
    transform-origin: top right;
    /*顺时针旋转 10°*/
    transform: rotate(-10deg);
}
</style>
</head>
<body>
<ul class="polaroids">
    <li><a href="1" title="古城"><img src="images/gucheng-1.jpg" /></a></li>
    <li><a href="2" title="故宫"><img src="images/gucheng-2.jpg" /></a></li>
</ul>
</body>
</html>
```

在浏览器中预览网页，效果如下。

图片旋转效果

10.1.7 3D 变形

3D 变形使用基于 2D 变形的相同属性，如果了解了 2D 变形，就会发现 3D 变形与 2D 变形的功能类似。CSS3 的 3D 变形主要包括以下几类函数。

▶ 3D 位移函数：包括 translateZ() 和 translate3d() 函数。

▶ 3D 旋转函数：包括 rotateX()、rotateY()、rotateZ() 和 rotate3d() 函数。

▶ 3D 缩放函数：包括 scaleZ() 和 scale3d() 函数。

▶ 3D 矩阵函数：包括 matrix3d() 函数。

【例 10-7】定义将光标移动到图片上时，图片将发生 3D 翻转并显示隐藏的信息。 素材

step 1 新建 HTML5 文档，设计网页结构：

```
<div class="wrapper">
    <div class="item"> <img src="images/p1.png" /> <span class="information"> <strong>人工智能</strong> 人工智能(Artificial Intelligence)，英文缩写为 AI。 </span>
    </div>
</div>
```

step 2 在 <head> 标签内添加 <style type="text/css"> 标签，定义内部样式表：

```
<style type="text/css">
body {
    margin-top: 5em; text-align: center;
    color: #414142;
}
h1, em, #information {
    display: block; font-size: 25px;
    font-weight: normal;
    font-family: "Graduate"; margin: 2em auto;
}
a {
    color: #414142; font-style: normal;
    text-decoration: none; font-size: 20px;
}
a:hover { text-decoration: underline; }
.wrapper {
    display: inline-block; width: 310px;
    height: 100px; vertical-align: top;
    margin: 1em 1.5em 2em 0;
    cursor: pointer; position: relative;
    font-family: Tahoma, Arial;
    -webkit-perspective: 4000px;
    -moz-perspective: 4000px;
    -ms-perspective: 4000px;
    -o-perspective: 4000px;
    perspective: 4000px;
}
.item {
    height: 100px;
    -webkit-transform-style: preserve-3d;
    -moz-transform-style: preserve-3d;
    -ms-transform-style: preserve-3d;
    -o-transform-style: preserve-3d;
    transform-style: preserve-3d;
    -webkit-transition: -webkit-transform .6s;
    -moz-transition: -moz-transform .6s;
    -ms-transition: -ms-transform .6s;
    -o-transition: -o-transform .6s;
    transition: transform .6s;
}
.item:hover {
    -webkit-transform: translateZ(-50px) rotateX(95deg);
    -moz-transform: translateZ(-50px) rotateX(95deg);
    -ms-transform: translateZ(-50px) rotateX(95deg);
    -o-transform: translateZ(-50px) rotateX(95deg);
    transform: translateZ(-50px) rotateX(95deg);
}
.item:hover img {
```

```css
    box-shadow: none;
    border-radius: 15px;
}
.item:hover .information {
    box-shadow: 0px 3px 8px rgba(0,0,0,0.3);
    border-radius: 3px;
}
.item img {
    display: block; position: absolute; top: 0;
    border-radius: 3px;
    box-shadow: 0px 3px 8px rgba(0,0,0,0.3);
    -webkit-transform: translateZ(50px);
    -moz-transform: translateZ(50px);
    -ms-transform: translateZ(50px);
    -o-transform: translateZ(50px);
    transform: translateZ(50px);
    -webkit-transition: all .6s;
    -moz-transition: all .6s;
    -ms-transition: all .6s;
    -o-transition: all .6s;
    transition: all .6s;
}
.item .information {
    display: block;
    position: absolute;
    top: 0;
    height: 80px;
    width: 290px;
    text-align: left;
    border-radius: 15px;
    padding: 10px;
    font-size: 12px;
    text-shadow: 1px 1px 1px
        rgba(255,255,255,0.5);
    box-shadow: none;
    background: rgb(236,241,244);
    background: -webkit-linear-gradient(to
        bottom, rgba(236,241,244,1) 0%,
        rgba(190,202,217,1) 100%);
    background: -ms-linear-gradient(to bottom,
        rgba(236,241,244,1) 0%,
        rgba(190,202,217,1) 100%);
    background: linear-gradient(to bottom,
        rgba(236,241,244,1) 0%,
        rgba(190,202,217,1) 100%);
    -webkit-transform: rotateX(-90deg)
        translateZ(50px);
    -moz-transform: rotateX(-90deg)
        translateZ(50px);
    -ms-transform: rotateX(-90deg)
        translateZ(50px);
    -o-transform: rotateX(-90deg)
        translateZ(50px);
    transform: rotateX(-90deg)
        translateZ(50px);
    -webkit-transition: all .6s;
    -moz-transition: all .6s;
    -ms-transition: all .6s;
    -o-transition: all .6s;
    transition: all .6s;
}
.information strong {
    display: block;
    margin: .2em 0 .5em 0;
    font-size: 20px;
    font-family: "Oleo Script";
}
</style>
```

在浏览器中预览网页，效果如下。

当把光标移动至页面中的图片上时，图

片将发生 3D 翻转并显示隐藏的信息，效果如下。

10.1.8 3D 位移

在 CSS3 中，3D 位移主要包括 translate3d() 和 translateZ() 两个函数。

1. translate3d() 函数

translate3d() 函数能使一个元素在三维空间中移动。此类变形的特点是：使用三维向量的坐标定义元素在每个方向上移动多少。基本语法如下：

translate3d(tx,ty,tz)

取值说明如下表所示。

取值说明

取 值	说 明
tx	代表横向坐标位移向量的长度
ty	代表纵向坐标位移向量的长度
tz	代表 z 轴坐标位移向量的长度(不能是百分比值，否则将被认为无效)

【例 10-8】设计图片在 3D 空间中位移。

step 1 新建 HTML5 文档，在<body>标签中输入以下代码，设计网页结构：

```
<div class="stage s1">
<div class="container">
<img src="images/p2.png" alt="" width="100" />
<img src="images/p2.png" alt="" width="100" />
</div>
```

</div>

step 2 在<head>标签内添加<style type="text/css">标签，定义内部样式表：

```
<style type="text/css">
.stage {
    width: 330px; height: 410px; float: left;
    margin: 15px; position: relative;
    background: #ccc; perspective: 1200px;
}
.coontainer {
    position: absolute; top: 50%; left: 50%;
    transform-style: preserve-3d;
}
.container img {
    position:absolute;
    margin-left: 80px;
    margin-top: 30px;
}
.container img:nth-child(1) {
    z-index: 1;
    opacity: .6;
}
.s1 img:nth-child(2) {
    z-index: 2;
    transform: translate3d(60px,60px,80px);
}
</style>
```

在浏览器中预览网页，效果如下。

2. translateZ()函数

translateZ()函数的功能是让元素在 3D 空间中沿 z 轴进行位移。基本语法如下：

translate(t)

参数 t 指的是 z 轴的向量位移长度。

使用 translateZ()函数可以让元素沿 z 轴位移。当参数 translate(t)为负值时，元素沿 z 轴越移越远，导致元素变得较小。反之，当参数 translate(t)为正值时，元素沿 z 轴越移越近，导致元素变得较大。

【例 10-9】将【例 10-8】中的 translate3d()函数换成 translateZ()函数。

```
<!doctype html>
<html>
<head>
<meta charset="utf-8">
<title>3D 位移</title>
<style type="text/css">
.stage {
    width: 330px;
    height: 410px;
    float: left;
    margin: 15px;
    position: relative;
    background: #ccc;
    perspective: 1200px;
}
.coontainer {
    position: absolute;
    top: 50%;
    left: 50%;
    transform-style: preserve-3d;
}
.container img {
    position:absolute;
    margin-left: 110px;
    margin-top: 60px;
}
.container img:nth-child(1) {
    z-index: 1;
    opacity: .6;
}
.s1 img:nth-child(2) {
    z-index: 2;
    opacity: .6;
    transform: translateZ(250px);
}
</style>
</head>
<body>
<div class="stage s1">
<div class="container">
<img src="images/p2.png" alt="" width="100" />
<img src="images/p2.png" alt="" width="100" />
</div>
</div>
</body>
</html>
```

在浏览器中预览网页，效果如下。

10.1.9　3D 缩放

CSS3 3D 变形中的缩放函数主要包括 scaleZ()和 scale3d()两个函数。scale3d(1,1,sz) 的效果等同于 scaleZ(sz)。通过使用 3D 缩放函数，可以让元素在 z 轴上按比例缩放。默认值为 1；当值大于 1 时，元素放大；反之，当小于 1 且大于 0.01 时，元素缩小。

scale3d()函数的基本语法如下：

scale3d(sx,sy,sz)

参数说明如下表所示。

参数说明

参数	说明
sx	横向缩放比例
sy	纵向缩放比例
sz	z 轴缩放比例

scaleZ()函数的基本语法如下：

scaleZ(s)

参数 s 用于指定每个点在 z 轴的缩放比例。

scaleZ(-1)定义了原点在 z 轴上的对称点(参照元素的变换原点)。

scaleZ()和scale3d()函数在单独使用时没有任何效果，需要配合其他变形函数一起使用才会有效果。

【例 10-10】以【例 10-8】创建的网页代码为基础，添加 rotateX()函数。 素材

```
.s1 img:nth-child(2){
    z-index: 2;
    transform: scaleZ(5) rotateX(45deg);
}
```

在浏览器中预览网页，效果如下。

10.1.10　3D 旋转

CSS3 提供了 rotateX()、rotateY() 和 rotateZ()三个旋转函数。

1. rotateX()函数

rotateX()函数用于指定元素围绕 x 轴旋转，旋转的量被定义为指定的角度；如果为正值，元素围绕 x 轴顺时针旋转；反之，如果为负值，元素围绕 x 轴逆时针旋转。基本语法如下：

rotateX(a)

其中：参数 a 指的是旋转角度，可以是正值，也可以是负值。

2. rotateY()函数

rotateY()函数用于指定元素围绕 y 轴旋转，旋转的量被定义为指定的角度；如果为正值，元素围绕 y 轴顺时针旋转；反之，如果为负值，元素围绕 y 轴逆时针旋转。基本语法如下：

rotateY(a)

其中：参数 a 指的是旋转角度值，可以是正值，也可以是负值。

3. rotateZ()函数

rotateZ()函数用于指定元素围绕 z 轴旋转，如果仅从视觉角度看，rotateZ()函数让元素顺时针或逆时针旋转，与 rotate()函数的效果相同。

4. rotate3d()函数

在三维空间中，除了 rotateX()、rotateY() 和 rotateZ()函数能让元素在三维空间中旋转以外，还有 rotate3d()函数。基本语法如下：

rotate3d(x,y,z,a)

参数说明如下表所示。

参数说明

参数	说明
x	取值范围为 0~1，主要用于描述元素围绕 x 轴旋转的矢量值
y	取值范围为 0~1，主要用于描述元素围绕 y 轴旋转的矢量值
z	取值范围为 0~1，主要用于描述元素围绕 z 轴旋转的矢量值
a	角度值，主要用来指定元素在 3D 空间中旋转的角度。如果为正值，元素顺时针旋转；反之，元素逆时针旋转

rotate3d()函数与前面介绍的 3 个旋转函数等效，说明如下：

▶ rotateX(a) 函数的功能等同于 rotate3d(1,0,0,a)。

▶ rotateY(a) 函数的功能等同于 rotate3d(0,1,0,a)。

▶ rotateZ(a) 函数的功能等同于 rotate3d(0,0,1,a)。

【例 10-11】以【例 10-10】创建的网页代码为基础，修改.s1 img:nth-child(2)选择器的样式，设计网页中的第 2 张图片沿着 x 轴旋转 60°。 素材

```
.s1 img:nth-child(2){
    z-index: 2;
    transform: rotateX(60deg);
}
```

在浏览器中预览网页，效果如下。

【例 10-12】以【例 10-11】创建的网页代码为基础，修改.s1 img:nth-child(2)选择器的样式，设计网页中的第 2 张图片沿着 y 轴旋转 60°。 素材

```
.s1 img:nth-child(2){
    z-index: 2;
    transform: rotateY(60deg);
}
```

在浏览器中预览网页，效果如下。

【例 10-13】以【例 10-12】创建的网页代码为基础，修改.s1 img:nth-child(2)选择器的样式，设计网页中的第 2 张图片沿着 z 轴旋转 60°。 素材

```
.s1 img:nth-child(2){
    z-index: 2;
    transform: rotateZ(60deg);
}
```

在浏览器中预览网页，效果如下。

10.2 过渡样式

在 CSS 中，过渡可以与变形同时使用。例如，想要在触发:hover 或:focus 事件后创建淡出背景色、滑动元素以及让对象旋转等动画，都可以通过 CSS 过渡来实现。

transition 是复合属性，可以同时定义 transition-property、transition-duration、transition-timing-function、transition-delay 等子属性。

transition 属性的基本语法如下(其初始值根据各个子属性的默认值而定)：

transition:[<'transition-property'>||<'transition-duration'>||<'transition-timing-function'>||<'transition-delay'>] [,[<'transition-property'>||<'transition-duration'>||<'transition-timing-function'>||<'transition-timing-function'>||<'transition-delay'>]]*

10.2.1 定义过渡

transition-property 属性用来定义过渡动画的 CSS 属性，如 background-color 属性。基本语法如下：

transition-property:none | all | [<IDENT>] [',' <IDENT>]*;

transition-property 属性的初始值为 all，适用于所有普通元素以及:before 和:after 伪元素。取值说明如下表所示。

transition-property 属性的取值说明

取值	说明
none	表示没有元素
all	表示针对所有元素
IDENT	指定 CSS 属性列表。几乎所有色彩、大小或位置等相关的 CSS 属性，包括许多新增的 CSS 属性，都可以应用过渡动画，如 CSS 变形中的放大、缩小、旋转、斜切、渐变等

【例 10-14】设计光标经过网页中的 p 对象时，页面背景自动改变颜色。 素材

step 1 新建 HTML5 文档，在<body>标签中输入以下代码：

<p>人工智能(计算机科学的一个分支)</p>

<p>人工智能(Artificial Intelligence)，英文缩写为 AI</p>

step 2 在<head>标签内添加<style type="text/css">标签，定义内部样式表：

<style type="text/css">
p {background-color: #ccc;}
p:hover {
    background-color: #1cc;
    /*指定过渡动画的 CSS 属性*/
    transition-property: background-color;
}
</style>

在浏览器中预览网页，效果如下。

将光标放置在文本上，文本颜色将发生改变，效果如下。

10.2.2 定义过渡时间

transition-duration 属性用来定义过渡动画的时间长度，也就是设置从旧属性转换到新属性所花费的时间(单位为秒)。基本语法如下：

transition-duration:<time>[, <time>]*;

transition-duration 属性的初始值为 0，适用于所有普通元素以及:before 和:after 伪元素。默认情况下，动画的过渡时间为 0 秒，所以当指定过渡动画时，看不到过渡的过程，而是直接看到结果。

【例10-15】以【例10-14】为基础，在内部样式表中添加以下代码，设计光标经过网页中的 p 对象时，页面背景自动改变颜色(过渡时间为 2 秒)。

```
<style type="text/css">
p {background-color: #ccc;}
p:hover {
    background-color: #1cc;
    /*指定过渡动画的 CSS 属性*/
    transition-property: background-color;
    /*指定过渡时间为 2 秒*/
    transition-duration: 2s;
}
</style>
```

在浏览器中预览网页，效果如下。

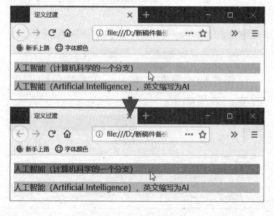

10.2.3 定义延迟

transition-delay 属性用于定义过渡动画的延迟时间。基本语法如下：

transition-delay:<time> [, <time>]*;

transition-delay 属性的初始值为 0，适用于所有普通元素以及:before 和:after 伪元素。延迟时间可以为正整数、负整数和 0。为非零值的时候，必须设置单位(s(秒)或 ms(毫秒))；为负整数的时候，过渡的动作会从设置的时间点开始显示，之前的动作被截断；为正整数的时候，过渡的动作会延迟触发。

【例10-16】以【例10-15】为基础，在内部样式表中添加以下代码，设计光标经过网页中的 p 对象时，页面背景自动改变颜色(延迟 2 秒执行)。

```
<style type="text/css">
p {background-color: #ccc;}
p:hover {
    background-color: #1cc;
    /*指定过渡动画的 CSS 属性*/
    transition-property: background-color;
    /*指定过渡时间为 2 秒*/
    transition-duration: 2s;
    /*指定动画延迟 2 秒后触发*/
    transition-delay: 2s;
}
</style>
```

在浏览器中预览网页，效果如下。

10.2.4 定义动画效果

transition-timing-function 属性用于定义过渡动画的效果。基本语法如下:

transition-timing-function | linear | ease-in | ease-out | ease-in-out |
cubicbezier(<number>,<number>,<number>,<number>) [, ease | linear | ease-in | ease-in-out | cubic-bezier(<number>,<number>,<number>,<number>)]*

transition-timing-function 属性的初始值为 ease,适用于所有普通元素以及:before 和:after 伪元素。取值说明如下表所示。

transition-timing-function 属性的取值说明

取值	说明
ease	平滑过渡
linear	线性过渡
ease-in	由慢到快过渡
ease-out	由快到慢过渡
ease-in-out	先由慢到快过渡,再由快到慢过渡
cubic-bezier	特殊的立方贝塞尔曲线效果

【例 10-17】以【例 10-16】为基础,在内部样式表中添加以下代码,设计光标经过网页中的 p 对象时,过渡动画的效果为线性效果。 ◎素材

```
<style type="text/css">
p {background-color: #ccc;}
p:hover {
    background-color: #1cc;
    /*指定过渡动画的 CSS 属性*/
    transition-property: background-color;
    /*指定过渡时间为 5 秒*/
    transition-duration: 5s;
    /*指定过渡动画的效果为线性效果*/
    transition-timing-function: linear;
}
</style>
```

10.2.5 定义触发时机

CSS3 一般通过鼠标事件或状态来定义动画,如 CSS 动态伪类(如下表所示)和 JavaScript 事件。

CSS 动态伪类

伪类	作用元素	说明
:link	只有链接	未访问的链接
:visited	只有链接	访问过的链接
:hover	所有元素	光标经过的元素
:active	所有元素	用鼠标单击的元素
:focus	所有可被选中的元素	被选中的元素

其中,JavaScript 事件包括 click、focus、mousemove、mouseover、mouseout 等。

1. :hover

最常用的触发过渡动画的方法就是使用:hover 伪类。下面通过一个实例来介绍。

【例 10-18】设计当光标悬停在.example 元素上时,该元素的背景色会在经过 1 秒的初始延迟后,在 2 秒内动态发生变化。 ◎素材

```
<!doctype html>
<html><head>
<meta charset="utf-8">
<style type="text/css">
.example {
    background-color: #fff;
    transition: background-color 2s ease-in 1s;
}
.example:hover {background: #ccc;}
```

```
</style>
</head>
<body>
<div class="example">
<h2>用户登录</h2>
<form action="#" method="get" id="form-1"
      name="form-1">
    <p>用户名称：<input name="user" id="user"
       type="text" /></p>
    <p>登录密码：<input name="password"
       id="password" type="text" /></p>
    <p><input type="submit" value="登录" /></p>
</form>
</div>
</body>
</html>
```

```
</style>
</head>
<body>
<img class="example" src="images/p3.png">
</body>
</html>
```

在浏览器中预览网页，效果如下。

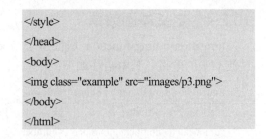

在浏览器中预览网页，效果如下。

2. :active

:active 伪类表示用户单击某个元素并按住鼠标左键时显示的状态。

【例 10-19】设计当使用鼠标单击.example 元素时，该元素的宽度将发生变化。素材

```
<!doctype html>
<html><head>
<meta charset="utf-8">
<title>使用:active 伪类</title>
<style type="text/css">
.example {
    width: 300px;
    transition: width 2s ease-in;
}
.example:active {width: 500px;}
```

将光标放置在页面中的图片上，按住鼠标左键时，图片的宽度将发生变化(变宽)，效果如下。

3. :focus

:focus 伪类通常会在元素接收键盘响应时出现。

【例 10-20】设计当页面中的输入框获得焦点时，输入框的宽度会逐渐变宽。素材

```
<!doctype html>
<html>
<head>
```

```
<meta charset="utf-8">
<title>使用:focus 伪类</title>
<style type="text/css">
.example {
  width: 100px;
  transition: width 2s ease-in;
}
.example:focus {width: 200px;}
</style>
</head>
<body>
<div class="example">
    <h3>搜索框</h3>
    <form method="post" action="">
    <input class="example" type="text"
        value="HTML5+CSS3">
    <button type="submit">搜索</button>
    </form>
</div>
</body>
</html>
```

在浏览器中预览网页，效果如下。

将光标置于页面中的输入框内，输入框的宽度将变宽，效果如下。

4. :checked

通过使用:checked 伪类，可以在发生指定的状况时触发过渡动画。例如，为了在复选框被选中时触发过渡动画，可以缩写如下代码：

```
input[type="checkbox"] {
    transition: width 1s ease;
}
input[type="checkbox"]:checked {
    width: 130px;
}
```

5. 媒体查询

触发元素状态发生变化的另一种方法是使用 CSS3 的媒体查询。例如，以下代码设计.example 元素的尺寸为 200px×200px，如果用户将窗口宽度调整到 960px 或 960px 以下，那么该元素将变化为更小的尺寸 100px×100px。当窗口宽度超过 960px 时，将会触发过渡动画：

```
.example {
    width: 200px;
    height: 200px;
    transition: width 2s ease, height 2s ease;
}
@media only screen and (max-width : 960px) {
.example{
    width: 100px;
    height: 100px;
    }
}
```

如果加载网页时用户的窗口宽度为 960px 或 960px 以下，那么浏览器会对这部分窗口应用以上样式，但是由于不会出现状态变化，因此不会发生过渡动画。

10.3 关键帧动画

2012 年，W3C 发布了 CSS Animations 工作草案(http://www.w3.org/TR/css3-animations)，

其中描述了 CSS 关键帧动画的基本实现方法和属性。目前大部分浏览器都支持 CSS 关键帧动画。

10.3.1 定义关键帧

在设计关键帧动画之前，应先定义关键帧。CSS 使用@keyframes 命令来定义关键帧。具体代码如下：

```
@keyframes animationname {
    keyframes-selector {
        css-styles;
    }
}
```

参数说明如下表所示。

参数说明

参　　数	说　　明
animationname	定义动画的名称
keyframes-selector	定义帧的时间位置，也就是动画时长的百分比，合法取值包括 0~100%、from(等价于 0%)、to(等价于 100%)
css-styles	表示一个或多个合法的 CSS 样式属性

【例10-21】设计一个正方形图块，让它沿着一个长方形的内侧匀速移动。素材

step① 新建 HTML5 文档，在<body>标签中输入以下代码：

```
<div id="wrap">
<div id="box"></div>
</div>
```

step② 在<head>标签内添加<style type="text/css">标签，定义内部样式表：

```
<style type="text/css">
#wrap {
    position:relative;
    border:solid 1px #111;
    width:350px;
    height:250px;
```

```
}
#box {
    position:absolute;
    left:0;
    top:0;
    width: 30px;
    height: 30px;
    background: #222;
    border-radius: 8px;
    box-shadow: 2px 2px 2px #999;
    animation: ball 5s linear infinite;
}
@keyframes ball {
    0% {left:0;top:0;}
    25% {left:320px;top:0;}
    50% {left:320px;top:220px;}
    75% {left:0;top:220px;}
    100% {left:0;top:0;}
}
</style>
```

在浏览器中预览网页，效果如下。

10.3.2 定义关键帧动画

关键帧动画与过渡动画类似。它们的相同点是：都通过改变元素的 CSS 属性来模拟动画。不同点是：过渡动画只能指定属性的初始值和结束值，然后进行平滑过渡；而关键帧动画可以指定多个关键帧，然后在不同关键帧之间进行平滑过渡。过渡动画需要通过用户行为进行触发，关键帧动画则可以自

动播放，或者使用 CSS 对播放进行控制。

一般情况下，使用过渡动画设计简单的、交互性的慢动作，而使用关键帧动画演绎比较生动的动画场景。animation 属性包含多个子属性，用来设置动画细节，具体说明如下表所示。

animation 属性的子属性

属 性	说 明
animation-name	定义 CSS 动画的名称
animation-duration	定义 CSS 动画的播放时间
animation-timing-function	定义 CSS 动画类型
animation-delay	定义 CSS 动画的延迟播放时间
animation-iteration-count	定义 CSS 动画的播放次数
animation-direction	定义 CSS 动画的播放方向
animation-play-state	定义动画正在运行还是暂停
animation-fill-mode	定义对象在动画时间之外的状态

【例 10-22】设计图片切换动画效果。 素材

step 1 新建 HTML5 文档，在 <body> 标签中输入以下代码：

```
<div class="charector-wrap " id="js_wrap">
<div class="charector"></div>
```

step 2 在 <head> 标签内添加 <style type="text/css"> 标签，定义内部样式表。设计舞台的基本样式，导入的图片是一张由许多图片组合而成的长图。

```
.charector-wrap {
    position: relative; width: 200px;
    height: 300px; left: 40%; margin-left: -80px;
}
.charector{
    position: absolute;
```

```
    width: 300px; height:300px;
    background: url(images/charector.png) 0 0 no-repeat;
}
```

step 3 设计动画关键帧：

```
@-webkit-keyframes person-normal{
    0% {background-position: 0 0;}
    14.3% {background-position: -180px 0;}
    28.6% {background-position: -360px 0;}
    42.9% {background-position: -540px 0;}
    57.2% {background-position: -720px 0;}
    71.5% {background-position: -900px 0;}
    85.8% {background-position: -1080px 0;}
    100% {background-position: 0 0;}
}
```

step 4 设置 animation 属性：

```
.charector-wrap {
    -webkit-animation-iteration-count: infinite;
    animation-iteration-count: infinite;
    -webkit-animation-timing-function:step-start;
    animation-timing-function:step-start;
}
```

step 5 启动动画并设置动画频率：

```
.charector{
    -webkit-animation-name: person-normal;
    animation-name: person-normal;
    -webkit-animation-duration: 3000ms;
    animation-duration: 3000ms;
}
```

在浏览器中预览网页，效果如下。

10.4 案例演练

本章的案例演练部分将通过实例操作，帮助用户进一步巩固所学的知识。

【例10-23】设计一个盒子和一个按钮，当用户单击按钮时，使用 JavaScript 脚本切换盒子的类样式，从而触发过渡动画。 素材

```html
<!doctype html>
<html>
<head>
<meta charset="utf-8">
<title>单击按钮以触发动画</title>
<script type="text/javascript"
    src="images/jquery-1.10.2.js"></script>
<script type="text/javascript">
$(function() {
    $("#button").click(function() {
        $(".box").toggleClass("change");
    });
});
</script>
<style type="text/css">
.box {
    margin:4px;
    background: #ccc;
    border-radius: 5px;
    box-shadow: 2px 2px 2px #111;
    width: 100px;
    height: 5px;
    transition: width 2s ease, height 2s ease;
}
.change {
    width: 500px;
    height: 300px;
}
</style>
</head>
<body>
<input type="button" id="button" value="展开" />
<div class="box"></div>
</body>
</html>
```

在浏览器中预览网页，效果如下。

【例 10-24】设计导航栏翻转动画。 素材

```html
<!doctype html>
<html>
<head>
<meta charset="utf-8">
<title>导航栏翻转动画</title>
<style type="text/css">
* {
    margin: 0; padding: 0; list-style-type: none;
}
a, img { border: 0; }
body {
```

```css
    font: 12px/180% Arial, Helvetica, sans-serif,
        "新宋体";
    padding: 40px 0 0 0;
}
/* menu1 */
.menu1 {
    width: 100px; height: 30px; position: relative;
    font-family: 微软雅黑; font-size: 12px;
    color: #fff; overflow: hidden; float: left;
}
.menu1 div {
    width: 100px; height: 30px; line-height: 30px;
    position: absolute; text-align: center;
    -webkit-transition: all 0.3s ease-in-out;
    -moz-transition: all 0.3s ease-in-out;
    -o-transition: all 0.3s ease-in-out;
    transition: all 0.3s ease-in-out;
}
.menu1 .one {
    top: 0; left: 0;
    z-index: 1; background: red; color: #FFF;
}
.menu1:hover .one {
    top: -30px; left: 0;
}
.menu1 .one a {
    background: red; color: #FFF;
    text-decoration: none;
}
.menu1 .two {
    bottom: -30px; left: 0; z-index: 2;
    background: #666; color: #FFF;
}
.menu1:hover .two {
    bottom: 0px; left: 0;
}
.menu1 .two a {
    background: #666; color: #FFF;
    text-decoration: none;
}

/* menu2 */
.menu2 {
    width: 100px; height: 30px;
    position: relative; font-family: 微软雅黑;
    font-size: 12px; color: #fff; overflow: hidden;
    float: left;
}
.menu2 div {
    width: 100px; height: 30px; line-height: 30px;
    position: absolute; text-align: center;
    -webkit-transition: all 0.3s ease-in-out;
    -moz-transition: all 0.3s ease-in-out;
    -o-transition: all 0.3s ease-in-out;
    transition: all 0.3s ease-in-out;
}
.menu2 .one {
    top: -30px; left: 0; z-index: 1;
    background: red; color: #FFF; opacity: 0;
}
.menu2:hover .one {
    top: 0px; left: 0; opacity: 1;
    -webkit-transform: scale(1.3);
    -moz-transform: scale(1.3);
    -o-transform: scale(1.3);
    transform: scale(1.3);
}
.menu2 .one a {
    background: red; color: #FFF;
    text-decoration: none;
}
.menu2 .two {
    bottom: 0px; left: 0; z-index: 2;
    background: red; color: #FFF;
}
.menu2:hover .two {
    bottom: -30px; left: 0;
}
.menu2 .two a {
    background: red; color: #FFF;
    text-decoration: none;
}
```

```
}
</style>
</head>
<body>
</body>
<div>
    <div class="menu1">
        <div class="one"><a href="#">首页</a>
</div>
        <div class="two"><a href="#">Home</a>
</div>
    </div>
    <div class="menu1">
        <div class="one"><a href="#">新闻</a>
</div>
        <div class="two"><a href="#">News</a>
</div>
    </div>
    <div class="menu1">
        <div class="one"><a href="#">关于</a>
</div>
        <div class="two"><a href="#">About</a>
</div>
    </div>
</div>
</html>
```

在浏览器中预览网页，效果如下。

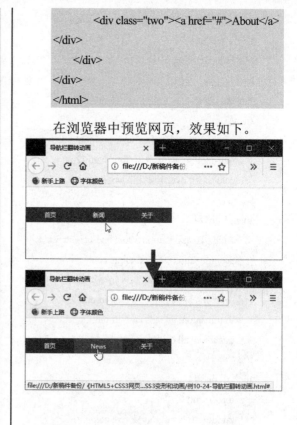

第 11 章

设计表格

　　表格是最常用的网页布局工具,表格在网页中不仅可以排列数据(例如调查表、产品表、时刻表等),还可以对页面中的图像、文本、动画等元素进行准确定位,使页面效果显得整齐而有序。

　　本章将通过实例介绍如何设计 HTML5 表格,并使用 CSS3 定义表格的样式(如制作斑马线表格、圆角表格、单线表格等)。

11.1 定义表格

网页中的表格由行组成，行又由单元格组成，单元格可分为标题单元格(th)和数据单元格(td)。

11.1.1 简单表格

在 HTML5 中，简单的表格由一个 table 元素以及一个或多个 td 元素组成，其中 tr 元素用于定义行，td 元素用于定义行内单元格。

【例 11-1】设计一个 HTML5 表格，在其中显示数据。

```
<body>
<table>
  <tr>
    <td>alt</td>
    <td>text</td>
    <td>定义有关图像的简短的描述</td>
  </tr>
  <tr>
    <td>src</td>
    <td>URL</td>
    <td>要显示的图像的 URL</td>
  </tr>
</table>
</body>
```

在浏览器中预览网页，效果如下。

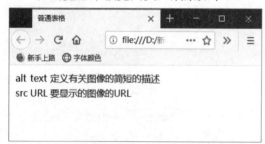

11.1.2 列标题

在定义表格时，表格的每列通常包含一个标题。在 HTML5 中，此类标题被称为表头单元格，使用 th 元素来定义。

【例 11-2】继续【例 11-1】，在 <table> 标签中添加以下代码，为表格定义列标题。

```
<tr>
  <th>属性</th>
  <th>值</th>
  <th>说明</th>
</tr>
```

表头单元格一般位于表格的第一行，也可以把表头单元格放在表格中的任意位置，例如第一行、最后一行、第一列或最后一列。一个表格允许定义多个表头。以上代码实现的网页效果如下。

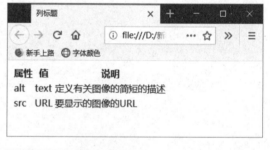

11.1.3 表格的标题

使用 caption 元素可以定义表格的标题。表格的标题必须紧随 table 元素之后，并且只能为表格定义一个标题。

【例 11-3】继续【例 11-2】，在 <table> 标签中添加以下代码，为表格添加标题。

```
<caption>img 标签的属性及说明</caption>
```

默认状态下，表格的标题位于表格的顶部，并居中显示。在 HTML4 中，可以使用 align 属性设置标题的对齐方式，如 left(左对齐)、right(右对齐)、top(顶部对齐)、bottom(底部对齐)等。在 HTML5 中则不建议使用 align 属性，建议使用 CSS 定义样式。以上代码实现的网页效果如下。

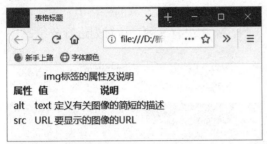

11.1.4 行分组

使用 thead、tfoot 和 tbody 元素可以对表格进行分组。其中: thead 元素定义表头区域，tbody 元素定义数据区域，tfoot 元素定义表注区域。在设计网页时，可对表格进行分组，从而便于使用 JavaScript 脚本对数据进行管理。

【例 11-4】继续【例 11-3】，在<table>标签中使用行分组标签。 素材

```
<table border="1">
    <caption>img 标签的属性及说明</caption>
    <thead>
        <tr><th>属性</th><th>值</th>
            <th>说明</th></tr>
    </thead>
    <tbody>
        <tr><td>alt</td><td>text</td><td>定义
        有关图像的简短的描述</td></tr>
        <tr><td>src</td><td>URL</td><td>要
        显示的图像的 URL</td></tr>
    </tbody>
    <tfoot>
        <tr><td colspan="3">在 HTML5 中，使
用<img>标签可以把图像插入网页中</td></tr>
    </tfoot>
</table>
```

以上代码中，我们在<tfoot>标签中设置了 colspan 属性。该属性的主要功能是横向合并单元格，这里是将表格中最后一行的三个单元格合并为一个单元格，效果如右上图所示。

> **知识点滴**
>
> thead、tfoot 和 tbody 必须放在<table>标签中，且必须同时使用(tbody 可选)。通常，这三个元素的排列顺序是 thead、tfoot、tbody(默认情况下，它们不会影响表格的布局，用户可以使用 CSS 改变分组的样式)。

11.1.5 列分组

使用 col 和 colgroup 元素可以对表格中的列进行分组，主要作用是为表格中的一列或多列定义样式。

【例 11-5】继续【例 11-3】，使用 colgroup 元素为表格定义不同的宽度。 素材

```
<style type="text/css">
.col1{ width:15%; color:red;font-size: 12px; }
.col2{ width:70%; color:blue; }
</style>
<table width="100%" border="1">
    <colgroup span="2" class="col1"></colgroup>
    <colgroup class="col2"></colgroup>
    <caption>img 标签的属性及说明</caption>
    <tr><th>属性</th><th>值</th><th>说明
        </th></tr>
    <tr><td>alt</td><td>text</td><td>定义有
        关图像的简短的描述</td></tr>
    <tr><td>src</td><td>URL</td><td>要显
        示的图像的 URL</td></tr>
</table>
```

span 是 colgroup 和 col 元素的专用属性，用以规定分组应该横跨的列数，取值为正整数。以上代码实现的效果如下页左图所示。

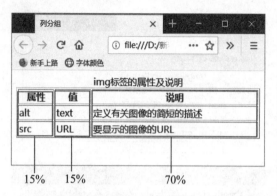

如果没有设置 span 属性，那么每个 colgroup 或 col 元素代表一列，按顺序排列。例如，在一个包含 8 列的表格中，第 1 组有 3 列，第 2 组有 5 列，可对列进行分组：

```
<colgroup span="3"></colgroup>
<colgroup span="5"></colgroup>
```

> **知识点滴**
>
> 考虑安全性，目前浏览器仅允许为分组定义宽度和背景颜色，而对其他 CSS 则不支持。例如在【例 11-5】中，color:red 和 font-size:12px 就没有发挥作用。

11.2 设置表格

table 元素包含大量属性，其中大部分属性都可以使用 CSS 属性代替(但其中也有几个专用属性无法使用 CSS 实现)。下面将介绍几个常用的表格属性。

11.2.1 内/外框线

rules 和 frame 属性用于定义表格的内/外框线(使用 CSS 的 border 属性可以实现相同的效果)。

【例 11-6】使用 table 元素的 frame 和 rules 属性定义表格以单行线的形式显示。 素材

```
<table border="1" frame="hsides" rules="rows" width="100%">
    <caption>img 标签的属性及说明</caption>
    <thead>
        <tr><th>属性</th><th>值</th><th>说明</th></tr>
    </thead>
    <tbody>
        <tr><td>alt</td><td>text</td><td>定义有关图像的简短的描述</td></tr>
        <tr><td>src</td><td>URL</td><td>要显示的图像的 URL</td></tr>
        <tr><td>height</td><td>pixels%</td><td>定义图像的高度</td></tr>
        <tr><td>ismap</td><td>URL</td><td>把图像定义为服务器端的图像映射</td></tr>
        <tr><td>usemap</td><td>URL</td><td>定义作为客户端图像映射的一幅图</td></tr>
        <tr><td>vspace</td><td>pixels</td><td>定义图像顶部和底部的空白</td></tr>
        <tr><td>width</td><td>pixels%</td><td>设置图像的宽度</td></tr>
    </tbody>
</table>
```

在以上代码中，使用 frame 属性定义表格仅显示上下框线，使用 rules 属性定义表格仅显示水平内边框线，同时定义 border 属性，指定表格显示边框线，从而设计出数据表格的单行线效果。在浏览器中预览网页，效果将如右图所示。

11.2.2 单元格间距

使用 cellpadding 属性可以定义单元格边缘与内容之间的空白，使用 cellspacing 属性可以定义单元格之间的空间。这两个属性的取值单位为像素或百分比。

【例 11-7】定义"井"字形状的表格。

```
<table border="1" frame="void" cellpadding="12" cellspacing="16">
    <caption>img 标签的属性及说明</caption>
    <thead>
        <tr><th>属性</th><th>值</th> <th>说明</th></tr>
    </thead>
    <tbody>
        <tr><td>alt</td><td>text</td><td>定义有关图像的简短的描述</td></tr>
        <tr><td>src</td><td>URL</td><td>要显示的图像的 URL</td></tr>
    </tbody>
</table>
```

以上代码使用 frame 属性隐藏表格的外框，使用 cellpadding 属性定义单元格内容的边距为 12px，使用 cellspacing 属性定义单元格之间的间距为 16px。在浏览器中预览网页，效果如下。

实用技巧

可以使用 CSS 属性 padding 代替 cellpadding 属性。

11.2.3 细线边框

使用 table 元素的 border 属性可以定义表格的边框粗细，取值单位为像素，当值为 0 时表示隐藏边框。

【例 11-8】练习为表格定义边框，先为<table>标签设置 border="1"，然后配合使用 border 和 rules 属性为表格设计细线边框。

step 1 继续【例 11-3】，在<table>标签中设置 border="1"。

```
<table border="1">
```

step 2 在浏览器中预览网页，表格呈现的边框效果如下。

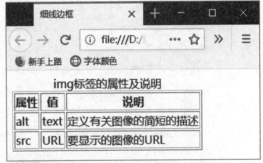

step 3 在<table>标签中添加 rules 属性：

```
<table border="1" rules="all">
```

得到的细线边框效果如下。

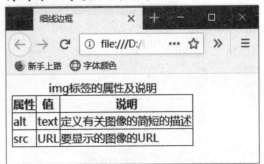

11.2.4 内容摘要

使用 table 元素的 summary 属性可以设置表格的内容摘要，summary 属性的值不会显示，但是屏幕阅读器可以读取到，从而方便搜索引擎对表格内容进行检索。

【例 11-9】继续【例 11-8】，练习使用 summary 属性为表格添加简单的内容摘要。素材

```
<table border="1" rules="all" summary="img 标签的属性及说明">
```

11.3 设置单元格

td 和 th 元素包含大量属性，其中大部分属性可以使用 CSS 属性代替(其中也有几个专用属性无法使用 CSS 实现)。下面将通过实例介绍表格中单元格属性的设置方法和技巧。

11.3.1 跨单元格显示

colspan 和 rowspan 属性分别用于定义单元格可跨列或跨行显示。取值为正整数，取值为 0 时，表示浏览器要么横跨到列组的最后一列，要么横跨到行组的最后一行。

【例 11-10】通过定义 colspan=5，定义单元格跨列显示。素材

```
<table border=1 width=800>
    <tr><th align=center colspan=5>课程表</th></tr>
    <tr><th>星期一</th><th>星期二</th><th>星期三</th><th>星期四</th><th>星期五</th></tr>
    <tr><td align="center" colspan=5>上午</td></tr>
    <tr><td>英语</td><td>数学</td><td>语文</td><td>美术</td><td>音乐</td></tr>
    <tr><td>语文</td><td>语文</td><td>体育</td><td>综合</td><td>数学</td></tr>
    <tr><td>数学</td><td>数学</td><td>英语</td><td>英语</td><td>班会</td></tr>
    <tr><td>英语</td><td>英语</td><td>语文</td><td>数学</td><td>音乐</td></tr>
    <tr><td align=center colspan=5>下午</td></tr>
    <tr><td>自习</td><td>综合</td><td>语文</td><td>英语</td><td>数学</td></tr>
    <tr><td>信息</td><td>体育</td><td>语文</td><td>美术</td><td>音乐</td></tr>
</table>
```

在浏览器中预览以上代码，效果如下。

11.3.2 表头单元格

使用 scope 属性可以将单元格与表头单元格联系起来。

【例 11-11】使用 scope 属性将两个 th 元素标识为列的表头，将两个 td 元素标识为行的表头。素材

```
<table border="1" width=400>
```

```
<tr><th scope="col">编号</th><th scope="col">月份</th><th scope="col">金额</th></tr>
    <tr><td scope="row">1</td><td>5</td><td>￥1000.00</td></tr>
    <tr><td scope="row">2</td><td>6</td><td>￥800.00</td></tr>
</table>
```

在浏览器中预览以上代码，效果如下。

11.3.3 绑定表头

使用 headers 属性可以为单元格指定表头，headers 属性的值是用于表示表头名称的字符串，这些表头名称是用 id 属性定义的不同表头单元格的名称。

【例 11-12】为表格中不同的数据单元格绑定表头。

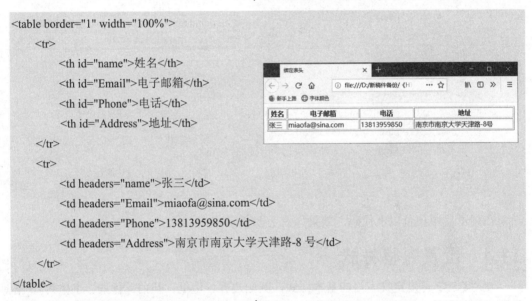

```
<table border="1" width="100%">
    <tr>
        <th id="name">姓名</th>
        <th id="Email">电子邮箱</th>
        <th id="Phone">电话</th>
        <th id="Address">地址</th>
    </tr>
    <tr>
        <td headers="name">张三</td>
        <td headers="Email">miaofa@sina.com</td>
        <td headers="Phone">13813959850</td>
        <td headers="Address">南京市南京大学天津路-8 号</td>
    </tr>
</table>
```

在浏览器中预览以上代码，效果如右上图所示。

11.3.4 信息缩写

使用 abbr 属性可以为单元格中的内容定义缩写版本。abbr 属性不会在浏览器中产生任何视觉效果上的变化，主要用于机器检索服务。

【例 11-13】演示定义 abbr 属性。

```
<table border="1" width="100%">
    <tr><th>名称</th><th>说明</th></tr>
    <tr><td abbr="CSS">Cascading Style Sheets</td><td>层叠样式表</td></tr>
    <tr><td abbr="HTML">HyperText Markup Language</td><td>超文本标记语言</td></tr>
</table>
```

在浏览器中预览以上代码，效果如下页左图所示。

11.3.5 单元格分类

使用 axis 属性可以对单元格进行分类，从而对相关的信息进行组合。在大型表格中，往往填满了数据，通过分类属性 axis，浏览器可以快速检索特定信息。

【例 11-14】演示定义 axis 属性。 素材

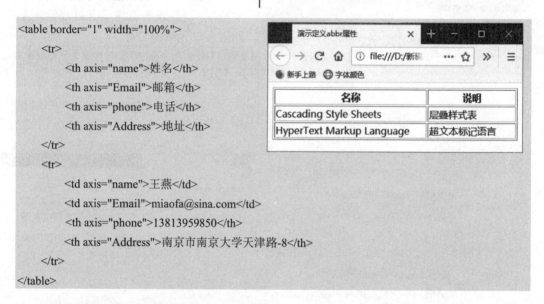

```
<table border="1" width="100%">
    <tr>
        <th axis="name">姓名</th>
        <th axis="Email">邮箱</th>
        <th axis="phone">电话</th>
        <th axis="Address">地址</th>
    </tr>
    <tr>
        <td axis="name">王燕</td>
        <td axis="Email">miaofa@sina.com</td>
        <th axis="phone">13813959850</th>
        <th axis="Address">南京市南京大学天津路-8</th>
    </tr>
</table>
```

在浏览器中预览以上代码，效果如右上图所示。

11.4 设置表格样式

使用 CSS3 可以定义表格的基本样式，例如边界、边框、补白、背景、字体等(表格具有特殊结构，因此 CSS3 为其定义了多个特殊属性)。本节将通过实例，详细介绍常用表格样式的设计方法与技巧。

1. 斑马线表格

【例 11-15】设计斑马线表格。 素材

step 1 新建 HTML5 文档，在<body>标签内定义表格结构。

```
<body>
<table summary="img 标签的属性及说明">
  <caption>
    img 标签的属性及说明
  </caption>
```

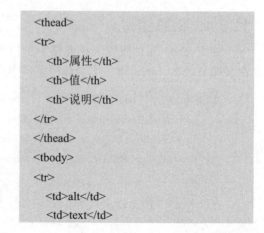

```
<thead>
  <tr>
    <th>属性</th>
    <th>值</th>
    <th>说明</th>
  </tr>
</thead>
<tbody>
  <tr>
    <td>alt</td>
    <td>text</td>
```

```
        <td>定义有关图像的简短的描述</td>
    </tr>
    <tr>
        <td>src</td>
        <td>URL</td>
        <td>要显示的图像的 URL</td>
    </tr>
    <tr>
        <td>height</td>
        <td>pixels%</td>
        <td>定义图像的高度</td>
    </tr>
    <tr>
        <td>ismap</td>
        <td>URL</td>
        <td>把图像定义为服务器端的图像映射</td>
    </tr>
    <tr>
        <td>usemap</td>
        <td>URL</td>
        <td>定义作为客户端图像映射的一幅图</td>
    </tr>
    <tr>
        <td>vspace</td>
        <td>pixels</td>
        <td>定义图像顶部和底部的空白</td>
    </tr>
    <tr>
        <td>width</td>
        <td>pixels%</td>
        <td>设置图像的宽度</td>
    </tr>
    </tbody>
</table>
</body>
```

step 2 定义表格样式，固定表格布局，优化解析速度：

```
<style type="text/css">
    table {/*定义表格样式*/
        table-layout:fixed;
    }
</style>
```

step 3 显示空的单元格：

```
empty-cells:show;
```

step 4 居中显示内容：

```
margin:0 auto;
```

step 5 合并单元格边框：

```
border-collapse: collapse;
```

step 6 定义边框样式：

```
border:1px solid #cad9es;
```

step 7 定义灰色字体：

```
color:#666;
```

step 8 定义字体大小(12px)：

```
font-size:12px;
```

step 9 定义表格标题样式，设置字体大小(20px)，将文字水平居中并加粗：

```
caption{/*设置表格标题*/
    padding: 0 0 5px 0;
    text-align: center;
    font-size: 20px;
    font-weight: bold;
}
```

step 10 进一步定义列标题样式，指定背景图像，定义水平平铺，左对齐，高度固定：

```
th{/*定义列标题样式*/
    background-image: url("images/th_bg.png");
    background-repeat: repeat-x;
    text-align: left;
    height: 30px;
}
```

step⑪ 定义单元格样式，设置单元格的高度、边框线和补白(在单元格左右两侧补白的作用是避免单元格与数据拥挤在一起)：

```
td{height: 20px;/* 高度固定*/}
td,th{/*设置单元格的边框线和补白*/
    border: 1px solid #cad8ea;
    padding: 0 1em 0;
    height: 30px;
}
```

step⑫ 定义隔行变色样式，定义比边框略浅的背景颜色。

```
tbody tr:nth-child(2n)
    {background-color: #f5fafe;
    }
```

在浏览器中预览网页，效果如下。

2. 圆角表格

【例 11-16】设计圆角表格。 素材

step① 以【例 11-15】创建的 HTML5 文档为基础，在<head>标签中修改<style type="text/css">标签，添加以下代码，定义表格的默认样式：

```
* {
    margin: 0;
    padding: 0;
}
body { padding: 10px 30px; }
table {
```

```
*border-collapse: collapse;
border-spacing: 0;
width: 100%;
}
caption {
    /*设置表格标题*/
    padding: 0 0 5px 0;
    text-align: center;     /*水平居中*/
    font-size: 30px;        /*定义字体大小*/
    font-weight: bold;      /*字体加粗*/
}
```

step② 统一单元格样式，设置边框、空隙效果：

```
.bordered td, .bordered th {
    border-left: 1px solid #ccc;
    border-top: 1px solid #ccc;
    padding: 10px;
    text-align: left;
}
```

step③ 定义列标题样式，使用 CSS3 渐变设计列标题背景，添加阴影：

```
.bordered th {
    -moz-box-shadow: 0 1px 0
        rgba(255,255,255,.8) inset;
    text-shadow: 0 1px 0 rgba(255,255,255,.5);
}
```

step④ 定义圆角效果，为整个表格设计边框和圆角：

```
.bordered {
    border: solid #ccc 1px;
    -moz-border-radius: 6px;
    -webkit-border-radius: 6px;
    border-radius: 6px;
    -webkit-box-shadow: 0 1px 1px #ccc;
    -moz-box-shadow: 0 1px 1px #ccc;
    box-shadow: 0 1px 1px #ccc;
}
```

step 5 定义表格头部的第一个 th 元素,设置左上角圆角:

```
.bordered th:first-child {
    -moz-border-radius: 6px 0 0 0;
    -webkit-border-radius: 6px 0 0 0;
    border-radius: 6px 0 0 0;
}
```

step 6 定义表格头部的最后一个 th 元素,设置右上角圆角:

```
.bordered th:last-child {
    -moz-border-radius: 0 6px 0 0;
    -webkit-border-radius: 0 6px 0 0;
    border-radius: 0 6px 0 0;
}
```

step 7 定义表格中最后一行的第一个 td 元素,设置左下角圆角:

```
.bordered tr:last-child td:first-child {
    -moz-border-radius: 0 0 0 6px;
    -webkit-border-radius: 0 0 0 6px;
    border-radius: 0 0 0 6px;
}
```

step 8 定义表格中最后一行的最后一个 td 元素,设置右下角圆角:

```
.bordered tr:last-child td:last-child {
    -moz-border-radius: 0 0 6px 0;
    -webkit-border-radius: 0 0 6px 0;
    border-radius: 0 0 6px 0;
}
```

step 9 使用 box-shadow 定义表格阴影:

```
.bordered {
    box-shadow: 0 1px 1px #ccc;
}
```

step 10 使用 transition 定义 hover 过渡效果:

```
.bordered tr {
```

```
    -o-transition: all 0.1s ease-in-out;
    -webkit-transition: all 0.1s ease-in-out;
    -moz-transition: all 0.1s ease-in-out;
    -ms-transition: all 0.1s ease-in-out;
    transition: all 0.1s ease-in-out;
}
```

step 11 使用 gradient 制作表头渐变色:

```
.bordered th {
    background-color: #dce9f9;
    background-image: linear-gradient(top,
        #ebf3fc, #dce9f9);
}
```

step 12 为 <table> 标签应用 bordered 类样式:

```
<table summary="img 标签的属性及说明"
    class="bordered">
```

在浏览器中预览网页,效果如下。

3. 单线表格

【例 11-17】设计单线表格。

step 1 以【例 11-15】创建的 HTML5 文档为基础,在 <head> 标签中修改 <style type="text/css"> 标签,添加以下代码,定义表格的默认样式:

```
* {
    margin: 0; padding: 0;
}
```

```
body { padding: 10px 30px; }
table {
    *border-collapse: collapse;
    border-spacing: 0;
    width: 100%;
}
caption {
    /*设置表格标题 */
    padding: 0 0 5px 0;
    text-align: center;   /*水平居中*/
    font-size: 28px;      /*设置字体大小*/
    font-weight: bold;    /*字体加粗*/
}
```

step 2 设计普通单元格和标题单元格的样式，取消表头单元格默认的加粗与居中显示效果：

```
.table td,   .table th {
    padding: 4px;
    border-bottom: 1px solid #f2f2f2;
    text-align: left;
    font-weight:normal;
}
```

step 3 为列标题定义渐变背景，同时增加内阴影高亮效果，为标题文本增加阴影：

```
.table   thead th {
    text-shadow: 0 1px 1px rgba(0,0,0,.1);
    border-bottom: 1px solid #ccc;
    background-color: #eee;
```

```
    background-image: -webkit-gradient(linear,
left top, left bottom, from(#f5f5f5), to(#eee));
}
```

step 4 设计数据隔行换色效果：

```
.table tbody tr:nth-child(even) {
    background: #f5f5f5;
    -webkit-box-shadow: 0 1px 0
rgba(255,255,255,.8) inset;
    -moz-box-shadow: 0 1px 0
rgba(255,255,255,.8) inset;
    box-shadow: 0 1px 0 rgba(255,255,255,.8)
inset;
}
```

step 5 参考【例 11-16】，为表格设计圆角效果。

step 6 为 `<table>` 标签应用 table 类样式：

```
<table summary="img 标签的属性及说明"
       class="table">
```

在浏览器中预览网页，效果如下。

11.5 案例演练

本章的案例演练部分将通过实例，介绍设计可伸缩表格的方法。在设计可伸缩表格的样式时，一般需要用到 CSS3 的媒体查询技术。此时，考虑到移动设备上的屏幕有大小限制，使用可伸缩表格能够自适应不同设备进行显示，自动调整布局，从而灵活显示页面内容。

【例11-18】设计可伸缩的自适应布局表格。

step 1 参考【例 11-15】创建的 HTML5 文档，在 `<body>` 标签中创建表格结构：

```
<table>
    <caption>
        img 标签的属性及说明
    </caption>
    <thead>
        <tr>
```

```
        <th>属性</th>
        <th>值</th>
        <th>说明</th>
    </tr>
</thead>
<tbody>
    <tr>
        <td data-label="属性">alt</td>
        <td data-label="值">text</td>
        <td data-label="说明">定义有关图像的简
            短的描述</td>
    </tr>
    <tr>
        <td data-label="属性">src</td>
        <td data-label="值">URL</td>
        <td data-label="说明">要显示的图像的
            URL</td>
    </tr>
    <tr>
        <td data-label="属性">height</td>
        <td data-label="值">pixels%</td>
        <td data-label="说明">定义图像的高度
            </td>
    </tr>
    <tr>
        <td data-label="属性">ismap</td>
        <td data-label="值">URL</td>
        <td data-label="说明">把图像定义为服务
            器端的图像映射</td>
    </tr>
    <tr>
        <td data-label="属性">usemap</td>
        <td data-label="值">URL</td>
        <td data-label="说明">定义作为客户端图
            像映射的一幅图</td>
    </tr>
    <tr>
        <td data-label="属性">vspace</td>
        <td data-label="值">pixels</td>
        <td data-label="说明">定义图像顶部和底
```

```
            部的空白</td>
    </tr>
    <tr>
        <td data-label="属性">width</td>
        <td data-label="值">pixels%</td>
        <td data-label="说明">设置图像的宽度
            </td>
    </tr>
</tbody>
</table>
</body>
```

step 2 在<head>标签内添加<style type="text/css">标签，定义内部样式表。使用@media 判断当设备的视图宽度小于或等于600px 时，隐藏表格的标题，让表格单元格以块显示，并向左浮动，从而设计垂直堆叠的显示效果。再次使用 attr() 函数获取 data-table 属性的值，以动态方式显示在每个单元格的左侧：

```
<style type="text/css">
body { font-family: arial; }
table {
    border: 1px solid #ccc;
    width: 80%;
    margin: 0; padding: 0;
    border-collapse: collapse;
    border-spacing: 0; margin: 0 auto;
}
table tr {
    border: 1px solid #ddd;
    padding: 5px;
}
table th, table td {
    padding: 10px;
    text-align: center;
}
table th {
    text-transform: uppercase;
    font-size: 14px;
```

```css
        letter-spacing: 1px;
}
@media screen and (max-width: 600px) {
    table { border: 0; }
    table thead { display: none; }
    table tr {
        margin-bottom: 10px;
        display: block;
        border-bottom: 2px solid #ddd;
    }
    table td {
        display: block;
        text-align: right;
        font-size: 13px;
        border-bottom: 1px dotted #ccc;
    }
    table td:last-child { border-bottom: 0; }
    table td:before {
        content: attr(data-label);
        float: left;
        text-transform: uppercase;
        font-weight: bold;
    }
}
.note {
    max-width: 80%;
    margin: 0 auto;
}
</style>
```

在浏览器中预览网页，效果如下。

调整浏览器窗口的宽度，表格能够自动变化以适应浏览器窗口大小的变化。

上述网页结构存在一个问题，那就是必须为每个 td 元素添加 data-label 属性。如果数据比较多，采用这种方法显然会比较复杂。下面介绍一种直接使用 content 属性为每个单元格添加说明文字的方法：

```css
<style type="text/css">
* {
    margin: 0;
    padding: 0;
}
body { font: 14px/1.4 Georgia, Serif; }
/*定义通用样式，适用于台式机/笔记本电脑*/
table {
    width: 100%;
    border-collapse: collapse;
}
/*定义斑马条纹*/
tr:nth-of-type(odd) { background: #eee; }
th {
    background: #333;
    color: white;
    font-weight: bold;
}
td, th {
    padding: 6px;
    border: 1px solid #ccc;
```

```
        text-align: left;
}
/*定义小屏设备上的响应式样式*/
@media    only screen and (max-width: 760px),
(min-device-width: 768px) and
(max-device-width: 1024px) {
/*强制表格不再像表格一样显示*/
table, thead, tbody, th, td, tr,caption { display:
block; }
/*隐藏表格标题。不使用 display: none;，主要
用于辅助功能*/
thead tr {
        position: absolute;
        top: -9999px;
        left: -9999px;
}
tr { border: 1px solid #ccc; }
td {
        border: none;
        border-bottom: 1px solid #eee;
        position: relative;
        padding-left: 50%;
}
td:before {
        position: absolute;
        top: 6px;
        left: 6px;
        width: 45%;
        padding-right: 10px;
        white-space: nowrap;
}
/*标记数据*/
td:nth-of-type(1):before { content: "版本"; }
td:nth-of-type(2):before { content: "发布时间"; }
td:nth-of-type(3):before { content: "绑定系统"; }
}
/*智能手机(横屏和竖屏)*/
@media only screen and (min-device-width :
320px) and (max-device-width : 480px) {
body {
```

```
        padding: 0;
        margin: 0;
        width: 320px;
}
}
/* iPads(横屏和竖屏)*/
@media only screen and (min-device-width:
768px) and (max-device-width: 1024px) {
body { width: 495px; }
}
</style>
```

在浏览器中预览网页，效果如下。

调整浏览器窗口的宽度，表格将自动变化以适应浏览器窗口大小的变化，效果如下。

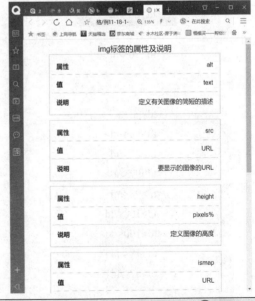

【例 11-19】设计能够滚动显示的表格。素材

step 01 参考【例 11-15】创建的 HTML5 文档，在<body>标签中创建表格结构：

```html
<table id="rt1" class="rt cf">
    <thead class="cf">
        <tr>
            <th>姓名</th>
            <th>语文</th>
            <th>数学</th>
            <th>英语</th>
            <th>地理</th>
            <th>历史</th>
            <th>科学</th>
            <th>体育</th>
            <th>美术</th>
        </tr>
    </thead>
    <tbody>
        <tr>
            <td>杜彦行(4 班)</td>
            <td>89</td>
            <td>97</td>
            <td>97</td>
            <td>95</td>
            <td>98</td>
            <td>86</td>
            <td>87</td>
            <td>90</td>
        </tr>
        <tr>
            <td>王燕(1 班)</td>
            <td>86</td>
            <td>87</td>
            <td>97</td>
            <td>98</td>
            <td>100</td>
            <td>100</td>
            <td>78</td>
            <td>67</td>
        </tr>
        <tr>
            <td>王刚(2 班)</td>
            <td>99</td>
            <td>99</td>
            <td>99</td>
            <td>99</td>
            <td>99</td>
            <td>99</td>
            <td>99</td>
            <td>99</td>
        </tr>
        <tr>
            <td>马志鹏(4 班)</td>
            <td>87</td>
            <td>88</td>
            <td>98</td>
            <td>67</td>
            <td>89</td>
            <td>78</td>
            <td>90</td>
            <td>98</td>
        </tr>
        <tr>
            <td>刘夏(1 班)</td>
            <td>67</td>
            <td>89</td>
            <td>90</td>
            <td>89</td>
            <td>67</td>
            <td>89</td>
            <td>98</td>
            <td>68</td>
        </tr>
        <tr>
            <td>王平春(2 班)</td>
            <td>98</td>
            <td>89</td>
            <td>90</td>
            <td>80</td>
            <td>87</td>
            <td>67</td>
            <td>89</td>
            <td>91</td>
```

```
        </tr>
    </tbody>
</table>
```

 在<head>标签内添加<style type="text/css">标签,定义内部样式表。

```css
<style type="text/css">
.cf:after {
    visibility: hidden;
    display: block;
    font-size: 0;
    content: " ";
    clear: both;
    height: 0;
}
* html .cf { zoom: 1; }
*:first-child+html .cf { zoom: 1; }
body, h1, h2, h3 {
    margin: 0;
    font-size: 100%;
    font-weight: normal;
}
code {
    padding: 0 .5em;
    background: #fff2b2;
}
body {
    padding: 1.25em;
    font-family: 'Helvetica Neue', Arial,
        sans-serif;
    background: #eee;
}
h1 { font-size: 2em; }
h2 { font-size: 1.5em; }
h1, h2 {
    margin: .5em 0;
    font-weight: bold;
}
.rt {
    width: 100%;
    font-size: 0.75em;       /*12*/
    line-height: 1.25em;     /*15*/
    border-collapse: collapse;
    border-spacing: 0;
}
.rt th,  .rt td {
    margin: 0;
    padding: 0.4166em;
    vertical-align: top;
    border: 1px solid #babcbf;
    background: #fff;
}
.rt th {
    text-align: left; background: #fff2b2;
}
@media only screen and (max-width: 40em)
{   /*640*/
    #rt1 {
        display: block;
        position: relative;
        width: 100%;
    }
    #rt1 thead {
        display: block; float: left;
    }
    #rt1 tbody {
        display: block;
        width: auto;
        position: relative;
        overflow-x: auto;
        white-space: nowrap;
    }
    #rt1 thead tr { display: block; }
    #rt1 th { display: block; }
    #rt1 tbody tr {
        display: inline-block;
        vertical-align: top;
    }
    #rt1 td {
        display: block; min-height: 1.25em;
```

```
        }
        /*整理边界*/
        .rt th { border-bottom: 0; }
        .rt td {
            border-left: 0;
            border-right: 0;
            border-bottom: 0;
        }
        .rt tbody tr { border-right: 1px solid #babcbf; }
        .rt th:last-child,    .rt td:last-child
{ border-bottom: 1px solid #babcbf; }
        }
    </style>
```

在浏览器中预览网页，效果如下。

模拟手机浏览器浏览网页，效果如下。

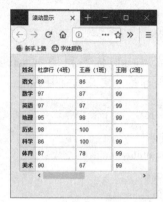

第 12 章

设计表单

在网页中,表单的作用比较重要。表单提供了从网页浏览者那里收集信息的方法。表单可用于调查、订购和搜索等。

HTML5 Web Forms 2.0(http://www.w3.org/Submission/web-forms2/)对 HTML4 表单进行了全面升级,在保持原有的简便易用特性的基础上,增加了许多控件和属性,以满足用户的设计需求。本章将结合 HTML5 与 CSS3,介绍在网页中设计表单及表单元素的方法。

12.1 定义表单

表单是用户与网页进行互动的媒介，表单包括两部分：一部分是用户在页面中看见的控件、标签和按钮的集合(UI 部分)；另一部分是用于获取和处理用户信息的客户端或服务器端脚本。

12.1.1 设计表单结构

表单结构一般以<form>开始、以</form>结束。在这两个标记之间是组成表单的标签、控件和按钮。访问者在通过【提交】按钮提交表单后，填写的信息将被发送给服务器。

【例12-1】在网页中设计简单的用户登录表单。 素材

step 1 创建 HTML5 文档，在<body>标签中输入以下代码，设计两个文本框和一个提交按钮(使用<p>标签将按钮和文本框分行显示)。

```
<h2>用户登录</h2>
<form action="#" method="get" id="form-1" name="form-1">
    <p>用户名称：<input name="user" id="user" type="text" /></p>
    <p>登录密码：<input name="password" id="password" type="text" /></p>
    <p><input type="submit" value="登录" /></p>
</form>
```

step 2 在浏览器中预览网页，效果如下。

12.1.2 组织表单结构

使用<fieldset>标签可以组织表单结构，对表单对象进行分组。通过组织表单结构，可以使表单更容易阅读。默认状态下，表单的外围将显示包含框。

使用<legend>标签可以定义每组表单对象的标题，描述每个分组的目的，有时这些描述还可以使用 h1~h6 标题，默认显示在<fieldset>包含框的左上角。

【例 12-2】设计用户反馈页面，在表单中为两个表单区域分别使用 fieldset 元素，并添加 legend 元素用于描述分组内容。 素材

知识点滴

一般情况下，完整的表单结构包含表单包含框、输入控件和提交按钮。

```
<h1>用户反馈</h1>
    <form action="#" class="form-1">
        <fieldset class="fk-1">
        <legend>用户信息</legend>
        <p><label for="tel">电话:</label><input id="tel"></p>
        <p><label for="address">位置:</label><input id="address"></p>
        <p><label for="method">是否显示位置？</label>
```

第12章 设计表单

```html
    <select id="method">
        <option value="yes">是</option>
        <option value="no">否</option>
    </select></p></fieldset><hr>
<fieldset class="fk-2">
    <legend>反馈信息</legend>
<p><fieldset>
        <legend>您需要反馈的主题内容是？</legend>
        <label for="sports">
        <input id="sports" name="tiyu" type="checkbox">体育</label>
        <label for="news">
        <input id="news" name="xinwen" type="checkbox">新闻</label>
        <label for="amusement">
        <input id="amusement" name="yule" type="checkbox">娱乐</label>
        <label for="blog">
        <input id="blog" name="boke" type="checkbox">博客</label>
    </fieldset></p>
</fieldset>
<p><fieldset>
    <legend>请填写您的反馈信息：</legend>
        <label for="comments">
        <textarea id="comments" rows="3" cols="56"></textarea></label>
    </fieldset></p>
        <input value="提交反馈信息." type="submit">
</form>
```

对于一组单选按钮或复选框，建议使用<fieldset>将它们包裹起来，添加明确的上下文，让表单结构更清晰。以上代码在浏览器中的预览效果如下。

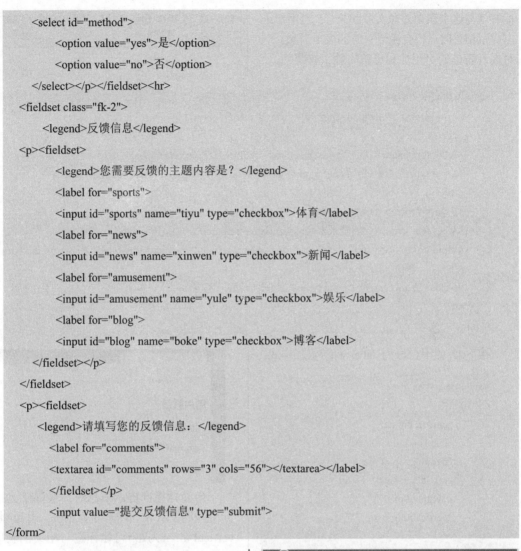

知识点滴

legend 文本可以提高表单的可访问性。对于每个表单字段，屏幕阅读器都会将与之关联的 legend 文本读取出来，从而让访问者了解表单字段的上下文。这种行为在不同的屏幕阅读器上并不完全一样(在不同模式下也不一样)。因此，可以使用 h1~h6 标题替代 legend 来识别一些 fieldset。对于单选按钮，建议使用 fieldset 和 legend。

12.1.3 添加提示文本

使用<label>标签可以定义表单对象的提示信息。通过 for 属性，可将提示信息与表单对象绑定在一起。设计方法是：设置 for 属性的值与一个表单对象的 id 相同，这样<label>

标签就与这个表单对象关联起来了。当用户单击提示信息时，将会激活对应的表单对象。这对提升表单的可用性和可访问性很有帮助。

【例 12-3】继续【例 12-1】，使用<label>标签定义提示信息。素材

```
<h2>用户登录</h2>
    <form action="#" method="get" id="form-1" name="form-1">
    <p class="row">
    <label for="name">用户名称<span class="required">*</span></label>
    <input type="text" id="name" name="name" required="required" aria-required="true">
    </p>
    <p class="row">
    <label for="password">登录密码<span class="required">*</span></label>
    <input type="password" id="password" name="password" required="required" aria-required="true" />
    </p>
    <p class="row center"><input type="submit" value="登录"/>
    </p>
</form>
```

接下来，使用CSS为<label>标签添加样式：

```
<style type="text/css">
    label {
        cursor: pointer;
        display: inline-block;
        padding: 3px 6px;
        text-align: right;
        width: 80px;
        vertical-align: top;
    }
</style>
```

在浏览器中预览网页，效果如右上图所示。

当光标指向提示信息时，会显示为手形标记以指示文本框可操作。通过指定 vertical-align 为 top 可让标签与相关的表单字段对齐。

12.2 定义表单控件

在设计表单结构时，正确选用各种表单控件很重要，这是实现表单结构标准化、语义化的需要，也是用户体验的需要。本节将结合实例详细介绍各种表单控件的使用方法。

12.2.1 文本框

对于表单中非标准化的短信息(例如姓名、地址、电话号码等)，应建议用户输入，而不是让用户选择。使用文本框收集此类信息相比使用选择方式更加简便、宽松。

文本框是用户提交信息时最重要的控件，定义方法如下：

第 1 种方法：<input />
第 2 种方法：<input type="" />
第 3 种方法：<input type="text" />

为了遵循 HTML 标准，建议使用上面介绍的第 3 种方法定义文本框。

为了方便接收和验证不同类型的信息，HTML5 新增了 13 类输入型文本框，对于不支持的浏览器来说，将会以 type= "text"显示，具体说明如下表所示。

HTML5 新增的 13 类输入型文本框

类 型	说 明
<input type="email">	E-mail 类型的文本框。当提交表单时，会自动验证输入值。如果不是有效的电子邮件地址格式，则不允许提交并提示错误信息
<input type="ur">	URL 类型的文本框。当提交表单时，如果输入的是 URL 地址格式的字符串，则会提交，否则不允许提交
<input type="number">	数字类型的文本框。可以设定限制，包括允许的最大值(max)和最小值(min)、合法的数字间隔(step)或默认值(value)等。如果输入的数字不在限定范围之内，或者不符合数字间隔，则会提示错误信息
<input type="range">	范围类型的文本框。一般显示为滑动条。可以设定限制，包括允许的最大值(max)和最小值(main)、合法的数字间隔(step)或默认值(value)等。如果输入的数字不在限定范围之内，或者不符合数字间隔，则会提示错误信息
<input type="search">	搜索类型的文本框。在外观上与普通文本框的区别是：当输入内容时，右侧会出现"×"图标，单击即可清除搜索框
<input type="tel">	电话号码类型的文本框。这种类型的文本框不限定只输入数字，因为很多电话号码还包括"+""-""（""）"等其他字符
<input type="color">	颜色类型的文本框。当这种类型的文本框获取焦点时，会自动调用系统的颜色窗口，在颜色窗口中选择一种颜色并应用
<input type="date">	日期类型的文本框，用于选取日期，例如 2020 年 12 月 10 日，选择后将以"2020-12-10"的形式显示
<input type="month">	月份类型的文本框，用于选取月份，例如 2020 年 12 月，选择后将以"2020-12"的形式显示
<input type="week">	周类型的文本框，用于选取第几周，例如 2020 年的第 46 周，选择后将以"2020 年第 46 周"的形式显示
<input type="time">	时间型文本框，用于选取时间，会具体到小时和分钟
<input type="datetime">	用于选取时间、日、月、年，其中时间为 UTC 时间
<input type="local">	用于选取时间、日、月、年，其中时间为本地时间

【例 12-4】设计一个表单，比较不同类型文本框的显示效果。 素材

```
<form action="#">
    <fieldset>
        <legend>输入型文本框</legend>
        <label for="email">email</label>
        <input type="email" name="email" id="email" />
        <label for="url">url</label>
```

```
            <input type="url" name="url" id="url" />
            <label for="number">number</label>
            <input type="number" name="number" id="number" step="3" />
            <label for="tel">tel</label>
            <input type="tel" name="tel" id="tel" />
            <label for="search">search</label>
            <input type="search" name="search" id="search" />
            <label for="range">range</label>
            <input type="range" name="range" id="range" value="100" min="0" max="300" />
            <label for="color">color</label>
            <input type="color" name="color" id="color" />
        </fieldset>
        <fieldset>
            <legend>日期/时间型文本框</legend>
            <label for="time">time</label>
            <input type="time" name="time" id="time" />
            <label for="date">date</label>
            <input type="date" name="date" id="date" />
            <label for="month">month</label>
            <input type="month" name="month" id="month" />
            <label for="week">week</label>
            <input type="week" name="week" id="week" />
            <label for="datetime">datetime</label>
            <input type="datetime" name="datetime" id="datetime" />
            <label for="datetime-local">datetime-local</label>
            <input type="datetime-local" name="datetime-local" id="datetime-local" />
        </fieldset>
            <input type="submit" value="提交">
</form>
```

在上面的代码中，为每个文本框设置了 name 和 id 属性。name 属性是提交数据的句柄；id 属性是 JavaScript 和 CSS 控制句柄，也可作为 for 的绑定目标。只有在希望为文本框添加默认值的情况下才需要设置 value 属性。

接下来，在网页中使用 CSS 为标签添加样式：

```
<style type="text/css">
```

```
fieldset {
    float: left;width: 40%;height: 380px;
}
label {
    display: block;
    text-transform: capitalize;
    margin-top: 6px;
}
input[type="submit"]{
    float: left;padding: 6px 50px;
```

```
        margin-top: 12px;
    }
</style>
```

使用浏览器预览网页，效果如下。

> **知识点滴**
>
> date、month、week、time 等类型的文本框支持使用一些输入来限定时间的大小范围或合法的时间

间隔，包括规定允许的最大值(max)和最小值(min)、合法的数字间隔(step)或默认值(value)等。如果输入的数字不在限定范围之内，或者不符合数字间隔，则会提示错误信息。

12.2.2 密码框

密码框是一种有特殊用途的文本框，专门用于输入密码，可通过 type="password" 来定义，输入的字符串以圆点或星号显示，以避免信息被身边的人看到。用户输入的真实值会被发送到服务器，但在发送过程中并没有加密。

【例 12-5】制作注册页面，设计密码输入框和密码重置框。◎素材

```
<form>
    <fieldset>
    <legend>用户快速注册通道</legend>
    <p class="row">
        <label for="name">用户名称</label>
        <input type="text" id="name" name="name" />
    </p>
    <p class="row">
        <label for="email">Email</label>
        <input type="email" id="email" name="email" placeholder="miaofa@sina.com" />
    </p>
    <p class="row">
        <label for="password">输入密码</label>
        <input type="password" id="password" name="password" />
    </p>
    <p class="row">
        <label for="password-2">重复密码</label>
        <input type="password" id="password-2" name="password-2" />
    </p>
    </fieldset>
    <input type="submit" value="注册并登录" />
</form>
```

接下来，在网页中使用 CSS 为标签添加样式：

```
<style type="text/css">
    label {
        display: block;
        text-transform: capitalize;
        margin-top: 12px;
    }
    input[type="submit"]{
        float: left;
        padding: 6px 50px;
        margin-top: 12px;
    }
</style>
```

使用浏览器预览网页，效果如右上图所示。

12.2.3 文本区域

要在网页中输入大段字符串(多行文本)，就应该使用<textarea>标签定义文本区域控件。textarea 元素包含的专用属性如下表所示。

textarea 元素的专用属性

属　　性	说　　明
cols	设置文本区域内可见字符的宽度，可以使用 CSS 的 width 属性代替
rows	设置文本区域内可见字符的行数，可以使用 CSS 的 height 属性代替
wrap	定义当输入的内容大于文本区域的宽度时显示的方式

【例 12-6】设计售后投诉表单。

```
<div class="feedback">
  <h1>申请售后投诉</h1>
  <div class="comtent">
  <form method="post" action="">
    <fieldset class="base_info">
        <legend>用户信息</legend>
        <label for="userName">用户名称</label>
        <input type="text" value="" id="userName" />
        <label for="email">电子邮件</label>
        <input type="text" value="" id="email" />
    </fieldset>
    <fieldset class="feedback_content">
        <legend>投诉内容</legend>
```

```
            <label for="msg">描述信息</label>
            <textarea rows="8" cols="50" id="msg" placeholder="请详细描述投诉内容，并上传截图">
            </textarea>
            <label for="up_file">截图</label>
            <input type="file" id="up_file" />
        <p class="tips">截图仅支持.jpg、.gif 格式图片</p>
        </fieldset>
        <button type="submit">提交</button>
    </form>
    </div>
</div>
```

接下来，在网页中使用 CSS 为标签添加样式：

```
<style type="text/css">
    fieldset {float: left;}
    fieldset:nth-child(1){width: 20%;}
    fieldset:nth-child(2){width: 46%;}
    label {
        display: block;
        text-transform: capitalize;
        margin-top: 6px;
    }
    textarea {
        font: inherit;
        padding: 2px;
    }
    button[type="submit"]{
        float: left;
        padding: 6px 50px;
        margin-top: 12px;
    }
</style>
```

如果没有为文本区域设置 maxlength 属性，那么用户最多可以输入 32 700 个字符。与文本区域不同，textarea 元素没有 value 属性，默认值可以包含在 <textarea> 和 </textarea>之间，也可以通过设置 placeholder 属性来定义占位文本。在浏览器中预览以上代码，效果如下。

12.2.4 单选按钮和复选框

1. 单选按钮

使用<input type="radio">可以定义单选按钮，多个 name 属性值相同的单选按钮可以合并为一组，称为单选按钮组。在单选按钮组中，只能选择一项，不能不选或多选。

在设计单选按钮组时，应该设置单选按钮组的默认值。如果不设置默认值，用户可能会漏选，引发歧义。

【例 12-7】设计带单选按钮的登录页面。

```html
<h2>用户登录</h2>
    <form action="#" method="get" id="form-1" name="form-1">
        <p>用户名称：<input name="user" id="user" type="text" /></p>
        <p>登录密码：<input name="password" id="password" type="text" /></p>
    <fieldset>
        <legend>是否保留密码</legend>
        <label><input type="radio" name="grade" value="1" checked="checked" />永久保存</label>
        <label><input type="radio" name="grade" value="2" />保存 3 天</label>
        <label><input type="radio" name="grade" value="3" />不再保存</label>
    </fieldset>
        <p><input type="submit" value="登录" /></p>
</form>
```

在浏览器中预览以上代码，效果如下。

在设计网页时，对于一些有确定性答案的选项，如国家、年、月、性别等，使用单选按钮组、复选框、选择框等表单控件进行设计会更加方便、安全。对于选项的排序问题，最好遵循合理的逻辑顺序，例如按首字母排列、按声母排列等，并根据最大选择概率确定默认值。

2. 复选框

使用 <input type="checkbox">可以定义复选框，多个 name 属性值相同的复选框可以合并为一组，称为复选框组。在复选框组中，允许用户不选或多选，可以使用 checked 属性设置默认选中的项。

【例 12-8】修改【例 12-7】，设计带复选框的登录页面。 素材

```html
<h2>用户登录</h2>
    <form action="#" method="get" id="form-1" name="form-1">
        <p>用户名称：<input name="user" id="user" type="text" /></p>
        <p>登录密码：<input name="password" id="password" type="text" /></p>
    <fieldset>
        <label>阅读订阅内容：</label>
        <label><input name="web" type="checkbox" value="html" />HTML5</label>
        <label><input name="web" type="checkbox" value="css" />CSS3</label>
        <label><input name="web" type="checkbox" value="js" />JavaScript</label>
    </fieldset>
        <p><input type="submit" value="登录" /></p>
</form>
```

在设计单选按钮和复选框时，应使用数字为每个选项定义不同的值，这些值会被提交给服务器。标签文本(label 提示文本)不需要与 value 属性一致。在浏览器中预览以上代码，效果如下。

义选项。

使用<optgroup>标签可以对选项进行分组。一个<optgroup>标签可以包含多个<option>标签，然后可以使用 label 属性设置分类标题。分类标题是不可选的伪标题。

选择框可以显示为以下两种形式。

▶ 下拉菜单：当在选择框中只能选择一项时，选择框呈现为下拉菜单，这样可以节省网页空间。

▶ 列表框：当设置多选时，选择框呈现为列表框，用户可以设置列表框的高度。如果选项个数超过列表框的限度，会显示滚动条，通过拖动滚动条可以查看并选择多个选项。

<select>标签包含两个专有属性，说明如下表所示。

12.2.5 选择框

使用<select>标签可以设计选择框，在<select>标签中，可以使用<option>标签来定

<select>标签的属性说明

属性	说明
size	定义选择框可以显示的选项个数，<optgroup>标签也计算在内
multiple	定义选择框可以多选

【例 12-9】修改【例 12-8】创建的网页，在页面中设计选择框。 素材

```
<h2>用户登录</h2>
  <form action="#" method="get" id="form-1" name="form-1">
    <p>用户名称：<input name="user" id="user" type="text" /></p>
    <p>登录密码：<input name="password" id="password" type="text" /></p>
    <fieldset>
      <p>所在城市：
        <select name="city">
          <optgroup label="江苏省">
            <option value="南京">南京</option>
            <option value="常州">常州</option>
            <option value="徐州">徐州</option>
          </optgroup>
          <optgroup label="浙江省">
            <option value="杭州">杭州</option>
            <option value="宁波">宁波
```

```
                <option value="温州">温州</option>
            </optgroup>
            </select></p>
        </fieldset>
        <p><input type="submit" value="登录" /></p>
</form>
```

在浏览器中预览以上代码,效果如下。

通过在 select 元素中设置 name 属性,以及在每个 option 元素中设置 value 属性,可以方便服务器获取选择框。如果省略 value 属性,那么包含的文本就是选项的值。

12.2.6 文件域和隐藏域

1. 文件域

使用<input type="file">可以设计文件域。文件域用于提交本地计算机中的文件(使用 multiple 属性可以上传多个文件)。

2. 隐藏域

使用<input type="hidden">可以设计隐藏域。隐藏域用于向服务器提交一些简单的、固定的值,这些值不会显示在页面上,但是能够在代码中看到(隐藏域常用于提交客户端的标识值)。

【例12-10】设计一个简单的文件上传表单,通过隐藏域定义文件上传等级。 素材

```
<form action="file/upload" method="post" enctype="multipart/form-data">
    <h2>上传脚本文件(3 级)</h2>
    <input type="file" name="file">
    <input type="hidden" name="star" value="3">
    <button type="submit">上传</button>
</form>
```

在浏览器中预览以上代码,效果如下。

12.2.7 按钮

HTML5 按钮分为 3 种类型:普通按钮、提交按钮和重置按钮。

1. 普通按钮

普通按钮不包含任何操作。为了执行特定操作,需要使用 JavaScript 脚本进行定义:

```
<input type="button" value="按钮名称">
<button type="button">按钮名称</button>
```

2. 提交按钮

提交按钮用于提交表单:

```
<input type="submit" value="按钮名称">
<button type="submit">按钮名称</button>
```

```
<input type="image" src="按钮图像源">
```

3. 重置按钮

重置按钮用于重置表单、恢复默认值：

```
<input type="reset" value="按钮名称">
<button type="reset">按钮名称</button>
```

在 HTML 表单中使用 button 元素时，不同的浏览器会提交不同的值。IE 浏览器将提交<button>与</button>之间的文本，而其他浏览器将提交 value 属性值。因此，设计网页时，通常在 HTML 表单中使用 input 元素来创建按钮。

【例 12-11】继续【12-1】，在页面中比较 3 种不同类型提交按钮的显示效果。 素材

```
<h2>用户登录</h2>
<form action="#" method="get" id="form-1" name="form-1">
    <p>用户名称：<input name="user" id="user" type="text" /></p>
    <p>登录密码：<input name="password" id="password" type="text" /></p>
    <input type="image" src="images/button.png" name="image_btn" value="提交" />
    <input type="submit" name="input_btn" value="注册会员" />
    <button type="submit" name="button/_btn" value="注册游客"><img src="images/button.png"></button>
</form>
```

在浏览器中预览以上代码，效果如下。

从功能上比较以上代码：<input type="image"><input type="submit"><button type="submit">都可以提交表单，不过，<input type="image">会把按钮单击位置的偏移坐标也提交给服务器。

此外，使用<input type="image">创建的图像提交按钮，可以使用可选的 width 和 height 属性定义按钮的大小。如果不填写 name 属性，那么提交按钮的名/值对就不会传递给服务器。由于一般不需要这一信息，因此可以不为按钮设置 name 属性。

如果省略 value 属性，那么根据不同的浏览器，提交按钮将显示默认的"提交"文本。如果有多个提交按钮，那么可以为每个按钮设置 name 和 value 属性，从而让脚本知道用户单击的是哪个按钮(否则，可以省略 name 属性)。

12.2.8 数据列表

datalist 元素用于为输入框提供一个可选的列表，供用户输入匹配或直接选择。如果不想从列表中选择，也可以自行输入内容。

datalist 元素需要与 option 元素配合使用，每一个 option 元素都必须设置 value 属性值。其中，<datalist>标签用于定义列表框，<option>标签用于定义列表项。为了把 datalist 提供的列表绑定到输入框，还需要使用输入框的 list 属性来应用 datalist 元素的 id。

【例 12-12】演示 datalist 元素和 list 属性如何配合使用。 素材

```
<form action="testform.asp" method="get">
请输入网址：<input type="url" list="url_list" name="weblink" />
```

```
<datalist id="url_list">
    <option label="淘宝网" value="https://www.taobao.com/" />
    <option label="京东商城" value="https://www.jd.com" />
    <option label="国美" value="https://www.gome.com.cn" />
    <option label="苏宁易购" value="https://www.suning.com" />
</datalist>
<input type="submit" value="提交" />
</form>
```

在浏览器中预览以上代码，效果如下。

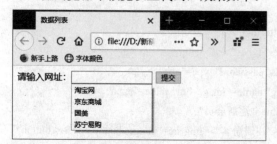

12.2.9 密钥生成器

keygen 元素的作用在于提供了一种验证用户的可靠方法。

当提交表单时，keygen 元素会生成私钥和公钥。私钥存储于客户端；公钥被发送到服务器，公钥可用于以后验证用户的客户端证书(目前，浏览器对 keygen 元素的支持不是很理想)。

下面的代码演示了如何应用keygen元素：

```
<form action="testform.asp" method="get">
请输入用户名：
<input type="text" name="usr_name" /><br>
选择加密强度：
<keygen name="security" /><br>
<input type="submit" value="提交" />
</form>
```

12.2.10 输出结果

output 元素用于在浏览器中显示计算结果或脚本输出。语法如下：

```
<output name="">Text</output>
```

【例 12-13】演示使用 output 元素显示用户输入的两个数字的乘积。素材

```
<script type="text/javascript">
    function multi() {
    a=parseInt(prompt("请输入第 1 个数字。",0));
    b=parseInt(prompt("请输入第 2 个数字。",0));
    document.forms["form"]["result"].value=a*b;
    }
</script>
<body onLoad="multi()">
<form action="testform.asp" method="get" name="form">
两数的乘积为：<output name="result"></output>
</form>
</body>
```

在浏览器中预览以上代码，将弹出左下图所示的提示框。在提示框中输入第 1 个数字，单击【确定】按钮。

接下来，根据提示输入第 2 个数字，并再次单击【确定】按钮，如右上图所示。

此时，浏览器将显示如下计算结果。

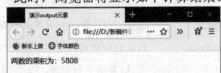

12.3 设置表单属性

在介绍完表单与常用的表单控件之后，本节将进一步介绍 HTML5 表单控件的常用属性。

12.3.1 名称和值

每个表单控件都应该设置名称(对应 name 属性)。name 属性有两个作用：一个是服务器可以根据 name 属性获取对应控件提交的值；另一个是在 JavaScript 脚本中可以直接使用点语法访问对应的控件对象(formName.controlName)。

如果需要设置 CSS 样式，或需要通过 DOM 访问表单对象，或需要与<label>标签绑定，那么应为表单控件设置 id 属性。如果表单控件需要向服务器传递值，那么必须设置 value 属性(value 属性值将被提交到服务器)。

【例 12-14】设计一个包含文本框、密码框、复选框、提交按钮的表单，并设置表单控件的 name、id 和 value 属性。 素材

```
<form id="login-form" action="#" method="post">
    <fieldset>
        <legend>用户登录</legend>
        <label for="login">Email</label>
        <input type="text" id="login" name="login" value="" />
        <label for="password">密码</label>
        <input type="password" id="password" name="password" value="" />
        <label for="remember_me">记住状态？</label>
        <input type="checkbox" id="remember_me" name="remember_me" value="1" />
        <input type="submit" id="commit" name="commit" value="登录" />
    </fieldset>
</form>
```

12.3.2 布尔型属性

布尔型属性是一种特殊的属性，主要用于控制元素的状态。HTML5 表单控件支持多个布尔型属性，详细说明如下表所示。

HTML5+CSS3 网页设计案例教程

HTML5 表单控件支持的布尔型属性

属　　性	说　　明
readonly	只读，不能修改，可以获取焦点，数据可以提交(可用于文本框)
disabled	禁用(显示为灰色)，无法获取焦点，数据无法提交(可用于文本框或按钮)
require	必填(常用于文本框)
checked	选中，多用于单选按钮<input type="radio">和多选按钮<input type="checkbox">。一旦选中，值就可以被提交(注意：在<input type="radio">中需要使用相同的名称才能达到效果)
selected	选择，可用于下拉菜单和数据列表。一旦选择，就会高亮显示
autofocus	自动获取焦点，可用于输入型文本框
multiple	多选(多用于列表框、文件域和电子邮箱文本框)，结合使用 Shift 和 Ctrl 键，可以进行多选

在 HTML5 中，无论布尔型属性的值是什么，抑或只有属性名，都认为值为 true，例如：

```
<input disabled >
<input disabled="" >
<input disabled="disabled" >
```

如果要与 HTML4 兼容，那么使用上面介绍的第 3 种写法相对比较安全(也就是直接设置布尔型属性的值)。在 JavaScript 脚本中，通常直接设置 true 或 false，例如：

input.disabled = false;

【例12-15】设计"用户满意度反馈"表单，当用户选中表单中的【其他】单选按钮后，激活表单中的文本区域。 素材

```
<form method="post" action="#" id="choices">
<fieldset>
    <legend>您对我们的服务是否满意？</legend>
    <input type="radio" name="how" value="满意" id="manyi" />
        <label for="manyi">满意</label>
        <input type="radio" name="how" value="一般" id="yiban" />
        <label for="yiban">一般</label>
        <input type="radio" name="how" value="其他" id="other" />
        <label for="jiaocha">其他</label>
        <textarea id="other-description" cols="50" rows="5" placeholder="请填写原因。"
             disabled="disabled">请填写原因。
        </textarea><br><br>
        <input type="submit" value="提交反馈" class="btn" />
</fieldset>
</form>
<script>
```

```
var choices = document.getElementById('choices'),
    textarea = document.getElementById('other-description');
choices.onclick = function(e) {
    var e = e || window.event,
        target = e.target || e.srcElement;
    if(target.getAttribute('type') === 'radio') {
        if(target.id !=='other'){
            textarea.disabled = true;
        } else {
            textarea.disabled = false;
            textarea.focus();
        }
    }
};
</script>
```

上面的代码为 textarea 元素设置了 disabled 属性，然后通过 JavaScript 脚本设计当用户选中【其他】单选按钮时，让 textarea 元素变为可用的文本区域，如下所示。

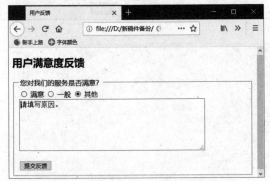

通过单选按钮控制文本区域的可用状态

当选中其他两个单选按钮(【满意】或【一般】)时，禁用 textarea 元素，如右上图所示。

12.3.3 必填属性

必填属性 required 用于确保输入框不为空，否则不允许提交表单。required 属性适用于 text、search、url、telephone、email、password、date、pickers、number、checkbox、radio 以及 file 等类型的 input 元素。

【例 12-16】使用 required 属性定义文本框必填。

```
<form action="testform.asp" method="get">
    请输入您所在的游戏分区：
    <input type="text" name="usr_name" required="required" />
    <input type="submit" value="下一步" />
</form>
```

在浏览器中预览以上代码，当文本框为空并单击【下一步】按钮时，将显示提示文本。此时，只有在文本框中输入内容后才允许提交表单，效果如下。

12.3.4 禁止验证

novalidate 属性规定在提交表单时不应该验证表单或输入域，适用于 form 元素以及 text、search、url、telephone、email、password、date pickers、range、color 等类型的 input 元素。

【例 12-17】使用 novalidate 属性取消整个表单的验证。 素材

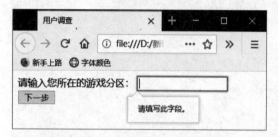

```
<form action="testform.asp" method="get" novalidate>
    请输入电子邮件地址：
    <input type="email" name="user_email" />
    <input type="submit" value="提交" />
</form>
```

HTML5 为 form、input、select 和 textarea 元素定义了 checkValidity()方法。通过调用该方法，可以对表单中的所有元素内容或单个元素内容进行有效性验证。checkValidity() 方法将返回布尔值，以提示是否通过验证。

【例 12-18】使用 checkValidity()方法主动验证用户输入的 Email 地址是否有效。 素材

```
<script>
function check() {
    var email = document.getElementById("email");
    if(email.value==""){
        alert("请输入电子邮件地址");
        return false;
    }
    else if(!email.checkValidity()){
        alert("请输入正确的电子邮件地址");
        return false;
    }else
        alert("电子邮件地址输入正确");
    }
</script>
    <form id=testform onSubmit="return check();" novalidate>
    <label for=email>Email</label>
    <input name=email id=email type=email /><br>
```

```
        <input type=submit>
</form>
```

在浏览器中预览以上代码，如果用户没有在文本框中输入任何内容就单击【提交查询】按钮，将弹出如下提示框。

如果用户在文本框中输入错误的 Email 地址，单击【提交查询】按钮后将弹出如下图提示框。

如果用户在文本框中输入正确的 E-mail 地址，单击【提交查询】按钮后将弹出下提示框。

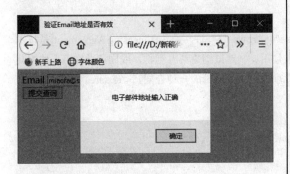

12.3.5 多选属性

使用多选属性 multiple 可以允许用户在文件域中一次选择多个值，适用于 email 和 file 类型的 input 元素。

【例 12-19】使用 multiple 属性以允许用户在文件域中一次提交多个文件。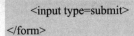

```
<form action="testform.asp" method="get">
    请选择要上传的多个文件:
    <input type="file" name="img" multiple />
    <input type="submit" value="上传文件">
</form>
```

12.3.6 自动完成

autocomplete 属性可以帮助用户在输入框中实现自动完成输入，取值包括 on 和 off。用法如下：

```
<input type="email" name="email"
    autocomplete="off" />
```

autocomplete 属性既适用于 input 元素（包括 text、search、url、telephone、email、password、date pickers、range 以及 color 类型），也适用于 form 元素。默认状态下，表单的 autocomplete 属性处于打开状态，其中包含的输入域会自动继承 autocomplete 状态，也可以为某个输入域单独设置 autocomplete 状态。当把 autocomplete 属性用于整个表单时，所有从属于这个表单的控件都具备自动完成功能。要关闭部分控件的自动完成功能，可单独设置 autocomplete="off"。

【例 12-20】使用 autocomplete 属性、datalist 元素和 list 属性在页面中实现自动完成功能。

HTML5+CSS3 网页设计案例教程

```
<h2>输入你想了解的内容：</h2>
<form autocomplete="on">
    <input type="text" id="Web" list="content">
    <datalist id="content" style="display: none">
        <option value="HTML5">HTML5</option>
        <option value="CSS3">CSS3</option>
        <option value="JavaScript">JavaScript</option>
    </datalist>
</form>
```

在浏览器中预览以上代码，效果如右上图所示。当用户将光标定位到页面上的文本框中时，会自动出现一个列表供用户选择。当单击页面上的其他位置时，这个列表就会消失。

此外，当用户在文本框中输入内容时，弹出的列表会随用户的输入而自动更新，例如输入 H，弹出的列表中将只列出以 H 开头的选项。随着用户不断输入新的字符，弹出的列表也会随之变化。

许多浏览器都有辅助用户完成输入的自动完成功能，如果开启该功能，浏览器会自动记录用户输入的信息，当再次输入相同的内容时，浏览器就会自动完成内容的输入。从安全性和隐私的角度考虑，这个功能可能会导致较大的隐患。如果用户不希望浏览器自动记录信息，可以为表单或表单中的 input 元素设置 autocomplete 属性为 off，从而关闭自动完成功能。

12.3.7 自动获取焦点

autofocus 属性可以实现在加载页面时，让表单控件自动获得焦点。用法如下：

```
<input type="text" name="fname"
    autofocus="autofocus" />
```

autofocus 属性适用于所有类型的 input 元素，如文本框、复选框、单选按钮、普通按钮等。

【例12-21】演示在网页中使用 autofocus 属性。
素材

```
<form>
    <p>请仔细阅读许可协议</p>
    <p><label for="textareal"></label>
    <textarea name="textareal" id="textareal" cols="45" rows="5">许可协议(Licensing Agreement)是技术贸易的一种主要形式，是指许可人同意受许可人使用、制造或销售其专利物，或同意受许可人使用其商标，而由受许可人支付一定的报酬作为取得此项使用权的对价的一种合同。</textarea>
    </p>
    <p>
    <input type="submit" value="同意" autofocus>
    <input type="submit" value="拒绝">
    </p>
</form>
```

在浏览器中预览以上代码，效果如左下图所示。加载页面后，【同意】按钮将自动获取焦点。

如果浏览器不支持 autofocus 属性，那么用户可以使用 JavaScript 实现相同的功能。例如：

```
<script>
if (!("autofocus" in document.createElement("input"))){
document.getElementById("ok").focus();
}
</script>
```

以上脚本中，先检测浏览器是否支持 autofocus 属性。如果发现浏览器不支持，那么可以获取指定的表单控件，调用 focus() 方法，强制获取焦点。

12.3.8 所属表单

使用 form 属性可以设置表单控件所属的表单，适用于所有类型的 input 元素。

from 属性必须引用所属表单的 id，如果 form 属性要引用两个或两个以上的表单，那么需要使用空格将表单的 id 分开。例如：

```
<form action="" method="get" id="form-1">
请输入姓名：<input type="text" name="name-1" autofocus />
<input type="submit" value="下一步">
</form>
请输入地址：<input type="text" name="address-1" form="form-1"/>
```

以上代码在浏览器中的预览效果如下。如果在页面中填写姓名和地址并单击【下一步】按钮，那么 name-1 和 address-1 将分别等于用户填写的值。例如，在姓名处填写 dusiming，在地址处填写"南京大学"，单击【提交】按钮后，服务器会接收到"name-1=dusiming"和"address-1=南京大学"。

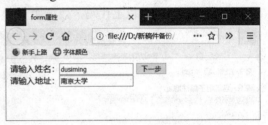

用户也可以在提交表单后观察浏览器的地址栏，如下所示。

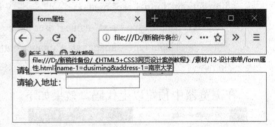

12.3.9 表单重写

HTML5 新增了 5 个表单重写属性，用于重写 form 元素的属性设置，对它们各自的简单说明如下表所示。

表单重写属性

属　　性	说　　明
formaction	重写 form 元素的 action 属性
formenctype	重写 form 元素的 enctype 属性
formmethod	重写 form 元素的 method 属性
formnovalidate	重写 form 元素的 novalidate 属性
formtarget	重写 form 元素的 target 属性

【例 12-22】使用 formaction 属性将表单提交到不同的服务器页面。素材

```
<form action="test-1.asp" id="testform">
请输入您的电子邮件地址：<input type="email" name="userid" /><br/>
    <input type="submit" value="提交到页面-1" formaction="test-1.asp" />
    <input type="submit" value="提交到页面-2" formaction="test-2.asp" />
    <input type="submit" value="提交到页面-3" formaction="test-3.asp" />
</form>
```

在浏览器中预览以上代码，效果如下。

12.3.10 高度和宽度

height 和 width 属性仅用于设置<input type="image">中图像的高度和宽度。

【例 12-23】应用 width 和 height 属性。

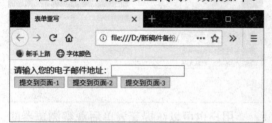

```
<form action="form-1.asp" method="get">
输入姓名：<input type="text" name="user_name"><br/>
            <input type="image" src="images/button.png" width="112" height="50" />
</form>
```

在浏览器中预览以上代码，效果如下。

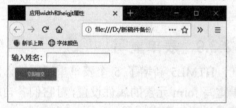

max、min 和 step 属性的取值说明

属 性	说 明
max	设置输入框允许的最大值
min	设置输入框允许的最小值
step	设置合法的数字间隔，例如 step="4"，合法值为 -4、0 和 4

【例 12-24】设计一个数字输入框，限定接收的数字范围为 0~10，数字间隔为 2。

12.3.11 最小值/最大值/步长

max、min 和 step 属性用于为包含数字或日期的输入框设置限制，适用于 date pickers、number 和 range 类型的 input 元素。具体说明如下表所示。

```
<form action="form-1.asp" method="get">
输入数值：<input type="number" name="number-1" min="0" max="10" step="2" />
    <input type="submit" value="下一步">
</form>
```

在浏览器中预览以上代码，效果如右图所示。如果单击页面中数字输入框右侧的微调按钮，可以看到数字以 2 为步进值递增(或递减)。

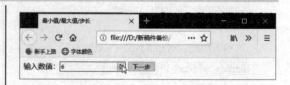

如果在数字输入框中输入不合法的数字，那么单击【下一步】按钮后，浏览器会显示错误提示，如下所示。

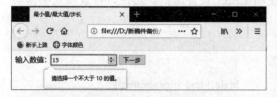

12.3.12 匹配模式

pattern 属性规定了用于验证输入框的模式。模式就是 JavaScript 正则表达式，可通过自定义的正则表达式匹配用户输入的内容，以便进行验证。pattern 属性适用于 text、search、url、telephone、email 和 password 类型的 input 元素。

【例 12-25】使用 pattern 属性设置必须输入 6 位数的邮政编码。

```
<form action="form-1.asp" method="get">
输入邮政编码：<input type="text" name="zip_code" pattern="[0-9]{6}" title="只能输入 6 位数的邮政编码！"/>
<input type="submit" value="提交" />
</form>
```

在浏览器中预览以上代码，效果如下。

如果输入的数字不是 6 位，网页将会显示错误提示。如果输入的内容不是数字，而是字母或文字，那么也会出现同样的错误提示。

12.3.13 替换文本

placeholder 属性用于为 input 类型的输入框提供一些文本提示，这些文本提示可以描述输入框期待用户输入的内容，在输入框为空时显示，而当输入框获取焦点时自动消失。placeholder 属性适用于 text、search、url、telephone、email 以及 password 类型的<input>元素。

【例 12-26】演示应用 placeholder 属性。

```
<form action="form-1.asp" method="get">
邮政编码：<input type="text" name="zip_code" pattern="[0-9]{6}" placeholder="输入邮政编码（6 位数）。"/>
    <input type="submit" value="下一步"/>
</form>
```

以上代码在浏览器中的预览效果如下。

输入数据后，提示文本将消失，效果如下。

12.4 设计表单样式

表单与文本、图像等网页元素一样，可以使用 CSS3 设计边框、边距、背景以及字体等样式。下面将通过实例进行具体介绍。

1. 修饰背景

下面演示如何将图标嵌入表单对象中，从而修饰表单。

【例12-27】将图标嵌入表单对象中。

step 1 创建 HTML5 文档，在<body>标签内定义表单结构：

```html
<form action="" method="post" class="form" id="login">
    <fieldset>
        <legend>登录网站</legend>
        <label for="name">用户</label>
        <div>
            <input name="name" type="text"
                id="name" value="">
        </div>
        <label for="password">密码</label>
        <div>
            <input name="password" type="text"
                id="password" value="">
        </div>
        <div class="button_div">
            <input type="image" src="images/button.png">
        </div>
    </fieldset>
</form>
```

step 2 在<head>标签内添加<style type="text/css">标签，定义内部样式表。使用 CSS3 对表单进行布局：

```css
<style type="text/css">
/*清除所有元素的边框*/
* {
    margin: 0;
    padding: 0;
}
body { text-align: center; }
input[type="text"] { padding: 4px 6px; }
#login {
/*定义表单包含框的样式*/
    margin: 10px auto 10px;
    text-align: left;
}
/*定义表单域的样式*/
fieldset {
    width: 230px;
    margin: 20px auto;
    font-size: 12px;
    padding: 8px 24px;
}
</style>
```

step 3 设计提示文本并固定其宽度：

```css
/*定义提示文本的样式*/
label {
    width: 200px;
    height: 26px;
    line-height: 26px;
    text-indent: 6px;
    display: block;
    font-weight: bold;
}
```

step 4 在每个文本框的左侧定义背景图标。为了避免文本框内的文本遮盖背景图标，同时定义左侧内边距以空出空间让背景图标使用：

```css
#name, #password {
    border: 1px solid #ccc;
    width: 160px;
```

```
        height: 22px;
        margin-left: 6px;
        padding-left: 28px;
        line-height: 20px;
}
#name { background: url(images/name.png) no-repeat 4px center; }
#password { background: url(images/password.png) no-repeat 4px center; }
.button_div {
        text-align: center;
        margin: 6px auto;
}
```

在浏览器中预览网页，效果如下。

2. 用户反馈表单

【例12-28】设计简单的用户反馈表单。 素材

step 1 创建 HTML5 文档，在<body>标签内定义表单结构：

```
<form id="myform" method="post" action="">
    <h1>用户满意度反馈</h1>
    <div class="field">
        <label for="name">姓名</label>
        <input type="text" name="name" id="name" placeholder="dusiming">
    </div>
    <div class="field">
        <label for="email">邮箱</label>
        <input type="text" name="email" id="email" placeholder="miaofa@sina.com">
    </div>
    <div class="field">
        <label for="message">反馈</label>
        <textarea name="message" id="message"></textarea>
    </div>
    <input type="submit" name="Submit" value="提 交">
</form>
```

step 2 在<head>标签内添加<style type="text/css">标签，定义内部样式表。设计表单的宽度、背景色并补白，然后添加边框线并为表单边框定义阴影效果：

```
form {
        width: 500px;
        padding: 6px 12px;
        margin:auto;
        background: #f0f0f0;
        overflow: auto;
        border: 1px solid #cccccc;
        -moz-border-radius: 7px;
        -webkit-border-radius: 7px;
        border-radius: 7px;
        -moz-box-shadow: 2px 2px 2px #cccccc;
        -webkit-box-shadow: 2px 2px 2px #cccccc;
        box-shadow: 2px 2px 2px #cccccc;
}
```

step 3 在内部样式表中定义表单和文本框的样式。设置标签浮动显示，以便与右侧的文本框同时显示，通过 line-height 属性定义文本垂直居中，使用 text-shadow 属性添加文本阴影效果。为文本区域添加背景图标，并显示在右下角位置：

```
label {
        font-family: Arial, Verdana;
        text-shadow: 2px 2px 2px #aaa;
        display: block;
        float: left;
        font-weight: bold;
        margin-right: 10px;
```

```
        text-align: right;
        width: 60px;
        line-height: 36px;
        font-size: 15px;
}
input[type="text"] {
        font-family: Arial, Verdana;
        font-size: 15px;
        padding: 8px;
        border: 1px solid #ccc;
        width: 260px;
        color: #797979;
}
textarea {
        width: 28em;
        height: 10em;
        padding: 8px;
        border: 1px solid #ccc;
        background: #fff   url(images/logo.png)
no-repeat 90% 90% ;
        background-size:8em ;
}
```

step 4 设计按钮样式和位置:

```
div { margin-bottom: 5px; }
h1 {
        text-align: center;
        font-size: 28px;
}
input[type="submit"] {
        float: right;
        margin: 10px 55px 10px 0;
        font-weight: bold;
        padding: 8px 24px;
        cursor: pointer;
        text-align: center;
        text-shadow: 0 -1px 1px #aaa;
        background: #aaa;
        background: linear-gradient(to top, #aaa 0%,
#aaa 100%);
```

```
        background: -moz-linear-gradient(top, #aaa
0%, #aaa 100%);
        background: -webkit-gradient(linear, 0%
0%, 0% 100%, from(#aaa), to(#aaa));
        border: 1px solid #aaa;
        -moz-border-radius: 8px;
        -webkit-border-radius: 8px;
        border-radius: 8px;
        -moz-box-shadow: inset 0 1px 0 0 #ff9;
        -webkit-box-shadow: inset 0 1px 0 0 #ff9;
        box-shadow: inset 0 1px 0 0 #ff9;
```

在浏览器中预览网页，效果如下。

3. 搜索表单

【例12-29】 设计简单的搜索表单。

step 1 创建 HTML5 文档，在<body>标签内定义表单结构(将"搜索类别""搜索输入框""搜索"按钮归为一类，它们的主要功能是搜索信息):

```
<div class="search_box">
        <h3>搜索框</h3>
        <div class="content">
        <form method="post" action="">
        <select>
        <option value="1">站内</option>
        <option value="2">站外</option>
        </select>
        <input type="text" value="HTML5+CSS3">
        <button type="submit">搜索</button>
```

第 12 章 设计表单

```html
    <div class="search_tips">
        <h4>搜索提示</h4>
        <ul>
            <li><a href="#">HTML5+CSS3 帖子</a><span>共有 19 个帖子</span></li>
            <li><a href="#">HTML5+CSS3 教程</a><span>共有 3 个帖子</span></li>
            <li><a href="#">HTML5+CSS3 专辑</a><span>共有 7 个帖子</span></li>
        </ul>
    </div>
    </form></div>
</div>
```

step 2 在 `<head>` 标签内添加 `<style type="text/css">` 标签，定义内部样式表。隐藏"搜索类别"和"搜索提示"两个标题，将"搜索"按钮以图片代替，搜索提示显示在"搜索输入框"的底部：

```css
<style type="text/css">
.search_box {
    position: relative;
    width: 360px;
}
.search_box * {
    margin: 0;
    padding: 0;
    list-style: none;
    font: normal 12px/1.5em "宋体", Verdana,
        sans-serif;
}
.search_box h3, .search_tips h4 { display: none; }
</style>
```

step 3 为了方便将搜索提示框以定位的方式显示在"搜索输入框"的底部，在 .search_box 中定义 position 属性，让它成为定位子元素的参照物：

```css
.search_box select {
```

```css
    float: left;
    width: 60px;
}
.search_box input {
    float: left;
    width: 196px;
    height: 14px;
    padding: 1px 2px;
    margin: 0 5px;
    border: 1px solid #aa1;
}
.search_box button {
    float: left;
    width: 59px;
    height: 18px;
    text-indent: -9999px;
    border: 0 none;
    background: url(images/btn_search.gif)
no-repeat 0 0;
    cursor: pointer;
}
```

step 4 定义搜索提示框的样式：

```css
/*设置搜索提示框的宽度与输入框相等*/
.search_tips {
    position: absolute;
    top: 17px;
    left: 65px;
    width: 190px;
    padding: 5px 5px 0;
    border: 1px solid #aa1;
}
```

step 5 定义搜索提示框的宽度和高度，利用浮动特性避免可能出现的上下间距增大的问题：

```css
.search_tips li {
    float: left;
    width: 100%;
    height: 22px;
```

```
        line-height: 22px;
}
```

step 6 让搜索提示框中的文字居左显示：

```
.search_tips li a {
    float: left;
    text-decoration: none;
    color: #333333;
}
```

step 7 让搜索提示框中的相关文字在光标悬停时显示为红色：

```
.search_tips li a:hover { color: red; }
```

step 8 以灰色弱化搜索提示框并靠右显示：

```
.search_tips li span {
    float: right;
    color: #CCCCCC;
}
```

在浏览器中预览网页，效果如下。

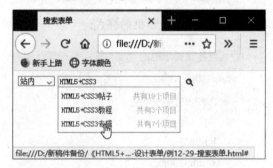

4. 状态样式

使用 CSS3 新增的状态伪类可以根据表单控件的状态设置状态样式，如下表所示。

CSS 新增的状态伪类

状态伪类	说 明
:focus	获得焦点状态
:checked	选中状态
:disabled	禁用状态

(续表)

状态伪类	说 明
:enable	可用状态
:required	必填状态
:optional	非必填状态
:invalid	非法值状态
:valid	合法值状态

以【例12-27】制作的网页为基础，在内部样式表中添加以下样式。

step 1 为获得焦点的 input 或 textarea 元素添加背景色：

```
input:focus,textarea:focus {
    background-color: greenyellow;
}
```

step 2 为获得焦点的提交按钮设置背景色：

```
input[type="submit"]:focus {
    background-color:#c11;
}
```

step 3 为选中的单选按钮或复选框定义字体颜色：

```
input:checked + label {
    color: red;
}
```

step 4 定义禁用的文本区域以浅色显示：

```
textarea:disabled {
    background-color: #ccc;
    border-color: #999;
    color: #666;
}
```

step 5 定义所有必填的 input 和 textarea 元素的边框高亮显示：

```
input:required, textarea:required {
    border: 2px solid #000;
}
```

step 6 定义电子邮件文本框中的值若不是有效的电子邮件地址，就以红色字体演示：

```
input[type="email"]:invalid {
    color: red;
}
input[type="email"]:valid {
    color: black;
}
```

invalid 状态在页面开始加载时就起作用了，但如果为控件设置了 required 属性而值为空，就会处于 valid 状态。为了避免此类问题，可以使用:not 伪类将 required 属性排除掉。在提交表单时，再使用 JavaScript 为控件添加 invalid 样式类。

12.5 定制表单

本节将通过实例，介绍利用背景图像和 JavaScript 脚本定制表单控件的方法。

1. 单选按钮和复选框

使用 CSS 可以简单设计单选按钮和复选框的样式，如边框和背景色。如果网页需要设计整体风格，那么可以使用 JavaScript 和背景图替换的方式来间接实现。

下面以单选按钮为例进行介绍，复选框的设计方法与单选按钮类似。

【例 12-30】设计单选按钮的样式。 素材

step 1 创建 HTML5 文档，在<body>标签内定义表单结构：

```
<form>
<h3>请选择角色性别</h3>
<p>
<input type="radio" checked="" id="radio0"
    value="radio" name="group">
<label for="radio0" class="radio1">男</label>
</p>
<p>
<input type="radio" checked="" id="radio1"
    value="radio" name="group">
<label for="radio1" class="radio1" >女</label>
</p>
</form>
```

step 2 在 <head> 标签内添加 <style type="text/css">标签，定义内部样式表。在内部样式表中设计表单的宽度为 150px，并使表单在浏览器中居中显示：

```
form {
    position: relative;
    width: 150px;
    margin: 0 auto;
    text-align: center;
}
```

step 3 隐藏单选按钮。可以设置绝对定位，然后移出浏览器的可视区域，从而达到隐藏单选按钮的作用：

```
input {
    position: absolute;
    left: -999em;
}
```

step 4 为<label>标签添加 class 类 radio1 和 radio2，代表单选按钮的选中和未选中两种状态。分别对 class 类 radio1 和 radio2 进行设置，两者的属性设置一致，区别在于背景图不同：

```
.radio1, .radio2 {
    margin: 0px;
    padding-left: 40px;
    color: #000;
    line-height: 34px;
    height: 34px;
    background: url("images/P1.png") no-repeat left top;
    cursor: pointer;
    display: block;
```

```
}
.radio2 { background: url("images/P2.png") no-repeat left top; }
```

step 5 使用 JavaScript 脚本响应用户行为：

```
<script type="text/javascript" src="images/jquery1.4.js"></script>
<script type="text/javascript">
$(function(){
    $('label').click(function(){
        $('label').attr('class','');
        $('label').addClass('radio1');
        $(this).addClass('radio2');
    })
})
</script>
```

在浏览器中预览网页，效果如下。

2. 文件域

【例 12-31】 设计文件域的样式 素材

step 1 创建 HTML5 文档，在<body>标签内定义表单结构：

```
<article class="show">
    <h1>上传文件</h1>
<form action="" method="post" enctype="multipart/form-data" name="up_form" class="fileInput">
<input name="up_file" type="file" id="up_file" class="upfile" value="浏览文件" />
    <p>注意：提交文件时应保证规范完整</p>
    </form>
```

</article> </article>

step 2 在 <head> 标签内添加 <style type="text/css">标签，定义内部样式表：

```
<style type="text/css">
.fileInput {
    position: relative;
    width: 192px; height: 110px;
    background: url("images/code.png");
    margin: 12px auto;
    /box-shadow: 1px 1px 3px #666;
    border-radius: 12px;
}
.upFile {
    position: absolute;
    width: 66px; height: 66px;
    opacity: 0;
    filter: alpha(opacity=0);
    cursor: pointer;
}
.fileInput p {
    font-size:12px;
    position: absolute;
    text-align: center;
    bottom: -32px; left: 8px;
    color: #888;
    /*text-shadow: 2px 1px #00C04F;*/
}
</style>
```

step 3 编写 JavaScript 脚本，响应用户的提交行为。

在浏览器中预览网页，效果如下。

第 12 章 设计表单

3. 下拉菜单

【例 12-32】设计下拉菜单的样式

step 1 创建 HTML5 文档，在<body>标签内定义表单结构：

```
<div class='downmenu'>
    <select >
        <option value="1">首页</option>
        <option value="2">国内</option>
        <option value="3">国际</option>
        <option value="4">军事</option>
        <option value="5">辟谣</option>
        <option value="6">知事</option>
        <option value="7">视频</option>
        <option value="8">图片</option>
    </select>
</div>
```

step 2 在<head>标签内添加<style type="text/css">标签，定义内部样式表。在内部样式表中为 select 元素的包含框设置 120px 的宽度：

```
.downmenu{
    color: #000;
    width: 120px;
    overflow: hidden;
}
```

step 3 将 select 元素的宽度设置为 138px：

```
select {
    width: 138px;
    color: #909993;
    border: none;
    height: 23px;
    line-height: 23px;
    background: url(images/1.jpg) no-repeat left top;
    color: #000000;
```

```
    font-weight: bold;
    -moz-appearance: none;
    -webkit-appearance: none;
    appearance: none;
}
```

step 4 为下拉菜单中的每个选项设置不同的背景颜色：

```
option {
    border: none;
    line-height: 23px;
    height: 23px;
    cursor: pointer;
}
/* 设置背景颜色*/
option:nth-child(1) { background-color:#F1F5EB;}
option:nth-child(2) { background-color: #E1F1C9;}
option:nth-child(3) { background-color: #D7F4A6;}
option:nth-child(4) { background-color: #CCF482;}
option:nth-child(5) { background-color:#C2F85F;}
option:nth-child(6) { background-color: #A6F720;}
option:nth-child(7) { background-color: #93E903;}
option:nth-child(8) { background-color: #85D404;}
```

在浏览器中预览网页，效果如下。

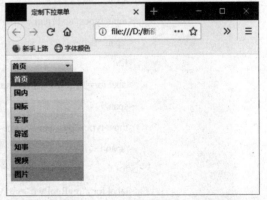

如果只需要为下拉菜单定义简单的效果(如下拉菜单的宽度、字体颜色)，使用 CSS3 设置 select 元素的样式即可。如果需要设计拥有特殊效果的下拉菜单(如下拉按钮的形

状),可以使用背景图进行模拟实现。

12.6 案例演练

本章的案例演练部分将通过介绍设计用户注册页面、活动资格注册表和注册凭证上传页面,来帮助用户进一步掌握所学的知识。

【例12-33】设计移动端网站的用户注册页面。 素材

step 1 创建 HTML5 文档,在<body>标签内定义表单结构:

```
<div id="mbSubTitle">
    <section class="subTitleBox"> <a href="http://www.tupwk.com.cn" class="backBtn"></a> <span>新用户注册
        </span> <a href="http://www.tupwk.com.cn/index.html" class="homeBtn"></a> </section>
</div>
<!--▲E TITLE -->
<!--▼S MAIN -->
<div id="mbMain">
    <div id="frameRegisterMobile" class="frameLoginBox">
        <section class="modBaseBox">
            <form action="http://www.tupwk.com.cn" method="post" style="margin: 0;padding: 0;">
                <input type="hidden" name="sendURL" id="sendURL" value="/index.html" />
                <div class="modBd">
                    <ul class="formLogin">
                        <li>
                        <label for="regMobile">手机号码:</label>
                        <span>
                        <input type="text" name="mobile" id="mobile" value="" />
                        </span> </li>
                        <li>
                        <label for="regPwd">密        码:</label>
                        <span>
                        <input type="password" name="password" id="password" />
                        </span> </li>
                        <li>
                        <label for="regRepPwd">确认密码:</label>
                        <span>
                        <input type="password" name="confirmPassword" id="confirmPassword" />
                        </span> </li>
                        <li>
```

```html
                    <label for="regRepPwd">验  证  码: </label>
                    <span>
                        <input type="text" name="verificationCode" id="verificationCode" />
                    </span> </li>
                  <li> <span> <img src="images/picCode.png" alt="" height="24" id="verificationImage"
                            name="verificationImage" />
                    <input type="button" class="modBtnWhite" style="margin-left:10px"
                           name="changeVerCode" id="changeVerCode" value="换一换" />
                    </span> </li>
                </ul>
                <div class="btnLoginBox">
                  <input type="submit" class="modBtnColor colorBlue" style="padding:0 80px" value="注册" />
                  <p><a href="http://m.mbaobao.com/emailRegister.html?sendURL=/index.html"
                         class="register">邮箱注册 &gt;&gt;</a></p>
                </div>
              </div>
            </form>
          </section>
      </div>
</div>
```

step 2 创建 main.css 样式表文件并定义样式。统一表单列表框的基本样式：

```css
.frameLoginBox .formLogin {
    padding: 8px 0 15px;
    text-align: center
}
```

step 3 定义每个表单对象以行内块方式显示，宽度为 100%：

```css
.frameLoginBox .formLogin li {
    width: 100%;
    display: inline-block;
    padding: 5px;
    -webkit-box-sizing: border-box;
    box-sizing: border-box;
}
```

step 4 设计表单控件的标签文本样式(固定宽度、左对齐并以行内块方式显示)：

```css
.frameLoginBox .formLogin label {
    width: 70px;
    text-align: left;
    display: inline-block
}
.frameLoginBox .formLogin span {
    display: inline-block
}
```

step 5 设计输入框的样式：

```css
.frameLoginBox .formLogin input {
    height: 24px;
    line-height: 24px;
    border: 1px solid #8badc2;
    padding:2px 4px;
    width: 180px
}
```

step 6 设计"换一换"按钮的样式:

```css
.modBtnWhite {
    display: inline-block;
    background: -webkit-gradient(linear,0 0,0 100%,from(#f5f5f5),to(#e6e6e6));
    background: linear-gradient(to bottom, #f5f5f5 , #e6e6e6);
    height: 22px;
    line-height: 22px;
    padding: 0 15px;
    text-align: center;
    border: 1px solid #bdbdbd;
    -webkit-box-shadow: 0 1px 2px #ccc;
    box-shadow: 0 1px 2px #ccc;
}
```

step 7 设计提交按钮居中对齐:

```css
.frameLoginBox .btnLoginBox {
    padding: 15px 0 10px;
    text-align: center
}
```

step 8 设计按钮以行内块方式显示:

```css
.modBtnColor {
    display: inline-block;
    height: 30px; line-height: 30px;
    padding: 0 15px; text-align: center;
    color: #fff;
    -webkit-border-radius: 2px;
    border-radius: 2px;
    -webkit-box-shadow: 0 1px 3px #666;
    box-shadow: 0 1px 3px #666;
}
```

step 9 在<head>标签中输入以下代码,引用外部 CSS 样式表:

```html
<link rel="stylesheet" media="only screen"
    href="css/common.css" />
<link rel="stylesheet" media="only screen"
    href="css/main.css" />
```

在浏览器中预览网页,效果如下。

【例 12-34】制作活动资格注册表。

```html
<!doctype html>
<html>
<head>
<meta charset="utf-8">
<title>2022 年南京古钱币交流会注册表</title>
<style type="text/css">
    body{text-align: center;}
    h1{font-size: 25px;text-align: center;}
    .zhuce{font-size:14;text-align: center;width:
        840px;margin: 0 auto;background: #f7f7f7;}
    .zhuce td{border: 1px solid #3300cc;padding: 2px
        3px;}
    .zhuce .ibg{text-align: left}
    .zhuce .bbg{padding: 10px 0;font-size: 13px;}
    #bt{width: 100px;height: 35px;background:
        #99ffcc;}
</style>
</head>
<body>
<h1>2022 年南京古钱币交流会注册表
</h1>
<form>
    <table class="zhuce">
    <tr>
    <td width="100px">参会者姓名</td>
    <td colspan="4" class="ibg">
    <input name="txtName" type="text">
```

```html
        </td>
        <td>身份</td>
        <td colspan="4" class="ibg">
        <input name="txtShenfen" type="text">
        </td></tr>
         <tr>
        <td>电话</td>
        <td colspan="2" class="ibg">
        <input name="txtTel" type="text">
        </td>
        <td>传真</td> <td class="ibg">
        <input name="txtEax" type="text">
        </td>
        <td colspan="3">手机</td>
        <td class="ibg">
        <input name="txtMobil" type="text">
        </td></tr>
        <tr>
        <td>通讯地址</td>
        <td colspan="6" class="ibg">
        <input name="txtaddress" type="text"
              style="width: 400px;">
        </td>
        <td>邮编</td> <td class="ibg">
        <input name="txtPostCode" type="text">
        </td></tr>
         <tr>
        <td>E-mail</td>
        <td colspan="6" class="ibg">
         <input name="txtEmail" type="text"
              style="width: 180px;"></td>
        <td>国家</td>
        <td class="ibg">
        <select name="ddlCountry" id="ddlCountry"
              style="width: 180px;">
        <option value="中国" selected >中国
          </option>
        <option value="欧洲-英国">欧洲-英国
          </option>
        <option value="南美洲-巴西">南美洲-巴西
```
```html
          </option>
          <option value="非洲-南非">非洲-南非
          </option>
        </select></td></tr>
        <td>省份</td>
        <td colspan="6" class="ibg">
        <select name="ddlProvince"
              style="width: 180px;">
          <option value="请选择">请选择</option>
          <option value="北京市">北京市</option>
          <option value="天津市">天津市</option>
          <option value="上海市">上海市</option>
          <option value="深圳市">深圳市</option>
         </select>
        </td>
        <td>城市</td>
        <td class="ibg">
          <input name="txtCity" type="text"
              style="width: 180px;">
        </td></tr>
        <tr>
        <td colspan="9"><p>会议费标准(人民币)
              </p></td>
        </tr>
        <td colspan="2">中钱协会会员</td>
        <td colspan="4">
        <input type="radio" name="rbMem"
              value="rbMem1">1500 元
        </td>
        <td colspan="3">
        <input type="radio" name="rbMem"
              value="rbMem2">2000 元
        </td> </tr> <tr>
        <td colspan="2">非会员</td>
        <td colspan="4">
        <input type="radio" name="rbMem"
              value="rbNoMem1">2000 元
        </td>
        <td colspan="3">
        <input type="radio" name="rbMem"
```

```
                    value="rbNomem2">2500 元
       </td></tr> <tr>
           <td colspan="9" class="bbg">
           <input id="bt" type="submit" name="btnOk"
                  value="提交">
           <input id="bt" type="reset"><br><br>
     <a href="邀请函和注册表2022.doc">第××届中国国际广告节注册表下载</a>
       </td></tr>
</table>  </form>
</body></html>
```

在浏览器中预览网页，效果如下。

【例 12-35】设计注册凭证上传页面。

```
<!doctype html>
<html>
<head>
<meta http-equiv="Content-Type" content="text/html"; charset="gb2312">
<title>注册凭证上传</title>
<style type="text/css">
<!--
body{
    font-family: 宋体;font-size: 12px;
}
form{
    margin: 20px 10px;
    padding: 15px 25px 25px 20px;
    border: 1px solid #EEE9E1;
}
.inputtext{
    width:150px; height: 15px;
}
-->
</style>
</head><body>
<h3 align="center">注册凭证上传</h3>
    <form name="form1"
enctype="multipart/form-data"
action="http://www.tupwk.com.cn" method="post">
        <br>    姓名:
  <input name="xm" type="text" class="inputtext" />
        <br>  汇出行:  
<input name="hch" type="text" class="inputtext" />
        <br>  汇出日期:<input name="hcrq" type="text" class="inputtext" />
        <br>  图片文件:<input name="tp" type="file" class="inputtext" />
        <br>    说明:
  <textarea name="sm" rows="10"></textarea><br>
        <center><input name="submit" type="submit" value="提交" />
            
        <input name="reset" type="reset" value="重置">
        </center>
    </form>
</body>
```

在浏览器中预览网页，效果如下。

第 13 章

设计多媒体

　　HTML5 新增了 audio 和 video 两个多媒体元素。用户不必借助 Flash Player 等第三方插件，即可直接在网页中嵌入多媒体组件。由于苹果公司在 iPhone 和 iPad 等移动设备上不支持 Flash 技术，HTML5 的多媒体组件就显得非常重要。HTML5 进一步规范了多媒体 API，允许用户通过 JavaScript 脚本控制媒体播放。

13.1 使用 audio 元素

HTML5 的 audio 元素用于播放声音文件或音频流。audio 元素支持 Ogg、Vorbis、MP3、WAV 等音频格式。用法如下：

```
<audio src="samplesong.mp3" controls="controls"></audio>
```

其中，src 属性用于指定要播放的声音文件，controls 属性用于设置是否显示包含播放、暂停和音量按钮的工具条。

【例 13-1】演示在网页中使用 audio 元素，并在 audio 元素中嵌入 source 元素，用于链接到不同的音频文件(浏览器会自动选择可以识别的格式)。 素材

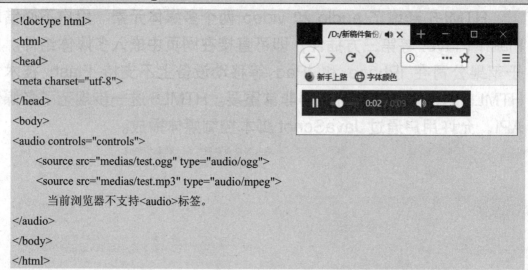

```
<!doctype html>
<html>
<head>
<meta charset="utf-8">
</head>
<body>
<audio controls="controls">
    <source src="medias/test.ogg" type="audio/ogg">
    <source src="medias/test.mp3" type="audio/mpeg">
    当前浏览器不支持<audio>标签。
</audio>
</body>
</html>
```

以上代码在浏览器中的预览效果如右上图所示，其中音频播放器包括播放、暂停、位置、时间显示、音量控制等常用控件。

> **知识点滴**
> 在<audio>和</audio>之间，可以包含浏览器不支持 audio 元素时显示的备用内容，备用内容不限于文本信息，也可以是播放插件或超链接。

<source>标签的 src 属性用于引用播放的媒体文件，为了兼容不同的浏览器，可以使用<source>标签包含多种媒体来源，浏览器可以从这些数据源中自动选择播放。

对于数据源，浏览器会按照声明顺序进行选择，如果支持的不止一个，那么浏览器会选择支持的第一个数据源。数据源的排放顺序应按照用户体验由高到低列出，或者按照服务器消耗由低到高列出。

<source>标签的 type 属性用于设置媒体类型，如果媒体类型与源文件不匹配，那么浏览器可能会拒绝播放。也可以省略 type 属性，让浏览器自己检测编码方式。

【例 13-2】继续【例 13-1】，使用 audio 元素在浏览器中循环播放一首音乐。 素材

```
<!doctype html>
<html>
<head>
```

```
<meta charset="utf-8">
</head>
<body>
<audio autoplay loop>
    <source src="medias/test.ogg" type="audio/ogg">
    <source src="medias/test.mp3" type="audio/mpeg">
    当前浏览器不支持<audio>标签。
</audio>
</body>
</html>
```

13.2　使用 video 元素

HTML5 的 video 元素用于播放视频文件或视频流，支持 Ogg、MPEG 4、WebM 等视频格式。用法如下：

`<video src="samplemovie.mp4" controls="controls"></video>`

其中，src 属性用于指定要播放的视频文件，controls 属性用于提供播放、暂停和音量控件。

【例 13-3】演示使用 video 元素在页面中嵌入一段视频，并在 video 元素中使用 source 元素链接不同的文件。 素材

```
<!doctype html>
<html>
<head>
<meta charset="utf-8">
</head>
<body>
<video controls="controls">
    <source src="medias/volcano.ogg" type="video/ogg">
    <source src="medias/volcano.mp4" type="video/mp4">
    当前浏览器不支持<video>标签。
</video>
</body>
</html>
```

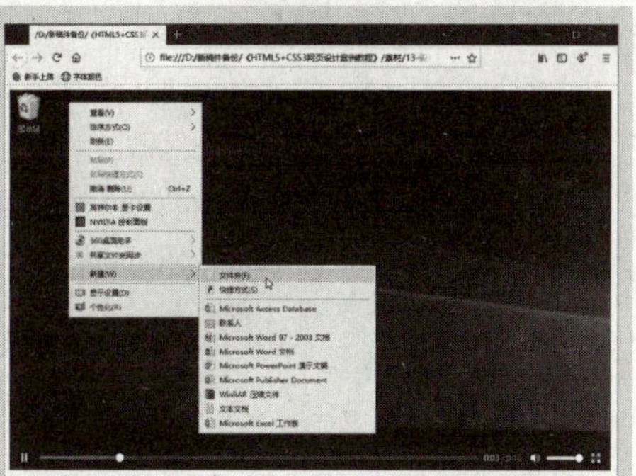

在浏览器中预览以上代码，效果如右上图所示。当播放页面中的视频时，显示的视频播放器将包含播放、暂停、位置、时间、音量等常用控件。

通过为 audio 或 video 元素设置 controls 属性，可以在页面上以默认方式进行播放控制。如果不设置 controls 属性，在播放时就不会显示控制界面。

如果播放的是音频,那么在浏览器中不会显示任何信息,因为 audio 元素唯一的可视化信息就是对应的控制界面。如果播放的是视频,那么会显示视频内容。即使不添加 controls 属性,也不会影响页面的正常显示。有一种方法可以让没有 controls 属性的音频或视频正常播放,就是在 audio 或 video 元素中设置另一个属性 autoplay。例如:

```
<video autoplay>
    <source src="medias/volcano.ogg"
        type="video/ogg">
```

```
    <source src="medias/volcano.mp4"
        type="video/mp4">
当前浏览器不支持<video>标签。
</video>
```

通过设置 autoplay 属性,不需要任何交互,音频或视频文件就会在加载完毕后自动播放。

此外,用户也可以使用 JavaScript 脚本控制媒体播放,如下表所示。

使用 JavaScript 脚本控制媒体播放

方 法	说 明
load()	加载音频或视频文件
play()	加载并播放音频或视频文件。除非已经暂停,否则默认从头开始播放
pause()	暂停处于播放状态的音频或视频文件
canPlayType(type)	检测 video 元素是否支持给定 MIME 类型的文件

【例 13-4】修改【例 13-3】,演示通过移动光标来触发视频的播放和暂停功能。当光标移动至视频界面上时,播放视频;当光标移出视频界面时,暂停播放视频。 素材

```
<body>
<video id="movies" onMouseOver="this.play()" onmouseout="this.pause()" autobuffer="true" width="400px"
    height="300px">
    <source src="medias/volcano.ogg" type='video/ogg; codecs="theora, vorbis"'>
    <source src="medias/volcano.mp4" type="video/mp4">
当前浏览器不支持<video>标签。
</video>
</body>
</html>
```

13.3 设置媒体属性

audio 和 video 元素拥有相同的脚本属性,下面将简单介绍这些属性。

1. autobuffer 属性

autobuffer 属性为可读写属性。使用该属性可以使 audio 或 video 元素实现自动缓冲,默认值为 false。换言之,audio 或 video 元素默认情况下并不自动缓冲。如果值为 true,则自动缓冲,但并不播放。如果使用了 autoplay 属性,那么 autobuffer 属性会被忽略。用法如下:

```
<audio controls="controls" autobuffer="true">
    <source src=" samplemovie.ogg" type="video/ogg">
    <source src=" samplemovie.mp4" type="video/mp4">
    当前浏览器不支持<video>标签。
</video>
```

2. autoplay 属性

autoplay 属性为可读写属性。使用该属性可以实现在页面加载后，音频一旦就绪就开始自动播放。使用 autoplay 属性相比使用脚本控制音频或视频播放更加简便，其值也可以设置为 true 或 false。如果值为 true 或 autoplay，那么当音频或视频缓冲到足够多时就会开始播放。用法如下：

```
<audio controls="controls" autoplay="autoplay">
    <source src=" samplesong.ogg" type="audio/ogg">
    <source src=" samplesong.mp3" type="audio/mpeg">
    当前浏览器不支持<audio>标签。
</audio>
```

3. buffered 属性

buffered 属性为只读属性。该属性会返回一个 TimeRanges 对象，以确认浏览器已经缓冲媒体文件。

4. controls 属性

controls 属性为可读写属性。该属性为布尔值，可以为媒体文件提供用于播放的控制条，上面包含播放、暂停、定位、时间显示、音量控制、全屏切换等常用控件，用法如下：

```
<audio controls="controls">
    <source src=" samplesong.ogg" type="audio/ogg">
    <source src=" samplesong.mp3" type="audio/mpeg">
    当前浏览器不支持<audio>标签。
</audio>
```

5. currentSrc 属性

currentSrc 属性为只读属性，该属性无默认值，用于返回媒体数据的 URL 地址。如果未指定，则返回一个空的字符串。

6. currentTime 属性

currentTime 属性为可读写属性。该属性无默认值，用于返回媒体数据的当前播放位置(以秒计)，如果未指定，则返回一个空的字符串。

7. defaultPlaybackRate 属性

defaultPlaybackRate 属性为可读写属性。该属性无默认值，用于获取或设置当前播放速率(前提是用户没有使用快进或快退控件)。

8. duration 属性

duration 属性为只读属性。该属性无默认值，用于获取当前媒体的持续播放时间，返回值为时间(单位为秒)。

9. ended 属性

ended 属性为只读属性。该属性无默认值，用于返回一个布尔值，以检测媒体是否播放结束。

10. error 属性

error 属性为只读属性。该属性无默认值,用于返回一个 MediaError 对象以表明当前错误状态。如果没有出现错误,则返回 null。错误状态的几个可能值如下表所示。

错误状态的可能值

可能值	说 明
MEDIA_ERR_ABORTED(数字值为 1)	媒体资源获取失败——媒体数据的下载过程因用户操作而停止
MEDIA_ERR_NETWORK(数字值为 2)	网络错误——在媒体数据已经就绪时用户停止媒体资源的下载过程
MEDIA_ERR_DECODE(数字值为 3)	媒体解码错误——在媒体数据已经就绪时,解码过程中出现错误
MEDIA_ERR_SRC_NOT_SUPPORTED(数字值为 4)	媒体格式不受支持

11. initialTime 属性

initialTime 属性为只读属性。该属性无默认值,用于获取最早可用于回放的位置,返回值为时间(单位为秒)。

12. loop 属性

loop 属性为可读写属性,用于获取或设置当媒体文件播放结束时是否再重新开始播放。使用方法如下:

```
<audio controls="controls" loop="loop">
    <source src="samplesong.mp3" type="audio/mpeg">
        当前浏览器不支持<audio>标签。
</audio>
```

13. muted 属性

muted 属性为可读写属性。该属性无默认值。muted 属性为布尔值,用于获取或设置媒体播放时是否开启静音,true 为开启静音,false 为未开启静音。

14. networkState 属性

networkState 属性为只读属性,用于返回媒体的网络状态,如下表所示。

媒体的网络状态

网络状态	说 明
NETWORK_EMPTY(数字值为 0)	元素尚未初始化
NETWORK_IDLE(数字值为 1)	加载完毕,网络空闲
NETWORK_LOADING(数字值为 2)	媒体数据加载中
NETWORK_NO_SOURCE(数字值为 3)	因为不存在支持的编码格式,加载失败

15. paused 属性

paused 属性为只读属性。该属性无默认值，用于返回一个布尔值，表示媒体是否暂停播放，true 表示暂停，false 表示正在播放。

16. playbackRate 属性

playbackRate 属性为可读写属性。该属性无默认值，用于返回一个布尔值，表示媒体是否暂停播放，true 表示暂停，false 表示正在播放。

17. played 属性

played 属性为只读属性。该属性无默认值，用于返回一个 TimeRanges 对象，以标明媒体资源在浏览器中已播放的时间范围。TimeRanges 对象的 length 属性为已播放部分的时间段，该对象有两个方法：end()方法用于返回已播放时间段的结束时间；start()方法用于返回已播放时间段的开始时间，用法如下。

```
var ranges = document.getElementById('myVideo').played;
for (var i=0; i<ranges.length; i++)
    var start = ranges.start(i);
    var end = ranges.end(i);
    alert("从" + start +"开始播放到" + end+"结束。");
```

18. preload 属性

preload 属性为可读写属性。该属性无默认认值，用于定义视频是否预加载。

preload 属性有 none、metadata 和 auto 三个可选值，具体说明如下表所示。

preload 属性的可选值

可选值	说明
none	不进行预加载
metadata	部分预加载。这说明网页制作者认为用户不需要浏览视频，但为用户提供一些元数据(包括尺寸、第一帧、曲目列表、持续时间等)
auto	全部预加载

preload 属性的用法如下：

```
<video src="samplemovie.mp4" preload="auto"></video>
```

19. readyState 属性

readyState 属性为只读属性。该属性无默认认值，用于返回媒体当前播放位置的就绪状态，几个可能值如下表所示。

readyState 属性的可能值

可能值	说明
HAVE_NOTHING(数字值为 0)	在当前播放位置没有有效的媒体资源
HAVE_METADATA(数字值为 1)	媒体资源确认存在且处于加载中，但在当前位置没有加载有效的媒体数据以进行播放
HAVE_CURRENT_DATA(数字值为 2)	已获取到当前播放数据，但没有足够的数据进行播放

(续表)

可能值	说　明
HAVE_FUTURE_DATA(数字值为 3)	在当前播放位置已获取到后续要播放的媒体数据，可以进行播放
HAVE_ENOUGH_DATA(数字值为 4)	媒体数据可以进行播放，且浏览器确认媒体数据正以某种速率进行加载并有足够的后续数据继续进行播放，而不会使浏览器的播放进度受阻

20. seekable 属性

seekable 属性为只读属性。该属性没有默认值，用于返回一个 TimeRanges 对象，以表明可以对当前媒体资源进行请求。

21. seeking 属性

seeking 属性为只读属性。该属性无默认值，用于返回一个布尔值，以表示浏览器是否正在请求某一播放位置的媒体数据，true 表示浏览器正在请求数据，而 false 表示浏览器已经停止请求数据。

22. src 属性

src 属性为可读写属性。该属性无默认值，用于指定媒体资源的 URL 地址。与<img>标签类似，可与 poster 属性连用。poster 属性用于指定一张替换图片，如果当前媒体数据无效，则显示这张图片。用法如下：

`<video src="http://tupwk.com/samplemovie.mp4" poster="http://tupwk.com/samplemovie.png"></video>`

23. volume 属性

volume 属性为可读写属性。该属性无默认值，用于获取或设置媒体资源的播放量，范围是 0.0~1.0，0.0 为静音，1.0 为最大音量。

注意音量大小并不是线性变化的，如果同时使用了 muted 属性，那么 volume 属性将会被忽略。

13.4　使用媒体方法

audio 和 video 元素拥有相同的媒体方法，下面将介绍这些方法。

1. canPlayType()方法

canPlayType()方法用于返回一个字符串以表明客户端是否能够播放指定的媒体类型。用法如下：

`var canPlay = media.canPlayType(type)`

其中，media 是指页面中的 audio 或 video 元素，参数 type 为客户端浏览器能够播放的媒体类型。该方法可能的返回值如下表所示。

canPlayType()方法可能的返回值

返回值	说　明
probably	表示浏览器确定支持此媒体类型
maybe	表示浏览器可能支持此媒体类型
空的字符串	表示浏览器不支持此媒体类型

2. load()方法

load()方法用于重置媒体元素并重新载入媒体，不返回任何值，该方法可终止任何正在执行的任务或事件。元素的 playbackRate 属性会被强行设置为 defaultPlaybackRate 属性的值。

【例 13-5】演示通过在网页中单击按钮来重新载入另一个新的视频。素材

```
<!doctype html>
<html>
<head>
</head>
<body>
<video controls>
    <source src="medias/volcano.Ogg" type='video/ogg'>
    <source src="medias/volcano.mp4" type='video/mp4'>
    当前浏览器不支持视频播放。
</video>
<input type="button" value="载入新的视频" onClick="loadNewVideo()">
<script>
function loadNewVideo() {
    var video = document.getElementsByTagName('video')[0];
    var sources = video.getElementsByTagName('source');
    sources[0].src = 'medias/volcano2.Ogg';
    sources[1].src = 'medias/volcano2.mp4';
    video.load(); //使用 load()方法载入新的视频
}
</script>
</body>
</html>
```

在浏览器中预览网页，效果如右上图所示。单击页面左下角的【载入新的视频】按钮，网页中将重新载入另一个视频。

3. pause()方法

pause()方法用于暂停媒体的播放，并将元素的 paused 属性强行设置为 true。

4. play()方法

play()方法用于播放媒体，并将元素的 paused 属性强行设置为 false。

13.5 使用媒体事件

audio 和 video 元素支持的媒体事件如下表所示。使用 JavaScript 脚本可以捕捉这些事件并对它们进行处理。处理这些事件一般有下面两种方式。

▶ 使用 addEventListener()方法进行监听，用法如下：

addEventListener("事件类型",处理函数,处理方式)

➤ 直接赋值，获取事件的句柄。例如，video.onplay=begin_playing，其中 begin_playing 为处理函数。

audio 与 video 元素支持的媒体事件

媒体事件	说　明
abort	浏览器在完全加载媒体数据之前终止获取媒体数据
canplay	浏览器能够开始播放媒体数据，但估计以当前速率播放不能直接将媒体播放完(有可能因播放期间需要缓冲而停止)
canplaythrough	浏览器以当前速率可以直接播放完整个媒体资源，在此期间不需要缓冲
durationchange	媒体的长度(duration 属性)发生改变
emptied	媒体资源突然为空时，可能是因为网络错误或加载错误等
ended	媒体播放已抵达结尾
error	在元素加载期间发生错误
loadeddata	已经加载当前播放位置的媒体数据
loadedmetadata	浏览器已经获取媒体元素的持续时间和尺寸
loadstart	浏览器开始加载媒体数据
pause	媒体数据暂停播放
play	媒体数据将要开始播放
playing	媒体数据已经开始播放
progress	浏览器正在获取媒体数据
ratechange	媒体数据的默认播放速率(defaultPlaybackRate 属性)发生改变或播放速率(playbackRate 属性)发生改变
readystatechange	就绪状态(ready-state)发生改变
seeked	浏览器停止请求数据，媒体元素的定位属性不再为真(seeking 属性的值为 false)且定位已结束
seeking	浏览器正在请求数据，媒体元素的定位属性为真(seeking 属性的值为 true)且定位已开始
stalled	浏览器在获取媒体数据的过程中出现异常
suspend	浏览器非主动获取媒体数据，但在取回整个媒体文件之前终止
timeupdate	媒体的当前播放位置(currentTime 属性)发生改变
volumechange	媒体的音量(volume 属性)发生改变或静音(muted 属性)
waiting	媒体已停止播放但打算继续播放

【例 13-6】演示使用 play()和 pause()方法控制视频的播放和暂停，效果如下图所示。 素材

```
<!doctype html>
```

```html
<html><head><meta charset="utf-8"></head>
<body onload="init()">
<video id="video1" autoplay onCanPlay="startVideo()" onended="stopTimeline()" autobuffer="true"
       width="600px" height="500px">
    <source src="medias/volcano.Ogg" type='video/ogg'>
    <source src="medias/volcano.mp4" type='video/mp4'>
</video><br>
<button onClick="play()">播放</button>
<button onClick="pause()">暂停</button>
<script type="text/javascript">
    var video;
    function init(){
        video = document.getElementById("video1");
        //监听视频播放结束事件
        video.addEventListener("ended", function(){
            alert("播放结束。");
        }, true);
        //发生错误
        video.addEventListener("error",function(){
            switch (video.error.code){
                case MediaError.MEDIA_ERROR_ABORTED:
                    alert("视频的下载过程被终止。");
                    break;
                case MediaError.MEDIA_ERROR_NETWORK:
                    alert("网络发生故障，视频的下载过程被终止。");
                    break;
                case MediaError.MEDIA_ERROR_DECODE:
                    alert("解码失败。");
                    break;
                case MediaError.MEDIA_ERROR_SRC_NOT_SUPPORTED:
                    alert("媒体资源不可用或媒体格式不受支持。");
                    break;
                default:
                    alert("发生未知错误。");
            }
        },false);
    }
    function play(){video.play();}
    function pause(){video.pause();}
</script></body></html>
```

13.6 使用<embed>标签

使用<embed>标签可以嵌入内容,以便在网页中播放多媒体信息。用法如下:

<embed src="helloworld.swf"/>

src 属性必须设置,它用来指定媒体源。<embed>标签的属性如下表所示。

<embed>标签的属性

属　性	值	说　明
height	pixel(像素)	设置所嵌入内容的高度
src	url	设置所嵌入内容的 URL
type	type	设置所嵌入内容的类型
width	pixel(像素)	设置所嵌入内容的宽度

【例 13-7】在网页中插入背景音乐。

<embed src="medias/bg.mp3" width="300" height="30" hidden="true" autostart="true" loop="infinite"></embed>

以上代码指定背景音乐为 medias/bj.mp3,可使用 hidden="true"隐藏插件,使用 autostart="true"设置背景音乐可以自动播放,使用 loop="infinite"设置背景音乐循环播放。用户也可以使用<embed>标签来播放视频,代码如下:

<embed src="medias/COUNT-1.avi" width="300" height="200"></embed>

13.7 使用<object>标签

使用<object>标签可以定义嵌入对象,主要用于在网页中插入多媒体信息,如图像、音频、视频、Java applet、ActiveX、PDF 和 Flash。<object>标签包含大量属性,如下表所示。

<object>标签的属性

属　性	值	说　明
data	URL	定义引用对象的 URL。如果有需要对象处理的数据文件,就要用属性来指定这些数据文件
form	form_id	规定对象所属的一个或多个表单
height	pixels	定义对象的高度
width	pixels	定义对象的宽度
name	unique_name	为对象定义唯一的名称(以便在脚本中使用)
Type	MIME_type	定义数据的 MIME 类型
usemap	URL	规定与对象一同使用的客户端图像映射的 URL

【例13-8】演示利用<object>标签在网页中嵌入图片、网页和音频。

step 1 创建 HTML5 文档，在<body>标签内输入以下代码，在页面中嵌入一张图片：

```
<object width="100%" type="image/jpeg"
        data="images/p1.png">
</object>
```

在浏览器中预览网页，效果如下：

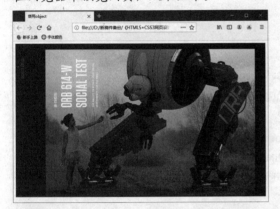

step 2 输入以下代码，使用<object>标签在页面中嵌入网页：

```
<object type="text/html" height="450"
        width="100%" data="http://baidu.com/">
</object>
```

在浏览器中预览网页，效果如下。

step 3 输入以下代码，使用<object>标签在页面中嵌入音频：

```
<object width="100%"
classid="clsid:D27CDB6E-AE6D-11cf-96B8-
        444553540000">
    <param name="AutoStart" value="1"/>
    <param name="FileName"
        value="medias/bg.mp3"/>
</object>
```

其中，classid 就是 ActiveX 控件的 id。

13.8 案例演练

下面的案例演练部分将通过练习在页面中添加 SWF 文件和设计视频播放器，来帮助用户进一步掌握所学的知识。

【例13-9】在网页中添加 SWF 文件。

```
<!doctype html>
<html>
<head>
<meta charset="utf-8">
<title>在网页中添加 SWF 文件</title>
<script src="Scripts/swfobject_modified.js"></script>
</head>
<body>
```

HTML5+CSS3 网页设计案例教程

```html
<object id="FlashID" classid="clsid:D27CDB6E-AE6D-11cf-96B8-444553540000" width="320" height="240">
    <param name="movie" value="medias/Flash.swf" />
    <param name="quality" value="high" />
    <param name="wmode" value="opaque" />
    <param name="swfversion" value="6.0.65.0" />
    <param name="expressinstall" value="Scripts/expressInstall.swf" />
    <!--[if !IE]>-->
    <object type="application/x-shockwave-flash" data="Flash.swf" width="320" height="240">
      <!--<![endif]-->
      <param name="quality" value="high" />
      <param name="wmode" value="opaque" />
      <param name="swfversion" value="6.0.65.0" />
      <param name="expressinstall" value="Scripts/expressInstall.swf" />
      <!-- 浏览器将以下内容显示给使用 Flash Player 6.0 及更低版本的用户。 -->
      <div>
        <h4>这个页面上的内容需要较新版本的 Adobe Flash Player。</h4>
        <p><a href="http://www.adobe.com/go/getflashplayer"><img src="http://www.adobe.com/images/shared/download_buttons/get_flash_player.gif" alt="获取 Adobe Flash Player" width="112" height="33" /></a></p>
      </div>
      <!--[if !IE]>-->
    </object>
    <!--<![endif]-->
</object>
<script type="text/javascript">
      swfobject.registerObject("FlashID");
</script>
</body>
</html>
```

在浏览器中预览网页，效果如右上图所示。

【例 13-10】设计 MP3 播放器。

step 1 创建 HTML5 文档，在 `<body>` 标签内输入以下代码，设计播放控件：

```html
<figure>
    <figcaption>操作视频演示</figcaption>
    <div class="player">
```

```html
<video id="myVideo"
    src="medias/v-1.mp4 "></video>
<div class="controls">
    <!-- 播放/暂停 -->
    <a href="javascript:;" class="switch fa fa-play"></a>
    <!-- 全屏 -->
    <a href="javascript:;" class="expand fa fa-expand"></a>
    <!-- 进度条 -->
```

```html
                <div class="progress">
                    <div class="loaded"></div>
                    <div class="line"></div>
                    <div class="bar"></div>
                </div>
                <!-- 时间 -->
                <div class="timer"> <span class="current">00:00:00</span> / <span class="total">00:00:00</span> </div>
                <!-- 声音 -->
            </div>
        </div>
    </figure>
```

step 2 在<head>标签内输入以下代码，引用外部CSS样式表：

```html
<link rel="stylesheet"
    href="css/font-awesome.css">
<link rel="stylesheet" href="css/player.css">
```

step 3 设计视频加载效果(先隐藏视频，用一张背景图片代替，待视频加载完毕后，显示并播放视频)：

```css
.player {
    width: 720px;
    height: 450px;
    margin: 0 auto;
    background: #000 url(../images/loading.gif)
        center/300px no-repeat;
    position: relative;
}
```

step 4 设计播放功能(在JavaScript脚本中，先获取需要用到的DOM元素)：

```javascript
var video = document.querySelector("video");
var isPlay = document.querySelector(".switch");
var expand =
    document.querySelector(".expand");
var progress =
    document.querySelector(".progress");
```

```javascript
var loaded = document.querySelector(".progress
    > .loaded");
var currPlayTime =
    document.querySelector(".timer > .current");
var totalTime = document.querySelector(".timer
    > .total");
```

step 5 定义当视频可以播放时，显示视频：

```javascript
//当视频可播放的时候
video.oncanplay = function(){
//显示视频
this.style.display = "block";
//显示视频的总时长
totalTime.innerHTML =
    getFormatTime(this.duration);
};
```

step 6 设计播放、暂停按钮。当单击播放按钮时，显示暂停按钮：

```javascript
//控制播放按钮
isPlay.onclick = function(){
if(video.paused) {
    video.play();
} else {
    video.pause();
}
    this.classList.toggle("fa-pause");
};
```

step 7 获取并显示总时长和当前播放时长(将获取的毫秒数转换为想要的时间格式)。定义 getFormatTime()函数，用于转换时间格式：

```javascript
function getFormatTime(time) {
    var time = time || 0;
    var h = parseInt(time/3600),
        m = parseInt(time%3600/60),
        s = parseInt(time%60);
    h = h < 10 ? "0"+h : h;
    m = m < 10 ? "0"+m : m;
```

```
        s = s < 10 ? "0"+s : s;
        return h+":"+m+":"+s;
}
```

step 8 设计播放进度条:

```
video.ontimeupdate = function(){
    var currTime = this.currentTime,
    //当前播放时间
    duration = this.duration;
    //视频的总时长
    var pre = currTime / duration * 100 + "%";
    //显示进度条
    loaded.style.width = pre;
    //显示当前播放进度
    currPlayTime.innerHTML =
        getFormatTime(currTime);
};
```

step 9 设计当单击进度条时可以进行跳跃播放:

```
//跳跃播放
progress.onclick = function(e){
    var event = e || window.event;
    video.currentTime = (event.offsetX /
        this.offsetWidth) * video.duration;
};
```

step 10 设计全屏显示:

```
expand.onclick =
function(){ video.webkitRequestFullScreen(); };
```

在浏览器中预览网页，效果如下。

播放网页中的视频，效果如下。